Uni-Taschenbücher 1816

UTB
FÜR WISSEN
SCHAFT

Eine Arbeitsgemeinschaft der Verlage

Wilhelm Fink Verlag München
Gustav Fischer Verlag Jena und Stuttgart
Francke Verlag Tübingen und Basel
Paul Haupt Verlag Bern · Stuttgart · Wien
Hüthig Verlagsgemeinschaft
Decker & Müller GmbH Heidelberg
Leske Verlag + Budrich GmbH Opladen
J. C. B. Mohr (Paul Siebeck) Tübingen
Quelle & Meyer Heidelberg · Wiesbaden
Ernst Reinhardt Verlag München und Basel
Schäffer-Poeschel Verlag · Stuttgart
Ferdinand Schöningh Verlag Paderborn · München · Wien · Zürich
Eugen Ulmer Verlag Stuttgart
Vandenhoeck & Ruprecht in Göttingen und Zürich

Manfred Hüttenhofer/Matthias Lesch/
Norbert Peyerimhoff

Mathematik in Anwendung mit C++

Algorithmen aus Analysis und Zahlentheorie

Quelle & Meyer Heidelberg · Wiesbaden

Über die Autoren:

Dipl.-Math. Manfred Hüttenhofer (geb. 1964) studierte Mathematik und Informatik an der Universität Augsburg und ist seit 1989 als Software-Entwickler im Bereich Robotik tätig.

Priv. Doz. Dr. Matthias Lesch (geb. 1961) studierte Mathematik und Physik an der Universität Marburg und promovierte dort 1988 in Mathematik. 1994 habilitierte er sich an der Universität Augsburg und ist dort als wissenschaftlicher Oberassistent tätig.

Dr. Norbert Peyerimhoff (geb. 1964) studierte Mathematik und Informatik an der Universität Augsburg und ist dort seit seiner Promotion 1993 wissenschaftlicher Assistent.

Die Deutsche Bibliothek – CIP-Einheitsaufnahme

Hüttenhofer, Manfred:
Mathematik in Anwendung mit C++ : Algorithmen aus
Analysis und Zahlentheorie / Manfred Hüttenhofer ; Matthias
Lesch ; Norbert Peyerimhoff. - Heidelberg ; Wiesbaden :
Quelle und Meyer, 1994.
(UTB für Wissenschaft : Uni-Taschenbücher ; 1816 : Mathematik)
ISBN 3-8252-1816-3 (UTB)
ISBN 3-494-02213-5 (Quelle und Meyer)
NE: Lesch Matthias:; Peyerimhoff, Norbert:; UTB für Wissenschaft / Uni-Taschenbücher

ISBN 3-494-02213-5

Druck und Bindung: PDC, Paderborner Druck Centrum
Gedruckt auf chlorfrei gebleichtem Recyclingpapier
Printed in Germany/Imprimé en Allemagne

ISBN 3-8252-1816-3 (UTB-Bestellnummer)

Inhaltsverzeichnis

Einleitung

Es ist ein weit verbreiteter Irrtum, daß Mathematik "trocken" und zu nichts weiter zu gebrauchen sei. Die Standardfrage auf die Auskunft, daß man Mathematiker sei, ist leider „und was rechnen Sie so aus...?". Dieses Buch ist kein Lehrbuch im eigentlichen Sinne und möchte obigem Irrtum etwas entgegenwirken.

Im Mittelpunkt dieses Buches stehen drei zentrale mathematische Begriffe — die ganzen Zahlen, Polynome und Fourierreihen — deren Eigenschaften und Gesetzmäßigkeiten wir sowohl theoretisch als auch durch Algorithmen näher beleuchten wollen. Da wir im Gegensatz zu Lehrbüchern kein bestimmtes Pensum abzudecken haben, haben wir die Freiheit, uns zugunsten einer ausführlicheren Darstellung auf einige interessante Themen zu konzentrieren. Besonderen Wert haben wir dabei auf die algorithmische Realisierbarkeit gelegt.

Durch gelegentliches Einstreuen von Programmen hoffen wir, den Leser zu eigenem Experimentieren anregen zu können. Mathematik ist lebendiger als Viele glauben, und man lernt Mathematik nicht durch bloßes Lesen, sondern nur durch eigenes Handeln. Im üblichen Stoffkanon des Grundstudiums ist leider kaum Platz für die spielerisch experimentellen Aspekte der Mathematik und es ist unsere Hoffnung, daß wir hier eine gewisse Lücke schließen können. So richtet sich unser Buch an all diejenigen mit Interesse am Programmieren mathematischer Algorithmen, insbesondere an Studenten naturwissenschaftlicher Fachrichtungen.

Der erste Teil des Buches befaßt sich mit einem Problem, das sicher zu den ältesten Problemen der Mathematik überhaupt gehört: der Teilbarkeit und Primzahlen. Dieser Themenkreis hat lange Zeit außerhalb der Mathematik nur wenige Leute interessiert. Erst mit der Entdeckung von Verschlüsselungssystemen, die auf Teilbarkeit beruhen (vgl. Kapitel III), ist hier ein wahrer Boom ausgebrochen. Diese Verschlüsselungssysteme basieren im wesentlichen auf folgendem Prinzip: es ist viel schneller möglich, von einer Zahl zu entscheiden, ob sie prim ist, als von einer zusammengesetzten Zahl einen konkreten Faktor zu finden.

In den ersten beiden Kapiteln entwickeln wir die elementare Teilbarkeitslehre so weit, daß man obige Verschlüsselungssysteme verstehen kann. Diese werden dann im Kapitel III über Kryptographie vorgestellt. Dieses Kapitel motiviert auch den Gegenstand der Kapitel IV und V: Kapitel IV beschäftigt sich mit Primzahltests, d.h. der Frage wie man von einer gegebenen Zahl möglichst effizient entscheiden kann, ob sie prim ist oder nicht. Hier wird man auch auf schöne Resultate der elementaren Zahlentheorie wie den kleinen Fermat'schen Satz und die Existenz von Primitivwurzeln bestimmter Restklassenringe geführt.

Im Kapitel V behandeln wir umgekehrt das Problem, von einer zusammengesetzten Zahl Faktoren zu finden. Dieses Problem ist zwar viel schwieriger, jedoch gibt es eine Reihe sehr einfacher Algorithmen, die auf gewissen Heuristiken beruhen. Das Schöne hieran ist, daß sie zum Experimentieren einladen; denn wenn uns ein Faktor angeboten wird, so können wir sofort überprüfen, ob er die vorgegebene Zahl teilt oder nicht.

Zu allen wichtigen Algorithmen stellen wir C++–Module bereit. Des weiteren wird dem Leser auf der Begleitdiskette eine Ganzzahlarithmetik für beliebig lange ganze Zahlen zur Verfügung gestellt. Ein Vorteil von C++ tritt hier klar zutage: der uns zur Verfügung gestellte Datentyp `Ganz` ist mit den anderen arithmetischen Datentypen zuweisungskompatibel und im Programmcode kann man Variablen vom Typ `Ganz` genauso behandeln wie Variablen vom Typ `int`.

Für Studenten, die Zugang zu Computeralgebrasystemen wie Mathematica oder Maple haben, wird es ebenfalls leicht möglich sein, die hier vorgestellten Algorithmen dort zu verwenden. Diese Computeralgebrasysteme bieten darüberhinaus den Vorteil, daß eine Ganzzahlarithmetik sowie viele zahlentheoretische Grundfunktionen bereits im System vorhanden sind. Während der Entwicklungsphase hat der zweite Autor viele der Module zunächst für den Maple–Interpreter geschrieben und getestet.

Im zweiten Teil des Buches wenden wir uns der Analysis zu. Für jeden Studenten eines naturwissenschaftlichen Fachs ist im Grundstudium eine zwei– bis dreisemestrige Vorlesung über Analysis obligatorisch. Aufgrund des großen Stoffumfangs ist es z.B. kaum möglich, auch einige historische Aspekte in diese Vorlesung einzustreuen. Dieser Teil des Buches kann und will keine Ersatzvorlesung über Analysis sein. Stattdessen geht es wieder darum, ausgewählte Themen näher zu beleuchten und dabei auftretende Methoden der Analysis darzustellen.

Die Analysis ist ursprünglich aus sehr anwendungsorientierten Fragestellungen entstanden. Dies tritt sehr klar im Kapitel VIII über Fourierreihen zutage. Dieses Thema führt in den Anfängervorlesungen aus den bereits erwähnten Gründen leider ein gewisses Schattendasein und steht sehr zu unrecht in dem Verdacht, schwer verständlich zu sein. Weiterhin ist es ein überzeugendes Argument gegen die weit verbreitete strikte Abgrenzung zwischen Reiner und Angewandter Mathematik (bzw. Abgewandter und Unreiner, womit die jeweils eine Seite die andere etwas verspottet). Nach einer motivierenden Einführung werden im Kapitel VIII zunächst die wichtigsten Tatsachen über Fourierreihen dargestellt. Dies würde man eher der Reinen Mathematik zurechnen. Im Kapitel IX geht es dann um die praktische Realisierung. Dies ist unter dem Schlagwort „schnelle Fouriertransformation" bekannt geworden. Dieses Schlagwort ist sicher jedem Informatikstudenten geläufig, und es gilt als ein sehr angewandtes Thema. Wie das Kapitel IX zeigt, handelt es sich dabei jedoch um sehr anspruchsvolle Mathematik, die streckenweise auch ziemlich „rein" wirkt.

Mit Polynomen – dem zentralen Begriff der Kapitel VI und VII – verbindet sicherlich jeder von der Schule noch eine Vorstellung. Mancher Leser wird sich vielleicht fragen: Was gibt es da Neues zu entdecken? Einige sehr schöne Resultate – die in den Vorlesungen oft aus Zeitmangel nicht präsentiert werden – über die Lage und das Auffinden von Nullstellen sind in Kapitel VI dargestellt. In Kapitel VII wird schließlich eine Brücke zwischen Polynomen und beliebigen stetigen Funktionen geschlagen: stetige Funktionen lassen sich unter geeigneten Bedingungen durch Polynome beliebig gut approximieren. Dieser Sachverhalt hat sowohl in der Theorie als auch in der Praxis der Mathematik wichtige Anwendungen.

Sowohl für Fourierreihen als auch für Polynome steht jeweils eine C++-Klasse zur Verfügung, die die wichtigsten Operationen bereitstellt. Da man Polynome und Fourierreihen sehr gut graphisch veranschaulichen kann, gibt es ein Modul **GRAPH** zur Erzeugung von Bildern. Zahlreiche Abbildungen in Teil II wurden mit diesem Modul erzeugt. Besonders komfortabel gestaltet es sich für diejenigen, die einen postscriptfähigen Drucker zur Verfügung haben, denn es ist möglich, Graphiken direkt in einen Postscriptfile zu schreiben.

Den Schluß bildet Teil III, in dem die bereits erwähnten Programmodule vorgestellt und dokumentiert werden. Dieser Teil ist sicherlich nicht als Programmierkurs für C++ zu verstehen. Das wäre auf dem vorgegebenen Raum auch einfach unmöglich. So gehen wir davon aus, daß der Leser für den Programmteil Kenntnisse in einer höheren Programmiersprache mitbringt. Das muß nicht unbedingt C++ sein. Für jeden Leser mit Programmierkenntnissen sollten die Programmodule mit den beigefügten Erläuterungen verständlich sein. Z.B. wird es einem Pascalprogrammierer wenig Mühe bereiten, die hier vorgestellten Algorithmen in Pascal umzuschreiben; es muß jedoch gesagt werden, daß das Operatorkonzept in Pascal leider nicht vorhanden ist.

Die eingestreuten Programmteile sind für das Verständnis des nachfolgenden Textes nicht erforderlich, so daß ein Leser ohne Programmierinteresse diese Teile auch einfach überspringen kann.

Alle C++-Module dieses Buches sind auf einer Begleitdiskette erhältlich.

Hin und wieder haben wir auch historische Anmerkungen einfließen lassen. Wer ein stärkeres Interesse in dieser Richtung besitzt, sei auf [Bell, Dd, Mschk] verwiesen. Ein fundamentales Geschichtswerk ist das Buch von M. Cantor [C].

Unser besonderer Dank für zahlreiche wertvolle Hinweise und Anregungen gilt Professor A. Peyerimhoff. H. Breibisch verdanken wir viele Vorschläge über Anwendungen der Fouriertheorie. Weiterhin danken wir all denjenigen, die das Entstehen des Buches mit so manchem Hinweis kritisch begleitet haben, wobei wir namentlich Professor J. Brüning, U. Knieper, C. Weber, M. Nickl, St. Bechtluft-Sachs, G. Grammel, Th. Lohmann und Th. Kriecherbauer erwähnen möchten.

Zum Schluß sei der guten Ordnung halber noch gesagt, daß es so gut wie unmöglich ist, Fehler ganz zu vermeiden. Deshalb können wir für den Inhalt dieses Buches, insbesondere der Programmteile, keinerlei Gewährleistung übernehmen.

Augsburg, im August 1994

Manfred Hüttenhofer
Matthias Lesch
Norbert Peyerimhoff

Hinweise für den Leser: Die drei Buchteile sind mehr oder weniger unabhängig von jeweils einem der drei Autoren bearbeitet worden. Deshalb ließen sich gewisse Unterschiede im Stil nicht ganz vermeiden. Die Teile I und II nehmen nur an wenigen Stellen Bezug aufeinander und können unabhängig voneinander gelesen werden. Schwierigere Abschnitte, die beim ersten Lesen überflogen werden können, haben wir mit einem * gekennzeichnet. Ebenso verhält es sich mit kleingedruckten Teilen innerhalb der Abschnitte.

Teil I

Aus der Zahlentheorie

Kapitel I

Teilbarkeitslehre und der Euklidische Algorithmus

Die natürlichen Zahlen und die Rechenoperationen auf ihnen entspringen dem Zählen. Das Zählen ist allerdings keine typisch menschliche Fähigkeit (auch eine Ente zählt ihre Jungen), wohl aber die Einführung von Zahlzeichen und das Zusammenfassen zu Zahlenmengen (in [C] ist dieses Thema ausführlicher behandelt). Schon Kronecker hat in einem berühmten Ausspruch festgestellt: „Die natürlichen Zahlen hat Gott geschaffen, alles andere ist Menschenwerk".

Die natürlichen und ganzen Zahlen bilden die Grundlage der elementaren Zahlentheorie. Diese hat schon immer eine Faszination auf die Mathematiker ausgeübt. Es ist nämlich keineswegs so, daß im Bereich der natürlichen Zahlen alle Fragen geklärt wären. Im Gegenteil: in keinem anderen Gebiet der Mathematik lassen sich so leicht sehr schwere Probleme stellen wie in der Zahlentheorie.

In diesem Kapitel diskutieren wir nach einer kurzen Einführung in die elementare Teilbarkeitslehre den Euklidischen Algorithmus und den Begriff des größten gemeinsamen Teilers. Besonderen Wert haben wir dabei auf die Untersuchung der praktischen Berechenbarkeit gelegt. Diese ist unabdingbar für alle späteren Implementationen komplizierterer zahlentheoretischer Fragestellungen bis hin zu Primzahltests und Kryptographie.

1.1 Elementare Teilbarkeitslehre

Wir gehen zwar davon aus, daß der Leser mit der Arithmetik der natürlichen, ganzen und rationalen Zahlen vertraut ist. Dennoch möchten wir hier kurz an einige wichtige Dinge erinnern. Die ganzen Zahlen, hier mit $\mathbb{Z}$ bezeichnet, können addiert, subtrahiert und multipliziert werden. Sie bilden, wie die Mathematiker sagen, einen Ring. Wir wollen hier nicht die etwas hölzerne mathematische Definition des Ringes wiedergeben. Der Leser kann sich hierunter eine beliebige

Menge vorstellen, auf der man addieren, subtrahieren und multiplizieren kann, so daß diese Operationen genau die formalen Eigenschaften der entsprechenden Operationen auf den ganzen Zahlen haben. Wer es genau wissen möchte, der schaue in ein Algebra–Lehrbuch, etwa [Mbg].

Die vierte Grundrechenart, die Division, haben wir zunächst außen vor gelassen, da sie in $\mathbb{Z}$ nicht uneingeschränkt durchführbar ist. Vielmehr führt die Division in den Körper der rationalen Zahlen. Dieser „Mangel" der ganzen Zahlen ist der Ausgangspunkt der elementaren Teilbarkeitslehre, die es ohne diesen „Mangel" nicht geben würde. Insofern ist das Wort „Mangel" eigentlich unangebracht; denn das Divisionsproblem macht die Sache überhaupt erst interessant. Der Ersatz für die nicht vorhandene Division innerhalb von $\mathbb{Z}$ ist der sogenannte Divisionsalgorithmus oder Division mit Rest.

Im Folgenden bezeichnen wir mit $\mathbb{N} := \{1, 2, \ldots\}$ die natürlichen Zahlen und mit $\mathbb{N}_0 := \mathbb{N} \cup \{0\}$.

Algorithmus 1.1 (Eindeutige Division mit Rest) *Zu Zahlen* $a \in \mathbb{Z}, b \in \mathbb{N}$ *gibt es eindeutig bestimmte* $q, r \in \mathbb{Z}$, *so daß*

$$a = qb + r, \quad 0 \leq r < b.$$

Beweis Betrachte die Zahlen

$$\ldots, a - 2b, a - b, a, a + b, a + 2b, \ldots$$

Sei r die kleinste positive Zahl unter diesen. Dann muß $0 \leq r < b$ gelten; andernfalls wäre $r - |b| \geq 0$ im Widerspruch zur Minimalität von r. Dies beweist die Existenz der Darstellung $a = qb + r$.

Zum Beweis der Eindeutigkeit nehmen wir an, wir hätten

$$a = q_1 b + r_1 = q_2 b + r_2, \quad 0 \leq r_1, r_2 < b.$$

Dann wäre

$$b(q_2 - q_1) = r_1 - r_2, \quad 0 \leq |r_1 - r_2| < b,$$

was nur möglich ist, wenn $r_1 = r_2$, und damit auch $q_1 = q_2$, gilt. □

Ein Sonderfall ist der, bei dem die Division aufgeht, d. h. $r = 0$.

Definition 1.2 *Man sagt, die Zahl $b \in \mathbb{Z}$ teilt die Zahl $a \in \mathbb{Z}$, Schreibweise $b|a$, falls es ein $q \in \mathbb{Z}$ so gibt, daß $a = qb$. Man sagt auch: a ist ein Teiler von b.*

Für die Teilbarkeit gibt es eine Reihe von Regeln, welche wir hier ohne Beweis zusammentragen. Da sie aber später immer wieder benutzt werden, sollten sie zur Übung bewiesen werden:

Lemma 1.3 (Rechenregeln für $|$)

1. *$a|b$ impliziert $a|bc$.*

2. *$|$ ist transitiv, d.h. $a|b$ und $b|c$ impliziert $a|c$.*

3. *$a|b$ und $a|c$ impliziert $a|(kb + lc)$ für alle $k, l \in \mathbb{Z}$.*

4. *$a|b$ und $b|a$ impliziert $a = \pm b$.*

5. *$a|b$ impliziert $a \leq b$ für $a, b \in \mathbb{N}$.*

6. *Ist $m \neq 0$, so gilt $a|b$ genau dann, wenn $ma|mb$.*

Eine wichtige Klasse von Zahlen, die die Mathematiker bis heute nicht ruhen läßt, sind die *Primzahlen*.

Definition 1.4 *Ein $p \in \mathbb{N}$ heißt prim, falls es nur die trivialen Teiler ± 1 und $\pm p$ besitzt. 1 ist per Definition keine Primzahl.*

Satz 1.5 *Jedes $a \geq 2$ besitzt eine Faktorisierung $a = p_1 \cdot \ldots \cdot p_n$ mit Primzahlen $p_1, \cdots, p_n$.*

Bevor wir uns den Beweis anschauen, erinnern wir an das *Induktionsprinzip*.

Prinzip der vollständigen Induktion *Ist $A \subset \mathbb{N}$ eine Teilmenge und gilt*

- *$1 \in A$,*

- *sind bereits $\{1, \ldots, a\} \subset A$, so ist auch $a + 1 \in A$.*

Dann ist bereits $A = \mathbb{N}$.

Dieses Prinzip wird oft in folgender Form zum Beweis von Aussagen über die natürlichen Zahlen verwendet: gegeben eine Aussage die für jede natürliche Zahl gelten soll. Diese beweisen wir wie folgt: sei $A = \{n \in \mathbb{N} \mid \text{die Aussage ist wahr}\}$. Dann bezeichnet man als *Induktionsanfang* die Verifikation von $1 \in A$ und als *Induktionsschritt* die Verifikation der Aussage für $n+1$ unter der *Annahme*, daß sie für $1, \ldots, n$ gilt. Hat man diese beiden Schritte durchgeführt, so folgt die Gültigkeit der Aussage für alle natürlichen Zahlen. Diese Vorgehensweise bereitet dem Anfänger erfahrungsgemäß gewisse Schwierigkeiten und sollte daher eingehend geübt werden.

Der kritische Leser wird vielleicht bemängeln, daß wir das Induktionsprinzip nicht beweisen, es aber zum Beweis anderer Tatsachen oft heranziehen. Die vollständige Diskussion dieses Problemkreises würde den Rahmen dieses Buches sprengen. Es sei nur soviel angemerkt: je nach Standpunkt ist das Induktionsprinzip eines der *Axiome* der natürlichen Zahlen. Wem das nicht behagt, der kann die sehr *anschauliche* Aussage, daß jede nichtleere Teilmenge natürlicher Zahlen ein kleinstes Element besitzt als Axiom heranziehen. Hieraus läßt sich das Induktionsprinzip dann sauber herleiten. Für den an den axiomatischen Grundlagen des Zahlsystems interessierten Leser verweisen wir auf [L].

Beweis Wir führen, wie gesagt, Induktion nach a durch. Der Induktionsanfang ist klar, da 2 eine Primzahl ist. Wir nehmen an, die Behauptung gelte für alle $k \leq a$, sie ist zu zeigen für $a+1$. Ist $a+1$ eine Primzahl, so ist nichts zu zeigen. Ist hingegen $a+1 = pq$ zusammengesetzt, so ist $p, q < a$, die Induktionsvoraussetzung also auf p und q anwendbar und es folgt die Behauptung. □

Nachdem man sich die ersten Primzahlen

$$2, 3, 5, 7, 11, 13, 17, 19, 23, 29, 31, 37, 41, 43 \ldots$$

einmal aufgeschrieben hat, stellt sich sofort die Frage: gibt es unendliche viele Primzahlen? Die Antwort hierauf hat schon Euklid gewußt. Der Beweis ist zeitlos schön und so wollen wir ihn hier wiedergeben.

Satz 1.6 (Euklid) *Es gibt unendlich viele Primzahlen.*

Beweis Wir führen einen Widerspruchsbeweis und nehmen an, daß es nur endlich viele Primzahlen, etwa $p_1, \cdots, p_n$, gäbe. Sodann betrachten wir die Zahl

$$a := p_1 \cdot \ldots \cdot p_n + 1.$$

a hat mindestens einen Primteiler, etwa q. q kann aber keine der Zahlen $p_1, \cdots, p_n$ sein; denn sonst würde q die 1 teilen, was offenbar unmöglich ist. q ist also eine Primzahl, die auf unserer Liste nicht vorkommt. Dies ist offenbar ein Widerspruch. □

Schon schwieriger ist eine leichte Abwandlung dieses Satzes. Man nennt das unmittelbare Aufeinanderfolgen zweier Primzahlen einen *Primzahlzwilling*. Genauer heißt p ein Primzahlzwilling, falls p *und* $p+2$ prim sind. Da außer der 2 alle Primzahlen ungerade sind, wäre es natürlich nicht sinnvoll, nach Zwillingen der Gestalt $p, p+1$ zu suchen. Davon gibt es nur einen: 2, 3. Uns drängt sich also die Frage auf.

Problem *Gibt es unendlich viele Primzahlzwillinge?*

Obwohl fast alle Mathematiker glauben, daß die Antwort hierauf „ja“ lautet, ist dieses Problem immer noch offen! Wir sehen, wie leicht sich schwierige Probleme formulieren lassen. Wer dieses Problem löst, braucht sich um seine mathematische Zukunft wohl keine Sorgen mehr zu machen.

Den folgenden Satz erwähnen wir ohne Beweis.

Satz 1.7 *Jedes $a \geq 2$ besitzt eine Faktorisierung*

$$a = p_1^{\alpha_1} \cdot \ldots \cdot p_r^{\alpha_r} \tag{1.1}$$

mit verschiedenen Primzahlen $p_r, \cdots, p_r$. Dabei ist die Faktorisierung bis auf die Reihenfolge der Faktoren eindeutig. Man nennt (1.1) *die kanonische Primfaktorzerlegung von a.*

Wir kommen nun zu einer praktischen Fragestellung. Gegeben eine natürliche Zahl n. Wie kann man möglichst effizient entscheiden, ob n prim ist oder nicht. Und weiter, gibt uns ein böser Mensch eine Zahl n vor mit der Information, daß sie zusammengesetzt ist, verschweigt uns aber die Faktoren; wie können wir diese Faktoren finden? Diese beiden Fragen werden sich wie ein roter Faden durch den ersten Teil des Buches ziehen. Die naheliegendste Methode ist das *Probedividieren*, das wir wahrscheinlich noch aus der Schule kennen:

Algorithmus 1.8 (Probedividieren) *Sei $n \in \mathbb{N}$ gegeben. Man teste für $2 \leq d \leq \sqrt{n}$ ob $d|n$. Ist n zusammengesetzt, so findet man auf diese Weise einen Teiler. Findet man keinen Teiler, so ist n eine Primzahl.*

Beweis Wir führen einen Widerspruchsbeweis und nehmen an es wäre $n = kl$ mit $k, l > \sqrt{n}$. Dann ergibt sich der Widerspruch $n = kl > \sqrt{n}\sqrt{n} = n$. □

Man kann diesen Algorithmus noch geringfügig dadurch verbessern, daß man außer $d = 2$ nur die ungeraden $d \leq \sqrt{n}$ durchprobiert. Allgemeiner zeige man zur Übung, daß es sogar genügt, nur die Primzahlen $p \leq \sqrt{n}$ zu probieren. Das verbessert diesen Algorithmus zwar um einen beträchtlichen Faktor, ändert aber nichts an seiner prinzipiellen Unzulänglichkeit: dieser Algorithmus unterscheidet nicht die beiden Probleme „Ist n prim“ bzw. „Finde einen Faktor von n“. Ist n zusammengesetzt, so liefert er einen Faktor gleich mit.

1.2 GGT, Euklidischer Algorithmus und Fibonacci–Zahlen

Daß die ersten beiden Begriffe dieser Überschrift miteinander zusammenhängen, ist vielleicht noch jedem aus der Schulzeit vage in Erinnerung. Was die Fibonacci–Zahlen mit dieser Geschichte zu tun haben, werden wir weiter unten sehen.

1.2.1 Der Euklidische Algorithmus

Wir wollen uns mit der Frage auseinandersetzen, was der größte gemeinsame Teiler zweier natürlicher Zahlen $a, b \in \mathbb{N}$ sein soll. Diese Frage ist keine bloße Spielerei, sondern sie ist, wie wir noch sehen werden, einer der Grundpfeiler der elementaren Arithmetik. Zunächst die „naive“ Definition:

Definition 1.9 *Zu zwei Zahlen $a, b \in \mathbb{N}$ bezeichnet (a, b) oder $\mathrm{ggT}(a, b)$ die größte der endlich vielen natürlichen Zahlen k mit $k|a, k|b$.*

Hier sind wir in einer typischen mathematischen Situation: wir haben eine Definition vor uns, die zwar unserem intuitiven Verständnis entspricht und einigermaßen anschaulich, ansonsten aber ziemlich nutzlos ist.

Sie hat im wesentlichen zwei gravierende Nachteile. Der erste ist, daß wir aus ihr keine Eigenschaften des ggT ablesen können. So versuche man z. B. aus dieser Definition direkt abzuleiten, daß jeder andere gemeinsame Teiler von a, b den $\mathrm{ggT}(a, b)$ teilt. Viel Vergnügen! Ein anderer schwerer Nachteil ist der der schlechten Berechenbarkeit. Nach der Definition müßten wir zu zwei Zahlen a, b zunächst alle gemeinsamen Teiler bestimmen und davon dann den größten auswählen. Es ist ein geringer Trost, daß die Menge der Teiler wenigstens endlich ist.

Aufgabe des Mathematikers ist es nun, den Begriff des ggT zu analysieren und möglichst viele interessante Eigenschaften abzuleiten. Insbesondere wollen wir natürlich das Problem der Berechenbarkeit lösen.

Zu zwei natürlichen Zahlen a und b seien

$$\begin{aligned} a &= p_1^{\alpha_1} \cdot \ldots \cdot p_r^{\alpha_r} p_{r+1}^{\alpha_{r+1}} \cdot \ldots \cdot p_s^{\alpha_s}, \\ b &= p_1^{\beta_1} \cdot \ldots \cdot p_r^{\beta_r} q_1^{\gamma_1} \cdot \ldots \cdot q_t^{\gamma_t} \end{aligned}$$

die eindeutigen Primfaktorzerlegungen. Dabei sind $p_1, \cdots, p_r$ die gemeinsamen Primteiler von a, b. Es ist nicht schwer zu sehen, daß

$$(a, b) = p_1^{\min(\alpha_1, \beta_1)} \cdot \ldots \cdot p_r^{\min(\alpha_r, \beta_r)}. \tag{1.2}$$

Ich traue mich aber gar nicht, dies etwa als Algorithmus zu deklarieren. Obwohl schon um Welten besser als die Definition, ist dies immer noch beliebig schlecht. Wir werden gleich sehen, daß mit Hilfe des Euklidischen Algorithmus die ggT–Berechnung zweier 100–stelliger Zahlen auf dem PC ein Kinderspiel ist. Im Abschnitt über Primzahltests und Faktorisierung hingegen werden wir feststellen, daß es derart widerborstige 100–stellige Zahlen gibt, deren Primfaktorzerlegung zumindest auf dem PC bis zum jüngsten Tag dauern würde.

Definition 1.10 *Zu einer rellen Zahl $x \in \mathbb{R}$ bezeichnet $[x]$ (sprich: Gaußklammer x) die größte ganze Zahl, welche $\leq x$ ist. M. a. W. $[x]$ ist die eindeutig bestimmte ganze Zahl mit $[x] \leq x < [x] + 1$.*

Nun wollen wir den Leser aber nicht länger auf die Folter spannen und den Euklidischen Algorithmus, der ja sicherlich bekannt ist, anschreiben.

Satz 1.11 (Euklidischer Algorithmus) *Seien $a > b > 0$ natürliche Zahlen. Wir setzen $r_0 := a, r_1 := b$ und bilden rekursiv*

$$\begin{array}{rcll} r_0 &=& q_0 r_1 + r_2, & 0 < r_2 < r_1, \\ r_1 &=& q_1 r_2 + r_3, & 0 < r_3 < r_2, \\ &\vdots&& \\ r_{n-2} &=& q_{n-2} r_{n-1} + r_n, & 0 < r_n < r_{n-1}, \\ r_{n-1} &=& q_{n-1} r_n. & \end{array} \tag{1.3}$$

Dann ist $r_n = (a, b)$.

Beweis Wegen $r_{j+1} < r_j$ ist klar, daß der Algorithmus tatsächlich abbricht. Wir zeigen zunächst, daß r_n ein gemeinsamer Teiler von a, b ist. Die letzte Zeile lehrt $r_n | r_{n-1}$ und die vorletzte zeigt $r_n | r_{n-2}$. Induktiv nehmen wir an, r_n teile bereits $r_{n-1}, r_{n-2}, \cdots, r_{n-j}$. Dann folgt aus

$$r_{n-j-1} = q_{n-j-1} r_{n-j} + r_{n-j+1},$$

daß auch $r_n | r_{n-j-1}$. Insbesondere $r_n | r_0 = a, r_n | r_1 = b$.

Ist umgekehrt k irgendein gemeinsamer Teiler von a, b, so zeigt dieselbe Schlußweise von oben nach unten, daß $k | r_j, j = 0, \cdots, n$. Dann ist aber $k \leq r_n$ und wir sind fertig. □

Wir haben nun offenbar die folgende Aussage, welche ich kurz nach der Definition erwähnt hatte, mitbewiesen.

Korollar 1.12 *Jeder gemeinsame Teiler k von a und b teilt auch (a, b).*

Wir wollen noch eine weitere wichtige Folgerung aus dem Euklidischen Algorithmus ziehen. Aus (1.3) ersehen wir, daß jedes r_j eine ganzzahlige Linearkombination von a und b ist: für $r_0 = a, r_1 = b$ ist das klar. Ist schon

$$r_j = u_j a + v_j b, \quad j = 0, \cdots, k$$

bewiesen, so folgt

$$\begin{array}{rcl} r_{k+1} &=& r_{k-1} - q_{k-1} r_k \\ &=& (u_{k-1} - q_{k-1} u_k) a + (v_{k-1} - q_{k-1} v_k) b \\ &=:& u_{k+1} a + v_{k+1} b. \end{array}$$

Insbesondere ist

$$(a,b) = r_n = u_n a + v_n b. \tag{1.4}$$

Wir fassen zusammen

Algorithmus 1.13 *Mit den Bezeichnungen aus Satz* 1.11 *bilde man rekursiv die Tripel* $W_j = (r_j, u_j, v_j)$ *mit*

$$\begin{aligned} W_0 &= (a,1,0), \quad W_1 = (b,0,1) \\ W_{j+1} &= W_{j-1} - q_{j-1} W_j. \end{aligned} \tag{1.5}$$

Man stoppe, wenn $r_{n+1} = 0$. *Dann ist* $r_n = (a,b)$ *und es gilt*

$$r_j = u_j a + v_j b.$$

In (1.5) *fasse man* W_j *als Vektoren auf.*

Wir geben noch einige nützliche Folgerungen:

Zwei natürliche Zahlen a, b nennen wir *relativ prim*, wenn

$$(a,b) = 1.$$

Satz 1.14 1. $a, b \in \mathbb{N}$ *sind genau dann relativ prim, wenn es* $u, v \in \mathbb{Z}$ *so gibt, daß*

$$ua + vb = 1.$$

2. *Ist* $(a,b) = 1$ *und ist* c *sowohl durch* a *als auch durch* b *teilbar, so ist* c *durch* ab *teilbar.*

3. *Ist* $(a,b) = 1$ *und* $a|bc$, *so gilt schon* $a|c$.

4. *Allgemeiner sei* $(a,b) = 1$. *Dann gilt*

$$(a,bc) = (a,c).$$

Beweis 1. Es ist nur noch zu zeigen, daß $ua + vb = 1$ impliziert, daß $(a,b) = 1$. Das ist aber klar, denn aus $c|a$ und $c|b$ erhalten wir $c|1$, also mit Lemma 1.3 $c = \pm 1$.

2. Wir schreiben $c = ka = lb$ mit $k, l \in \mathbb{Z}$. Wegen $(a,b) = 1$ gibt es $u, v \in \mathbb{Z}$, so daß $ua + vb = 1$. Dies liefert

$$c = c \cdot 1 = c \cdot (ua + vb) = uac + vbc = ualb + vbka = ab(ul + vk),$$

also $ab|c$.

3. Wieder schreiben wir $ua + vb = 1$ sowie $bc = ka$. Dann folgt

$$c = c \cdot 1 = c \cdot (ua + vb) = uac + vbc = uac + vka = a(uc + vk),$$

somit $a|c$.

4. Sei $ua + vb = 1$ sowie $ka + lc = (a, c)$. Dann folgt

$$\begin{aligned} (a,c) &= (a,c) \cdot 1 = (ka + lc)(ua + vb) \\ &= lv(bc) + (kua + lcu + kvb)a, \end{aligned}$$

also

$$(a, bc)|(a, c).$$

Andererseits ist $(a, c) \leq (a, bc)$ offensichtlich und es muß Gleichheit gelten. □

1.2.2 Die Laufzeitanalyse des Euklidischen Algorithmus

Nachdem wir am Anfang über die Berechenbarkeitsproblematik nachgedacht haben, müssen wir uns nun über die Laufzeit des Euklidischen Algorithmus Gedanken machen. Da alle Theorie grau ist, wollen wir aber mit einem Beispiel beginnen.

Wir wollen den ggT von 301 und 211 bestimmen und berechnen

j	0	1	2	3	4	5	6
r_j	301	211	90	31	28	3	1
u_j	1	0	1	-2	5	-7	68
v_j	0	1	-1	3	-7	10	-97
q_{j-2}			1	2	2	1	9

Wir brauchen also 7 Schritte, um festzustellen, daß $(301, 211) = 1$ und daß

$$68 \cdot 301 + (-97) \cdot 211 = 1.$$

Nun wollen wir uns überlegen, wieviele Schritte wir schlimmstenfalls benötigen. Wir schauen uns noch einmal das Schema (1.3) an und finden wegen $q_0, \cdots, q_{n-1} \geq 1$:

$$\begin{aligned} r_n &\geq 1 \\ r_{n-1} &= q_{n-1}r_n \geq 1 \\ r_{n-2} &\geq r_{n-1} + r_n \geq 2 \\ &\vdots \\ r_{n-j} &\geq r_{n-j+1} + r_{n-j+2}. \end{aligned}$$

Definieren wir also rekursiv

$$F_0 := 0, \quad F_1 := 1, \quad F_{n+1} := F_n + F_{n-1}, \quad n \geq 1, \tag{1.6}$$

so ist offenbar

$$a \geq F_{n+1}, \quad b \geq F_n. \tag{1.7}$$

Um nun umgekehrt zu gegebenem a, b das n abschätzen zu können – das ist das, was uns eigentlich interessiert – müssen wir etwas über das Wachstum der ominösen Folge F_n herausfinden. So ist das in der Mathematik: man will ein Problem lösen und stößt dabei auf ein neues, und stellt dann fest, daß das neue Problem auch ziemlich spannend ist. Wir sind nämlich ganz zwanglos auf die berühmte *Fibonacci–Folge* gestoßen.

Wir verlassen also für den Moment unser ursprüngliches Problem und machen einen

1.2.3 Exkurs über die Fibonacci–Zahlen

Die Fibonacci–Zahlen sind nach dem italienischen Mathematiker FIBONACCI (1170–1230?), der eigentlich LEONARDO VON PISA hieß, benannt. Leonardo hat natürlich viel mehr geleistet als nur diese Folge von Zahlen zu definieren. Er verfaßte eine vielhundertseitige Abhandlung: die *liber Abaci*, auch *Abacus* genannt. In ihr befaßt er sich u. a. mit der Arithmetik ganzer Zahlen, Quadrat- und Kubikwurzeln, aber auch mit so weltlichen Themen wie „Mischung von Münzen“ oder „von dem Umtausche der Waren und ähnlichen Dingen“. Desweiteren hat er maßgeblich zur Verbreitung der arabischen Zahlschreibweise, die wir bis zum heutigen Tage benutzen, in Europa beigetragen.

Nun, die Welt ist nicht gerecht, und so ist Leonardo den meisten Mathematikern – ich muß zugeben, bis jetzt auch mir – als Fibonacci und nur im Zusammenhang mit der gleichnamigen Zahlenfolge bekannt. Diese hat allerdings so viele Aspekte, daß es sogar eine eigene Zeitschrift, „The Fibonacci Quarterly“, gibt, die sich mit ihr befaßt.

Der Überlieferung nach trieb Fibonacci die folgende Frage um. Wie verhält sich eine Kaninchenpopulation unter folgenden Annahmen:

1. Zur Zeit 0 existiert genau ein junges Kaninchenpaar.

2. Jedes geschlechtsreife Paar erzeugt in jedem Monat ein neues Paar junger Kaninchen.

3. Kaninchen werden nach 2 Monaten geschlechtsreif.

4. Kaninchen werden unendlich alt.

Nun, wir wollen nicht über die Realitätsnähe insbesondere der letzten Annahme diskutieren. Immerhin ist dies ein Modell und es zeigt schon in rudimentärer Weise das Vorgehen bei mathematischer Modellbildung: bei einer sehr komplexen Fragestellung muß man sich auf einige wenige Grundannahmen zurückziehen, so daß zwei Dinge gewährleistet sind:

1. Das Modell ist einfach genug, so daß es einer Berechnung zugänglich ist.

2. Das Modell hat hoffentlich noch etwas mit der Realität zu tun, die es ja beschreiben soll.

Der 1. Punkt ist in obigem Modell klar erfüllt, wie wir noch sehen werden. Beim 2. Punkt – ich will es vorsichtig ausdrücken – sind zumindest Zweifel erlaubt. Trotzdem schauen wir uns einmal die folgende Tabelle an

n Monate	erwachsene Paare	1 Monat alte Paare	0 Monate alte Paare	Gesamtzahl der Paare
0	0	0	1	1
1	0	1	0	1
2	1	0	1	2
3	1	1	1	3
4	2	1	2	5
5	3	2	3	8
6	5	3	5	13
7	8	5	8	21

Wir erkennen, daß die Gesamtzahl der Kaninchenpaare nach n Monaten F_{n+1}, die Zahl der erwachsenen und frisch geborenen Paare F_{n-1} und die Zahl der 1 Monat alten Paare F_{n-2} ist.

Nun sind die Fibonacci–Zahlen leider rekursiv definiert, und uns dürstet nach einer expliziten Formel. Das ist bei rekursiv definierten Folgen im allgemeinen ein sehr schwieriges Problem. Leicht wird es, wenn einem ein lieber Mensch eine Formel vorgibt und man diese dann nur noch per vollständiger Induktion zu verifizieren hat. Ich werde hier der Versuchung erliegen und genau so verfahren (die lieben Menschen waren in dem Fall meine akademischen Lehrer, bzw. die einschlägige Fachliteratur). Der Leser sollte sich aber klar machen, daß man so nur als Autor verfahren kann, weil man schon weiß, was 'rauskommt. Leider wird dies auch Studenten nicht immer in der gebotenen Eindringlichkeit gesagt; im Gegenteil, viele Übungsaufgaben zur vollständigen Induktion beginnen so: sei (a_n) rekursiv definiert durch ..., man beweise die folgende explizite Formel... Schön, und die Formel ist uns über Nacht zugeflogen, oder was??

Im Anschluß werden wir noch sehen, wie man bei bestimmten Typen von Rekursionen – und die Fibonacci–Folge gehört dazu – auf Formeln kommen kann. Als dann:

Satz 1.15 *Sind*

$$x_\pm = \frac{1}{2}(1 \pm \sqrt{5})$$

die Lösungen der quadratischen Gleichung $x^2 - x - 1 = 0$*, so gilt*

$$\begin{aligned} F_n &= \frac{1}{\sqrt{5}}(x_+^n - x_-^n) \\ &= \frac{1}{\sqrt{5}}(x_+^n + (-1)^{n+1}|x_-|^n) \end{aligned}$$

Beweis Wir führen, wie gesagt, Induktion nach n durch. Für $n = 0$ erhalten wir

$$F_0 = 0 = \frac{1}{\sqrt{5}}(x_+^0 - x_-^0)$$

und für $n = 1$

$$F_1 = 1 = \frac{1}{\sqrt{5}}(x_+ - x_-).$$

Wir nehmen an, die Behauptung gelte für alle $k \leq n$, sie ist zu zeigen für $n + 1$. Es ist

$$
\begin{aligned}
F_{n+1} &= F_n + F_{n-1} = \frac{1}{\sqrt{5}}(x_+^n + x_+^{n-1} - x_-^n - x_-^{n-1}) \\
&= \frac{1}{\sqrt{5}}(x_+^{n-1}\underbrace{(1+x_+)}_{=x_+^2} - x_-^{n-1}\underbrace{(1+x_-)}_{=x_-^2}) \\
&= \frac{1}{\sqrt{5}}(x_+^{n+1} - x_-^{n+1}).
\end{aligned}
$$

□

Für diejenigen, die sich ein bißchen mit Potenzreihen auskennen, gebe ich hier noch einen anderen, sehr viel eleganteren Beweis, der direkt zu der expliziten Formel führt. Aus der Rekursionsformel erkennt man ohne Mühe, daß $F_n \leq 2^n$. Folglich konvergiert die Potenzreihe

$$
f(x) := \sum_{n=0}^{\infty} F_n x^n
$$

zumindest für $|x| < 1/2$. Wir berechnen

$$
\begin{aligned}
f(x) &= \sum_{n=0}^{\infty} F_n x^n \\
&= x + \sum_{n=2}^{\infty} F_n x^n \\
&= x + \sum_{n=2}^{\infty} (F_{n-1} + F_{n-2}) x^n \\
&= x + (x + x^2) f(x),
\end{aligned}
$$

folglich

$$
\begin{aligned}
f(x) &= \frac{-x}{x^2 + x - 1} = \frac{-x}{(x + x_+)(x + x_-)} \\
&= \frac{1}{\sqrt{5}} \left(\frac{-x_+}{x + x_+} + \frac{x_-}{x + x_-} \right) \\
&= \frac{1}{\sqrt{5}} \left(\frac{-1}{1 + \frac{x}{x_+}} + \frac{1}{1 + \frac{x}{x_-}} \right) \\
&= \frac{1}{\sqrt{5}} \sum_{n=0}^{\infty} \left(\frac{(-1)^{n+1}}{x_+^n} + \frac{(-1)^n}{x_-^n} \right) x^n \\
&= \frac{1}{\sqrt{5}} \sum_{n=0}^{\infty} (x_+^n - x_-^n) x^n,
\end{aligned}
$$

wobei wir die Vieta'schen Formeln $x_+x_- = -1$, $x_+ + x_- = 1$ und die geometrische Reihe verwendet haben. Wir erhalten die Formel durch Koeffizientenvergleich. Vgl. hierzu auch Aufgabe 1.11.

Die Idee, einer Folge (a_n) die Potenzreihe $\sum a_n x^n$ zuzuordnen und ein zahlentheoretisches Problem in ein analytisches überzuführen, geht auf LEONHARD EULER (1707–1783) zurück.

Wir haben also nun die Größenordnung von F_n sehr gut im Griff. Weil

$$x_- \approx -0.618033989\ldots,$$

wird $\frac{1}{\sqrt{5}}x_-^n$ sehr schnell sehr klein. Schon für $n = 10$ ist

$$\frac{1}{\sqrt{5}}x_-^{10} \approx 0.003636\ldots$$

und wir können für numerische Zwecke F_n durch $\frac{1}{\sqrt{5}}x_+^n$ ersetzen. Wegen $x_- < 0$ finden wir

$$F_n \begin{cases} > \frac{1}{\sqrt{5}}x_+^n, & n \text{ ungerade,} \\ < \frac{1}{\sqrt{5}}x_+^n, & n \text{ gerade} \end{cases}$$

und da F_n ganzzahlig ist, folgt

$$F_n = [\frac{1}{\sqrt{5}}x_+^n + \frac{1}{2}], \quad n \geq 0.$$

Es wäre noch viel zu sagen über die Fibonacci–Zahlen. Wir lassen es hiermit zunächst bewenden und verweisen den Leser an die Aufgaben am Ende dieses Kapitels, welche entweder durch Induktion oder mit Hilfe der expliziten Formel zu lösen sind.

1.2.4 Fortsetzung der Laufzeitanalyse

Wir kehren nun zur Diskussion der Laufzeit des Euklidischen Algorithmus zurück und finden

$$a \geq F_{n+1} = \frac{1}{\sqrt{5}}(x_+^{n+1} - x_-^{n+1})$$

oder

$$x_+^{n+1} \leq \sqrt{5}a + \frac{1}{2},$$

woraus unmittelbar

$$n+1 \leq \frac{\log(\sqrt{5}a+\frac{1}{2})}{\log x_+}$$

folgt.

Das maximale n kommt offenbar für $a = F_{n+1}, b = F_n$ vor; denn dann ist im Euklidischen Algorithmus $q_j = 1$ und $r_j = F_{n+1-j}$. Wir haben also folgenden Satz bewiesen.

Satz 1.16 (Laufzeit des Euklidischen Algorithmus) *Für eine natürliche Zahl $a \in \mathbb{N}$ benötigt der Euklidische Algorithmus zu beliebigem $b < a$ höchstens*

$$K(a) := \frac{\log(\sqrt{5}a+\frac{1}{2})}{\log x_+} - 1$$

Schritte.

Zu $n \in \mathbb{N}$ sei a die kleinste natürliche Zahl, für die es ein $b < a$ so gibt, daß der Euklidische Algorithmus n Schritte benötigt. Dann ist $a = F_{n+1}, b = F_n$.

Um einen Überblick zu gewinnen, schreiben wir einige Werte von K auf:

a	100	10^5	10^{10}	10^{50}	10^{100}	10^{1000}
$[K(a)]$	10	24	48	239	479	4785

Wir sehen – wie versprochen – daß für 100stellige Zahlen, sofern eine Arithmetik hierfür programmiert ist, die Berechnung des ggT völlig problemlos ist. „Schön, das war's“ wird der Leser nun vielleicht sagen, „besser geht's wohl nicht“. Weit gefehlt! Wer verbietet eigentlich die Benutzung negativer Zahlen? Wir erinnern uns an den Divisionsalgorithmus. Zu $a, b \in \mathbb{Z}, b \neq 0$, gibt es genau ein Paar $q, r \in \mathbb{Z}$, so daß

$$a = qb + r, \quad \text{mit} \quad 0 \leq r < |b|.$$

Falls nun $r > |b|/2$, so schreiben wir

$$\begin{aligned} a &= qb + |b| + r - |b| \\ &= (q + \operatorname{sgn} b)b + r' \end{aligned}$$

mit $-|b|/2 < r' < 0$. Also

Algorithmus 1.17 (Divisionsalgorithmus mit Vorzeichen)
Zu $a, b \in \mathbb{Z}$, $b \neq 0$, gibt es genau ein Paar $q, r \in \mathbb{Z}$, so daß

$$a = qb + r, \quad -\frac{|b|}{2} < r \leq \frac{|b|}{2}.$$

Wenden wir diesen Algorithmus an, so erhalten wir mit gleichen Beweisen wie Satz 1.11 bzw. Algorithmus 1.13

Satz 1.18 (Verbesserter Euklidischer Algorithmus) *Seien $a, b \in \mathbb{Z}, b \neq 0$. Wir setzen $r_0 := a, r_1 := b$ und bilden rekursiv*

$$\begin{array}{rcll} r_0 & = & q_0 r_1 + r_2, & |r_2| \leq \frac{|r_1|}{2} \\ r_1 & = & q_1 r_2 + r_3, & |r_3| \leq \frac{|r_2|}{2} \\ & \vdots & & \vdots \\ r_{n-2} & = & q_{n-2} r_{n-1} + r_n, & |r_n| \leq \frac{|r_{n-1}|}{2} \\ r_{n-1} & = & q_{n-1} r_n. & \end{array} \tag{1.8}$$

Dann ist $r_n = (a, b)$.

Algorithmus 1.19 *Man bilde rekursiv die Tripel $W_j = (r_j, u_j, v_j)$ mit*

$$\begin{array}{rcl} W_0 & = & (a, 1, 0), \quad W_1 = (b, 0, 1) \\ W_{j+1} & = & W_{j-1} - q_{j-1} W_j, \end{array}$$

wobei die q_j durch den Divisionsalgorithmus mit Vorzeichen bestimmt sind. Man stoppe wenn $r_{n+1} = 0$. Dann ist $r_n = (a, b)$ und es gilt

$$r_j = u_j a + v_j b.$$

Spaßeshalber führen wir den Algorithmus an zwei Beispielen durch. Zunächst für das uns schon vertraute Zahlenpaar 211,301.

j	0	1	2	3	4	5
r_j	301	211	90	31	-3	1
u_j	1	0	1	-2	7	68
v_j	0	1	-1	3	-10	-97
q_{j-2}			1	2	3	-10

Dies ist noch nicht besonders überzeugend, aber immerhin haben wir einen Schritt eingespart. Nun schauen wir uns noch das Maximalpaar für $n = 10$, $F_{11} = 89$ und $F_{10} = 55$, an:

j	0	1	2	3	4	5
r_j	89	55	-21	-8	3	1
u_j	1	0	1	3	-8	-21
v_j	0	1	-2	-5	13	34
q_{j-2}			2	-3	3	-3

Dies ist eine beachtliche Steigerung. Nun können wir es nicht mit diesen Beispielen bewenden lassen, sondern müssen unsere Beobachtungen ewas quantifizieren: Seien also $a, b \in \mathbb{Z}$ und r_j die Reste im Satz 1.18. Dann ist

$$|r_n| \geq 1, |r_{n-1}| \geq 2, \cdots, |b| = r_1 \geq 2^{n-1}$$

oder

$$n \leq \frac{\log|b|}{\log 2} + 1 =: L(b).$$

Wir schauen uns noch eine kleine Tabelle an.

b	100	10^5	10^{10}	10^{50}	10^{100}	10^{1000}
$[L(b)]$	7	17	34	167	333	3322

Wir berechnen weiterhin

$$\lim_{a\to\infty} \frac{K(a)}{L(a)} = \lim_{a\to\infty} \frac{\frac{\log(\sqrt{5}|a|+\frac{1}{2})}{\log x_+} - 1}{\frac{\log|a|}{\log 2} + 1} = \frac{\log 2}{\log x_+} \approx 1.4404\ldots.$$

Asymptotisch benötigt also der Euklidische Algorithmus ≈ 1.44 mal soviele Schritte wie der verbesserte Euklidische Algorithmus. Wir fassen zusammen:

Satz 1.20 (Laufzeit des verbesserten Euklidischen Algorithmus)
Für eine ganze Zahl $a \in \mathbb{N}$ benötigt der verbesserte Euklidische Algorithmus zu beliebigem $b \in \mathbb{Z}$ mit $0 < |b| < |a|$ höchstens $L(a)$ Schritte. Es gilt

$$\lim_{|a|\to\infty} \frac{K(a)}{L(a)} = \frac{\log 2}{\log x_+} \approx 1.4404\ldots,$$

so daß der verbesserte Euklidische Algorithmus asymptotisch eine Ersparnis von etwa 30% *gegenüber dem Euklidischen Algorithmus bedeutet.*

Man sollte jedoch nicht verschweigen, daß der verbesserte Euklidische Algorithmus einen Teil seines theoretischen Vorsprungs dadurch einbüßt, daß er etwas komplizierter zu programmieren ist als der Euklidische Algorithmus. Das liegt daran, daß der Divisionsalgorithmus auf Prozessorebene (beim i80x86) vorliegt, der Divisionsalgorithmus mit Vorzeichen hingegen nicht. So ist also eine Fallunterscheidung ($r > |b|/2$?) einzubauen.

1.3 Implementation des Euklidischen Algorithmus und einige andere C++–Module

Alle C++–Module des ersten Teils über Zahlentheorie verwenden das Modul `ganz.cpp`. Dieses Modul wird im Teil 3 erläutert. Für die Programmierung braucht man sich um die Interna dieses Moduls nicht weiter zu kümmern. Das wichtigste ist, daß er uns den Datentyp `Ganz` zur Verfügung stellt. Diesen können wir in C++–Programmen genauso wie die anderen ganzzahligen Datentypen `int`, `unsigned int` usw. verwenden. Darüberhinaus ist er mit diesen Datentypen zuweisungskompatibel. Zahlen vom Typ `Ganz` können im Prinzip beliebig groß sein. Allerdings ist in der Praxis ihre Größe durch die Geschwindigkeit des Computers begrenzt, da Rechnungen umso länger dauern, je größer die Zahlen sind. Weiterhin ist der Datentyp `Ganz` mit den iostreams `cin`, `cout` kompatibel. Diese Bemerkungen illustriert das folgende Programmfragment, bei welchem wir mal lieber nicht nach dem Sinn fragen wollen:

```
#include <iostream.h>

#include "ganz.h"

void main(){
Ganz x;
```

```
cout<<"Eine Zahl bitte: ";
cin>>x;
x=x+5;
cout<<"Die Zahl + 5: "<<x;}
```

Im Folgenden wird stets davon ausgegangen, daß die beiden Headerdateien `iostream.h` und `ganz.h` importiert worden sind. Diese werden nicht immer wieder explizit aufgeführt. Die Implementation des ggT ist nun kinderleicht:

```
// ggT: Berechnung des groessten gemeinsamen Teilers
//      zweier ganzer Zahlen
// Eingabe: a,b
// Ausgabe: (a,b)=ggT(a,b)

Ganz ggT(Ganz a, Ganz b){
   Ganz temp;
   while (b!=0){
      temp=b;
      b= a%b;
      a=temp;}
   if (a<0) return -a;
       else return a;
    };
```

Dies ist die Realisierung des Algorithmus 1.11.

Will man das Probedividieren realisieren, so benötigt man die Quadratwurzel einer Zahl. Hierfür gibt es einen sehr effektiven Algorithmus. Die theoretische Erklärung liefert das sogenannte *Newton–Verfahren.* Allgemeiner geben wir hier, ohne Beweis, einen Algorithmus an, der zu einer vorgegebenen Zahl $N \in \mathbb{N}$ den ganzzahligen Anteil der q–ten Wurzel, $[N^{1/q}]$, berechnet:

Algorithmus 1.21 *Sei $N \in \mathbb{N}$ und $q \in \mathbb{N}$. Man bilde rekursiv $x_0 := N$ und*

$$x_{k+1} := [(N + (q-1) \cdot x_k^q)/(q \cdot (x_k^{(q-1)})].$$

Falls zum ersten Mal $x_{k+1} \geq x_k$, so ist

$$x_k = [N^{1/q}].$$

Da stets $x_l \geq 0$, so tritt dieser Fall auch nach endlich vielen Schritten ein.

Es folgen die Implementierungen dieses Algorithmus, zunächst für $q = 2$, sodann für beliebiges q. Der Algorithmus läßt sich fast wörtlich in ein C++–Modul übertragen:

```
// isqrt: Berechnung der ganzzahligen Wurzel einer
//        positiven Zahl
// Eingabe: N>=0
// Ausgabe: [sqrt(N)]

Ganz isqrt(Ganz N){
   if(N<0) N=-N;
   Ganz xalt,xneu;
   xalt=N;
   xneu=(N+1)/2;
   while (xneu<xalt) {
      xalt=xneu;
      xneu=(N+xalt*xalt)/(2*xalt);
      }
   return xalt;
   }


// iroot: Berechnung einer beliebigen ganzzahligen
//        Wurzel einer positiven Zahl
// Eingabe: N>0, q (q ist vom Typ unsigned int)
// Ausgabe: [N^(1/q)]

Ganz iroot(Ganz N,int q){
   if(N<0) N=-N;
   Ganz xalt,xneu;
   unsigned int q1=q-1;
   xalt=N;
   xneu=(N+q1)/q;
   while (xneu<xalt) {
      xalt=xneu;
      xneu=(N+q1*(xalt^q))/(q*(xalt^q1));
      }
   return xalt;
   }
```

Nachdem wir ganzzahlige Wurzeln ziehen können, können wir auch das Probedividieren (Algorithmus 1.8) realisieren:

```
// trial: sucht einen Faktor einer nat"urlichen Zahl
//        durch Probedividieren
// Eingabe: N>0, max
// falls max>0, so wird ein Faktor unterhalb max gesucht
// falls max=0, so wird bis zur Quadratwurzel gesucht
// Ausgabe: der kleinste Teiler, falls ein solcher
//          gefunden wurde
//          andernfalls wird -1 ausgegeben

Ganz trial(Ganz N,Ganz max){
  Ganz factor;
  if (max==0) max=isqrt(N);
  factor=3;
  if (N%2==0) return 2;
  while (factor<=max) {
     if (N%factor==0) return factor;
     factor=factor+2;};
  return -1;};
```

Zunächst wird überprüft, ob die Zahl N gerade ist. Ist dies nicht der Fall, so durchläuft die Variable `factor` die ungeraden Zahlen unterhalb `max` und überprüft, ob N durch `factor` teilbar ist.

Noch eine letzte Bemerkung zur Arithmetik. Die Klasse `Ganz` kennt die üblichen arithmetischen Operationen +,-,*,/. Im Modul `iroot` kommt aber auch die Potenzierung vor. Diese wird immer wieder eine Rolle spielen. Möchte man von einer Zahl $n \in \mathbb{N}$ die q-te Potenz berechnen, so würde man naiv vielleicht

$$n^q := \underbrace{n \cdot \ldots \cdot n}_{q\text{-mal}}$$

vorschlagen. Dies erfordert genau $q-1$ Multiplikationen! Etwas schneller geht es wie folgt: man schreibe q in *Binärdarstellung*

$$q := a_r 2^r + a_{r-1} 2^{r-1} + \ldots + a_0 2^0, \quad a_i \in \{0,1\}. \tag{1.9}$$

Dann ist

$$n^q = n^{a_r 2^r} \times n^{a_{r-1} \times 2^{r-1}} \times \ldots \times n^{a_0}.$$

Das sieht noch nicht besonders überzeugend aus, läßt sich aber sehr effektiv implementieren, da

$$n^{2^k} = n^{2^{k-1}2} = (n^{2^{k-1}})^2 = \underbrace{(\ldots(n^2)^2\ldots)^2}_{k\text{–mal}}.$$

Wir halten fest

Algorithmus 1.22 *Zur Berechnung von n^q schreibe man q in Binärdarstellung wie in* (1.9). *Sodann bilde man rekursiv $n_0 := n, m_{-1} := 1$,*

$$n_{j+1} := n_j^2, \quad m_j := \begin{cases} m_{j-1}, & a_j = 0, \\ m_{j-1} \cdot n_j, & a_j = 1, \end{cases} \quad 1 \le j \le r.$$

Es ist dann $n^q = m_r$.

Dieser Algorithmus benötigt nur etwa $2 * r \approx 2 \log_2(n)$ Multiplikationen und ist daher wesentlich schneller als das naive Ausmultiplizieren. Die Klasse `Ganz` enthält auch diesen Algorithmus. In dem Modul `iroot` wird `xalt`$^{\mathtt{q1}}$ automatisch nach Algorithmus 1.22 berechnet. Zur Implementation vgl. auch den Abschnitt 4.2, wo die modulare Exponentiation besprochen wird.

1.4 Aufgaben

1.1 Man beweise das Lemma 1.3.

1.2 Man beweise die folgenden Formeln durch vollständige Induktion:

(i)

$$\sum_{k=1}^{n} k = \frac{n(n+1)}{2}$$

(ii)

$$\sum_{k=1}^{n} k^2 = \frac{n(n+1)(2n+1)}{6}.$$

1.3 (Weitere Regeln für den ggT)

(i) Ist $m \neq 0$ so gilt $(ma, mb) = m(a, b)$.

(ii) Aus $t|a$, $t|b$ folgt $(a/t, b/t) = (a, b)/t$.

(iii) Ist $(a, c) = (b, c) = 1$, so ist auch $(ab, c) = 1$.

1.4 Man erkläre den ggT für mehr als zwei ganze Zahlen $n_1, \ldots, n_r$ und leite die Analoga der Sätze aus Abschnitt 1.2 her.

1.5 (Das kleinste gemeinsame Vielfache kgV) Für ganze Zahlen a, b definiert man das it kleinste gemeinsame Vielfache durch

$$[a, b] := \min\{x \in \mathbb{N} \mid a|x \quad \text{und} \quad b|x\}.$$

Dann gilt

(i) Ist x ein gemeinsames Vielfaches von a, b, so gilt schon $[a, b]|x$.

(ii) Es ist $|ab| = (a, b)[a, b]$.

1.6 Man diskutiere das kgV von mehr als zwei ganzen Zahlen

$$n_1, \ldots, n_r.$$

1.7 Man überlege sich, um wieviel der Aufwand größer ist, wenn man $(301, 211)$ mittels der Definition des ggT oder mittels der Primfaktorzerlegung berechnet.

1.8 Es ist

$$\lim_{n\to\infty} \frac{F_{n+1}}{F_n} = x_+.$$

1.9 $F_{n+1}F_{n-1} - F_n^2 = (-1)^{n+1}$.

1.10 Für beliebige $r, n \in \mathbb{N}$ gilt

$$\sum_{k=0}^{n} \binom{n}{k} F_{r+k} = F_{r+2n}.$$

1.11 Seien $a, b, x_0, x_1 \in \mathbb{C}$ komplexe Zahlen. Wir definieren rekursiv

$$\begin{aligned} G_0 &:= x_0, \qquad G_1 := x_1 \\ G_n &:= aG_{n-1} + bG_{n-2}, \qquad n \geq 2. \end{aligned}$$

Man finde eine geschlossene Formel für G_n.
Hinweis: Man betrachte die Potenzreihe

$$f(x) := \sum_{n=0}^{\infty} G_n x^n$$

und zeige

$$f(x) = \frac{G_0 + x(G_1 - aG_0)}{1 - ax - bx^2}.$$

1.12 Man beweise die Aussage des Algorithmus 1.21.

Literaturhinweise

Der Euklidische Algorithmus und die elementare Teilbarkeitslehre finden sich in jedem Lehrbuch zur elementaren Zahlentheorie. Da es hier unzählige Bücher gibt, möchten wir keine spezielle Empfehlung aussprechen.

Einen axiomatisch sauberen und vollständigen Aufbau des Zahlsystems findet man in [L]. Getreu Kroneckers Grundsatz, daß nur die natürlichen Zahlen gottgegeben sind, stellt Landau die Peanoschen Axiome an den Anfang. Sodann werden Addition, Multiplikation und die Ordnung auf $\mathbb{N}$ konstruiert. Danach werden sukzessive $\mathbb{Z}, \mathbb{Q}, \mathbb{R}$ und $\mathbb{C}$ konstruiert.

Ein Purist könnte sogar noch eine Stufe tiefer anfangen und ausgehend von einem einzigen Ding, der leeren Menge $\emptyset$, die natürlichen Zahlen konstruieren und die Peanoschen Axiome beweisen.

All diese Fragen sind heute etwas aus der Mode gekommen. Ein Mathematikstudent sollte sich im Laufe seines Studiums jedoch einmal damit auseinandergesetzt haben.

Kapitel II

Kongruenzrechnung

Wir kommen nun nicht umhin, das im letzten Kapitel Gelernte ein wenig zu abstrahieren. Das bringt es mit sich, daß die Darstellung nun mathematisch etwas strenger wird. Doch keine Angst: wir werden belohnt werden und wer sagt denn, daß man jeden Beweis von Anfang bis Ende durchlesen muß.

Ziel dieses Kapitels ist die Darstellung der elementarsten Zahlentheorie. Die Kongruenzrechnung gehört hier zum Handwerkszeug, das man – wie das kleine Einmaleins – im Schlaf beherrschen muß. Der nächste Abschnitt über Gruppen enthält schon eine gewisse Abstraktion. Zentrales Resultat ist der Satz 2.13. Für das erste Lesen genügt es, diesen Abschnitt zu überfliegen und sich die Resultate zu vergegenwärtigen. Der dritte Abschnitt behandelt die Eulersche ϕ–Funktion, die zu einer vorgegebenen natürlichen Zahl die Anzahl der teilerfremden Restklassen angibt. Wichtig sind hier die Sätze 2.19 und der Satz von Euler 2.22. Satz 2.19 liefert im wesentlichen ein Berechnungsverfahren für ϕ.

Der Chinesische Restsatz im Abschnitt 2.4 macht eine Aussage über das Lösbarkeitsverhalten von simultanen Kongruenzen. Dies wird besonders im Kapitel 4 immer wieder in Beweisen benutzt werden.

Schließlich beleuchten wir in dem *–Abschnitt 2.5 multiplikative zahlentheoretische Funktionen etwas intensiver und beweisen den sogenannten Möbiusschen Umkehrsatz.

2.1 Kongruenzrechnung

Kongruenzrechnung ist ein bequemer Kalkül, der in gewissem Sinne die Teilbarkeitslehre formalisiert. Nachdem wir die Hürde der Definition genommen haben, werden wir sehen, daß Kongruenzrechnung viele Dinge vereinfacht: man muß sich nur ein paar Regeln merken.

Vorweg, zur Motivation, bringen wir zwei Probleme, an denen sich der Leser zunächst versuchen möge, ohne das Nachfolgende zu lesen:

Problem 1 Bestimme die letzte Dezimalziffer der Zahl

$$2^{1000001}.$$

Folgendes Problem habe ich als Student als Übungsaufgabe gerechnet [S].

Problem 2 **(Die sechs Professoren)** Sechs Professoren beginnen ihre Vorlesungen am Montag, Dienstag, Mittwoch, Donnerstag, Freitag bzw. (man höre und staune) Sonnabend. Sie halten ihre Vorlesungen in Abständen von zwei, drei, vier, einem, sechs bzw. fünf Tagen. An Sonntagen wird nicht gelesen, d.h. eine auf einen Sonntag fallende Vorlesung muß ausfallen. Nach wieviel Tagen fällt die Vorlesung von allen sechs Professoren gleichzeitig aus?

Lösungen von Problem 1 findet man auf den Seiten 31 bzw. 50 und die Lösung von Problem 2 auf Seite 47.

Nun zur Definition.

Definition 2.1 *$a, b \in \mathbb{Z}$ heißen kongruent modulo $m \in \mathbb{Z}$, falls $m | a - b$.*
Schreibweise: $a \equiv b \pmod{m}$ oder kurz $a \equiv b\ (m)$.

Wir unterteilen sozusagen die ganzen Zahlen in Klassen und sehen zwei Zahlen als äquivalent (sprich kongruent) an, falls sie bei Division durch m denselben Rest ergeben. Die Gesamtheit aller ganzen Zahlen, die bei Division durch m einen bestimmten Rest ergeben, nennen wir auch eine *Restklasse* mod m. Mathematiker sagen für diesen Sachverhalt auch etwas hochtrabend, daß Kongruenz modulo m eine Äquivalenzrelation ist. Hiermit brauchen wir uns jedoch nicht belasten und dürfen mit Kongruenz durchaus „naiv" umgehen.

Beispiel $13 \equiv 3\ (5)$, denn $5|(13-3) = 10$.

Das wichtigste am Kongruenzbegriff sind die Rechenregeln, die man sich merken sollte.

Satz 2.2 *$a \equiv b\ (m)$ und $c \equiv d\ (m)$ impliziert die Kongruenzen*

$$a + c \equiv b + d\ (m), \quad ac \equiv bd\ (m),$$

m. a. W. man darf Kongruenzen addieren und multiplizieren.

Beweis $b + d - (a + c) = (b - a) + (d - c)$ wird von m geteilt, da m sowohl $b - a$ als auch $d - c$ teilt. Ebenso finden wir, daß

$$bd - ac = b(d - c) + c(b - a)$$

von m geteilt wird. □

Dieser Satz garantiert, daß wir modulo m genauso wie mit ganzen Zahlen rechnen können. Dies läßt sich weiter präzisieren: jede ganze Zahl a ist zu genau einer der Zahlen $0, 1, \cdots, m - 1$ modulo m kongruent. Das sehen wir wie folgt ein: sei

$$a = qm + r, \quad 0 \leq r < m$$

die Division durch m mit Rest. Dann ist offenbar $a \equiv r \ (m)$, denn $m|(a - r) = qm$.

Sind andererseits $0 \leq r_1, r_2 \leq m - 1$ modulo m kongruent, d. h. $m|(r_1 - r_2)$, so muß wegen $0 \leq |r_1 - r_2| < m$ schon $r_1 = r_2$ gelten.

Die Restklassen modulo m können wir also mit der Menge

$$\mathbb{Z}_m := \{0, \cdots, m - 1\} \tag{2.1}$$

identifizieren. Dabei führen wir noch folgende Schreibweise ein: für eine ganze Zahl $k \in \mathbb{Z}$ bezeichnet $k \bmod m$ das eindeutige Element $r \in \mathbb{Z}_m$ mit $k \equiv r \ (m)$.

Nach diesen Vorbereitungen sind wir bereits in der Lage, das erste Problem zu lösen.

Lösung von Problem 1 In die Sprache der Kongruenzrechnung übersetzt, suchen wir nach

$$2^{1000001} \bmod 10.$$

Zunächst zeigen wir induktiv, daß für $n \in \mathbb{N}$ stets

$$2^{4n} \equiv 6 \ (10)$$

gilt. Für $n = 1$ berechnen wir

$$2^4 = 16 \equiv 6 \ (10).$$

Ist die Behauptung für n schon bewiesen, so liefern die Rechenregeln Satz 2.2

$$2^{4(n+1)} \equiv 2^{4n} 2^4 \equiv 6 \cdot 6 \equiv 36 \equiv 6 \ (10).$$

Ist nun $m \in \mathbb{N}$ beliebig, so schreiben wir $m = 4n + r$, $0 \le r < 4$, und finden

$$2^m \equiv 2^{4n} 2^r \pmod{10} \equiv \begin{cases} 6 \cdot 6 \equiv 6 \ (10), & r = 0, \\ 6 \cdot 2 \equiv 2 \ (10), & r = 1, \\ 6 \cdot 4 \equiv 4 \ (10), & r = 2, \\ 6 \cdot 8 \equiv 8 \ (10), & r = 3. \end{cases}$$

Für $m \in \mathbb{N}$ hängt also die letzte Dezimalziffer von 2^m nur von der Restklasse $m \bmod 4$ ab.

n	1	2	3	4	5	6	7	8	9	...
2^n	2	4	8	16	32	64	128	256	512	...

Insbesondere ist wegen $1000001 \equiv 1 \ (4)$ die letzte Dezimalziffer von $2^{1000001}$ gleich 2.

Auf der Menge $\mathbb{Z}_m$ führen wir nun zwei Verknüpfungen, $\oplus, \odot$, ein:

$$\text{Addition:} \quad a \oplus b := a + b \bmod m, \tag{2.2}$$

$$\text{Multiplikation:} \quad a \odot b := ab \bmod m. \tag{2.3}$$

Mit diesen Verknüpfungen wird $\mathbb{Z}_m$ zu einem *kommutativen Ring*. Auf diese Weise können wir Addition und Multiplikation modulo m als Verknüpfungen in einem ganz bestimmten Ring ansehen. Ab jetzt schreiben wir wieder $+, \cdot$ für $\oplus, \odot$.

Beispiel Wir schauen uns die Verknüpfungstafeln von $\mathbb{Z}_3$ und $\mathbb{Z}_4$ an:

$\mathbb{Z}_3$:

+	0	1	2
0	0	1	2
1	1	2	0
2	2	0	1

·	0	1	2
0	0	0	0
1	0	1	2
2	0	2	1

$\mathbb{Z}_4$:

+	0	1	2	3
0	0	1	2	3
1	1	2	3	0
2	2	3	0	1
3	3	0	1	2

·	0	1	2	3
0	0	0	0	0
1	0	1	2	3
2	0	2	0	2
3	0	3	2	1

Eine weitere Rechenregel sagt etwas über das Dividieren aus. Wir hatten ja schon gelernt, daß es mit der Division in $\mathbb{Z}$ seine besondere Bewandtnis hat. Ebenso verhält es sich in $\mathbb{Z}_m$. Es ist keineswegs so, daß man in $\mathbb{Z}_m$ uneingeschränkt dividieren kann. Es kommt aber noch schlimmer: auch die Kürzungsregel ist im allgemeinen verletzt. Die Kürzungsregel besagt für ganze Zahlen $a, x, y \in \mathbb{Z}$

$$ax = ay \quad \Longrightarrow x = y, \quad \text{falls } a \neq 0.$$

Für Kongruenzen lautet sie

Satz 2.3 $ax \equiv ay \ (m) \Leftrightarrow x \equiv y \ (\frac{m}{(a,m)}), a \neq 0.$

In dem wichtigen Spezialfall $(a, m) = 1$ *gilt also die* **Kürzungsregel in $\mathbb{Z}_m$:**

$$ax \equiv ay \ (m) \Rightarrow x \equiv y \ (m)$$

falls $(a, m) = 1$.

Beweis Wir setzen zur Abkürzung $d := (m, a)$. Dann ist

$$(m/d, a/d) = 1.$$

Also

$$\begin{aligned} ax \equiv ay \ (m) \quad &\Leftrightarrow \quad m | a(x-y) \\ &\Leftrightarrow \quad \frac{m}{d} \Big| \frac{a}{d}(x-y) \\ &\Leftrightarrow \quad \frac{m}{d} | x-y, \text{ da } (m/d, a/d) = 1 \\ &\Leftrightarrow \quad x \equiv y \ (\bmod \frac{m}{d}). \end{aligned}$$

□

Satz 2.4 $a \equiv b \ (m) \Rightarrow (a, m) = (b, m)$.

Beweis Wir schreiben

$$\begin{aligned} a &= q_1 m + r \\ b &= q_2 m + r \end{aligned}, \quad 0 \leq r < m.$$

Dann ist $(a, m) = (m, r) = (b, m)$. □

Dieser Satz lehrt, daß alle Elemente derselben Restklasse mod m mit m denselben ggT haben. Insbesondere ist es sinnvoll, von *teilerfremden Restklassen* mod m zu sprechen.

Definition 2.5 $R_m = \{a \in \mathbb{Z}_m \mid (a, m) = 1\}$ *ist die Menge der teilerfremden Restklassen mod m.*

Interessanterweise besteht R_m aus genau denjenigen Elementen in $\mathbb{Z}_m$, die ein *multiplikatives Inverses* besitzen. Es ist nämlich

Satz 2.6 *Genau dann gibt es zu $a \in \mathbb{Z}$ ein $x \in \mathbb{Z}$ mit $ax \equiv 1 \ (m)$, wenn $(a, m) = 1$.*

Man nennt x die *modulare Inverse* zu $a \bmod m$.

Beweis Ist $ax \equiv 1 \ (m)$, so folgt $m|(ax - 1)$ und wir können schreiben

$$ax - 1 = qm \tag{2.4}$$

oder

$$xa + qm = 1,$$

folglich teilt (a, m) die 1, i. e. $(a, m) = 1$.

Ist umgekehrt $(a, m) = 1$, so liefert uns (2.4) die Idee, wie wir x finden: nach dem Euklidischen Algorithmus gibt es u, v mit

$$ua + vm = 1,$$

also $m|(ua - 1)$ oder $au \equiv 1 \ (m)$. □

Hier machen wir wieder einen Ausflug zu unserem algorithmischen Ansatz. Weiter hinten werden wir sehen, daß man Satz 2.6 recht oft benötigt. Oftmals wird im zweiten Teil des Beweises auch wie folgt argumentiert:

Seien $a_1, \cdots, a_k$ Repräsentanten von R_m. Dann sieht man schnell, daß auch $aa_1, \cdots, aa_k$ Repräsentanten der Menge R_m sind, also muß es ein j geben mit $aa_j \equiv 1 \ (m)$.

Dieser Beweis ist algorithmisch völlig unbefriedigend, da er für große Zahlen praktisch undurchführbar ist. Wir halten also fest:

Algorithmus 2.7 *Um zu a ein x zu finden mit* $ax \equiv 1\ (m)$, *führe man den Euklidischen Algorithmus für* (a, m) *durch. Dieser liefert* u, v *mit*

$$ua + vm = (a, m).$$

Ist $(a, m) > 1$, *so existiert kein solches* x. *Ist* $(a, m) = 1$, *so ist* u *das gesuchte* x.

Das folgende Modul berechnet die *modulare Inverse* nach diesem Algorithmus.

```
// modinv:  Berechnung der modularen Inversen
//          mit dem Euklidischen Algorithmus
// Eingabe: a, base
// Ausgabe: falls ggT(a,base)=1, so wird die modulare
//          Inverse u ausgegeben, i.e. ua mod base =1
//          -1, falls ggT(a,base)>1

Ganz modinv(Ganz a, Ganz base){
   Ganz u0=1,u1=0,u,temp,q,b=base;
   while (b!=0){
      temp=b;
      q=a/b;
      b=a-q*b;
      u=u0-q*u1;
      a=temp;
      u0=u1%base;
      u1=u;}
   if (u0<0) u0=u0+base;
   if (a==1) return u0;
     else return -1;
   }
```

Grundlage hierfür ist der Algorithmus 1.13.

Satz 2.6 hat noch eine abstraktere Interpretation: wir haben auf R_m eine Verknüpfung, die Multiplikation. Der Satz 2.6 lehrt, daß es zu jedem Element in R_m ein multiplikatives Inverses gibt. M. a. W. R_m ist eine *Gruppe*.

Beispiel $m = 8$. Die teilerfremden Restklassen sind 1,3,5,7. Die Multiplikationstafel für R_8 lautet daher

·	1	3	5	7
1	1	3	5	7
3	3	1	7	5
5	5	7	1	3
7	7	5	3	1

Dies ist die sogenannte *Kleinsche Vierergruppe*, die charakterisiert ist dadurch, daß sie von zwei Elementen a, b erzeugt wird mit

$$\begin{aligned} a^2 &= b^2 = e = \text{neutrales Element} \\ ab &= ba \end{aligned}$$

In unserem Fall ist $1 = e, a = 3, b = 5$.

Wir beleuchten noch eine Konsequenz der Sätze 2.3 und 2.6. Ist $m = p$ eine Primzahl, so besteht R_p aus allen von 0 verschiedenen Restklassen $\bmod p$, i. e.

$$R_p = \{1, \cdots, p-1\} = \mathbb{Z}_p \setminus \{0\}.$$

Satz 2.3 lehrt, daß in $\mathbb{Z}_p$ die Kürzungsregel gilt und Satz 2.6 lehrt, daß jedes von 0 verschiedene Element ein multiplikatives Inverses besitzt. M. a. W. es handelt sich bei $\mathbb{Z}_p$ um einen *endlichen Körper*. Endliche Körper werden in der Literatur zuweilen, nach dem französischen Mathematiker EVARISTE GALOIS (1811–1832), auch Galois–Felder genannt.

Galois ist der Begründer der nach ihm benannten Theorie, die sich mit endlichen Erweiterungskörpern gegebener Körper befaßt. Nach der Überlieferung schrieb er seine Theorie in Erwartung eines Pistolenduells in der Nacht vom 29. auf den 30. Mai 1832 noch hastig nieder. Dieses Duell überlebte er nicht.

Die Bezeichnung Felder ist mehr oder minder (absichtlich?) ein Übersetzungsfehler; denn mathematische Körper nennt man im Englischen „fields“.

Nun wird es aber höchste Zeit, daß wir uns mit *Gruppen* etwas genauer befassen.

2.2 Exkurs: Endliche, insbesondere zyklische Gruppen

Zur Wiederholung nun doch noch einmal die „formale" Definition.

Definition 2.8 *Eine Gruppe ist eine nichtleere Menge G mit einer Verknüpfung $\circ$, i. e. eine Zuordnung, die je zwei Elementen $a, b \in G$ ein eindeutiges Element $a \circ b \in G$ zuordnet. $\circ$ hat folgende Eigenschaften*

- *es gibt ein neutrales Element $e \in G$, so daß für alle $a \in G$ gilt: $e \circ a = a \circ e = a$.*
- *zu jedem $a \in G$ gibt es ein Inverses a^{-1}, so daß $a^{-1}a = e$.*
- *es gilt das Assoziativgesetz*

$$a \circ (b \circ c) = (a \circ b) \circ c.$$

Die Gruppe heißt abelsch oder kommutativ, falls zusätzlich $a \circ b = b \circ a$.

Alles klar?! Ich gebe zu: diese Definition ist – vorsichtig ausgedrückt – ... gewöhnungsbedürftig. Es kommt aber nicht so schlimm. Man glaube mir, daß der Begriff der Gruppe wirklich ein sehr fruchtbarer ist. Zur Übung verifiziere man die Gruppenaxiome an $\mathbb{Z}_m$ bzw. R_m. Man kann jetzt noch so die üblichen Spielchen treiben. Z. B. definiere man e lediglich als linksneutral und zeige dann, daß es automatisch auch rechtsneutral ist und daß es überhaupt nur ein neutrales Element gibt. Desweiteren läßt sich zeigen, daß jedes Linksinverse auch Rechtsinverses ist, naja! All das ist genauso wichtig wie langweilig. Man übe sich hieran, um mit dem Begriff vertraut zu werden.

Im wesentlichen haben wir nur zwei Beispiele im Sinn.

Beispiel 1. $\mathbb{Z}_m$ die Gruppe der Restklassen mod m. $\circ$ ist hier die Addition.

2. R_m die Gruppe der teilerfremden Restklassen mod m. $\circ$ ist hier die Multiplikation.

Diese Gruppen sind beide abelsch und so wollen wir uns im folgenden auf abelsche Gruppen beschränken. Wenn nichts anderes gesagt wird, sind im Folgenden **sämtliche Gruppen abelsch**.

Gruppen schreibt man in der Regel multiplikativ, d. h. statt $\circ$ schreibt man $\cdot$ oder läßt dies sogar ganz weg.

Muß ich den Begriff der Untergruppe wirklich definieren? Ich glaube das ist intuitiv klar, oder?!

Definition 2.9 *$U \subset G$ heißt Untergruppe, falls U mit $\circ$ selbst schon eine Gruppe ist.*

Ob eine Untermenge eine Untergruppe ist, läßt sich sehr leicht testen:

Lemma 2.10 *$U \subset G$ ist schon dann eine Untergruppe, wenn*

- *$e \in U$,*
- *mit $x, y \in U$ ist auch xy^{-1} in U.*

Man beweise dies zur Übung!

Zwischen endlichen Gruppen und Teilbarkeitslehre bestehen einige Beziehungen. Dies wollen wir im Folgenden ausarbeiten. Ist G eine endliche Gruppe, so nennen wir die Anzahl der Elemente von G die *Ordnung* der Gruppe G und schreiben hierfür $|G|$. Fundamental ist der folgende

Satz 2.11 *Sei G eine endliche Gruppe, $U \subset G$ eine Untergruppe. Dann teilt die Ordnung von U die Ordnung von G, i. e.*

$$|U|\,\big|\,|G|.$$

Beweis Sei $U = \{u_1, \cdots, u_k\}$. Wir überlegen uns zunächst Folgendes: ist $g \in G$, so schreiben wir gU für $\{gu_1, \cdots, gu_k\}$ und es ist $|gU| = |U|$, denn ist $gu_i = gu_j$, so folgt $u_i = (g^{-1}g)u_i = g^{-1}(gu_i) = g^{-1}(gu_j) = u_j$. Weiter zeigen wir

Behauptung: *sind $g_1, g_2 \in G$, so ist entweder $g_1U = g_2U$ oder $g_1U \cap g_2U = \emptyset$.*

Beweis der Behauptung: Ist $g_1U \cap g_2U \neq \emptyset$, so existieren $u_1, u_2 \in U$, so daß $g_1u_1 = g_2u_2$, folglich $g_2^{-1}g_1 = u_2u_1^{-1} \in U$. Dann folgt für beliebiges $u \in U$: $g_1u = g_2(g_2^{-1}g_1u) \in g_2U$, also $g_1U \subset g_2U$ und aus Symmetriegründen $g_1U = g_2U$.

Nun haben wir sicherlich

$$G = \bigcup_{g \in G} gU,$$

und da G endlich ist, können wir aufgrund der Behauptung Elemente $g_1, \cdots, g_s \in G$ so finden, daß

$$g_iU \cap g_jU = \emptyset, \quad i \neq j$$

und

$$G = \bigcup_{i=1}^{s} g_iU,$$

also $|G| = s|U|$. □

Bemerkung Man nennt die Zahl $s := |G|/|U|$ auch den Index von U in G, Schreibweise: $[G : U]$. Damit gilt für jede Untergruppe $U \subset G$

$$|G| = [G : U]|U|.$$

Für $a \in G$ und $n \in \mathbb{N}$ schreiben wir

$$a^n := \underbrace{a \cdot a \cdot \ldots \cdot a}_{\text{n-mal}} \tag{2.5}$$

und setzen weiter

$$a^0 := e \tag{2.6}$$

sowie für $n \in \mathbb{Z}, n < 0$,

$$a^n := (a^{|n|})^{-1}. \tag{2.7}$$

Man überprüft sofort die Rechenregeln

$$a^m a^n = a^{m+n}. \tag{2.8}$$

Ist nun G eine endliche Gruppe und $a \in G$, so betrachten wir

$$< a > := \{a^n \,|\, n \in \mathbb{Z}\} \subset G$$

und nennen dies die von a erzeugte *zyklische Gruppe*. $< a >$ ist tatsächlich eine Untergruppe von G.

Lemma 2.12 *Es gibt eine wohlbestimmte natürliche Zahl k, so daß*

$$< a >= \{a, a^2, a^3, \cdots, a^k\}, \quad a^k = e,$$

und $a, a^2, \cdots, a^k$ sind paarweise verschieden. Wir nennen k die Ordnung des Elementes $a \in G$. Schreibweise: $\operatorname{ord} a$.

$\operatorname{ord} a$ *ist die minimale natürliche Zahl, so daß* $a^{\operatorname{ord} a} = e$.

Beweis Da G endlich ist, ist auch $< a >$ endlich, also gibt es sicherlich verschiedene Zahlen $n < m$ mit $a^n = a^m$, also $a^{m-n} = e$, $k := m - n$. Sei nun k_0 die minimale Zahl mit dieser Eigenschaft

$$k_0 = \min\{k \in \mathbb{N} \mid a^k = e\}.$$

Ich zeige nun $< a >= \{a, a^2, \cdots, a^{k_0}\}$ und daß $a, a^2, \cdots, a^{k_0}$ paarweise verschieden sind. Ist $m \in \mathbb{Z}$ gegeben, so dividieren wir mit Rest

$$m = qk_0 + r, \quad 0 \leq r < k_0$$

und erhalten

$$a^m = a^{qk_0} a^r = (a^{k_0})^q a^r = a^r,$$

also $< a >= \{a, a^2, \cdots, a^{k_0}\}$. Ist weiterhin $a^{r_1} = a^{r_2}$ mit $0 < r_1, r_2 \leq k_0$, so ist $a^{r_1 - r_2} = e$. Da $0 \leq |r_1 - r_2| < k_0$ muß, aufgrund der Minimalität von k_0, $r_1 = r_2$ sein. □

Eine schöne Folgerung hieraus ist der

Satz 2.13 *Sei G eine endliche Gruppe, $a \in G$. Dann teilt* $\operatorname{ord} a$ *die Gruppenordnung, insbesondere ist*

$$\boxed{a^{|G|} = e.}$$

Ist $k \in \mathbb{Z}$ mit $a^k = e$, so folgt schon $\operatorname{ord} a | k$.

Beweis Wir hatten gesehen, daß $< a >$ eine Untergruppe von G der Ordnung $\operatorname{ord} a$ ist. Also folgt $\operatorname{ord} a \big| |G|$ aus Satz 2.11 und wir erhalten

$$a^{|G|} = (a^{\operatorname{ord} a})^{\frac{|G|}{\operatorname{ord} a}} = e.$$

Ist $a^k = e$, so dividieren wir mit Rest

$$k = q \operatorname{ord} a + r, \quad 0 \leq r < \operatorname{ord} a$$

und erhalten

$$a^r = a^{k - q \operatorname{ord} a} = a^k (a^{\operatorname{ord} a})^{-q} = e.$$

Da $\operatorname{ord} a$ minimal ist, muß $r = 0$ sein. □

Die zyklische Gruppe $< a >$ ist im Grunde ein alter Bekannter. Haben wir das schon gemerkt? Dazu ein Begriff

Zwei Gruppen heißen isomorph, wenn sie bis auf die Bezeichnung der Elemente identisch sind.

In diesem Sinne ist $< a >$ isomorph zu der additiven Gruppe $\mathbb{Z}_{\mathrm{ord}\, a}$. Wir erhalten einen *Isomorphismus* durch die Zuordnung

$$\{0, 1, \cdots, \mathrm{ord}\, a - 1\} \longrightarrow < a >, \quad k \mapsto a^k.$$

Bis auf die Bezeichnung der Elemente sind also alle zyklischen Gruppen der Ordnung m gleich. Es handelt sich um die Gruppe $\mathbb{Z}_m$.

Man kann hier noch weitergehende interessante Fragen zu zyklischen Gruppen stellen. Im Folgenden betrachten wir eine zyklische Gruppe $G =< a >$ der Ordnung n.

Satz 2.14 *Jede Untergruppe U von G ist zyklisch. Genauer gilt $U =< a^k >$, wobei $k|n$ und $|U| = \frac{n}{k}$.*

Beweis Sei $U \subset G$ eine Untergruppe. Wir wählen $k \geq 1$ minimal, so daß $a^k \in U$, i. e.

$$k = \min\{l \geq 1 \mid a^l \in U\}$$

und behaupten $U =< a^k >$. Ist nämlich $a^m \in U$, so dividieren wir

$$m = qk + r, \quad 0 \leq r < k$$

und erhalten

$$a^r = a^m (a^k)^{-q} \in U,$$

also $r = 0$, da k minimal ist. Das bedeutet aber $a^m = (a^k)^q \in < a^k >$.

Genauso verfahren wir, um zu zeigen, daß $k|n$. Ist

$$n = qk + r, \quad 0 \leq r < k,$$

so ist $a^r = a^n (a^k)^{-q} \in U$, da $a^n = e$ nach Satz 2.13, also analog zu oben $r = 0$. Wir finden nun

$$U = \{a^k, a^{2k}, \cdots, a^{tk}\}, \quad \text{mit} \quad tk = n,$$

also $|U| = \frac{n}{k}$. □

Wir können allgemeiner nach der Ordnung eines Elementes a^k fragen, wobei k nicht notwendig n teilt.

Satz 2.15 $\operatorname{ord} a^k = \frac{n}{(k,n)}$.

Beweis Die Behauptung folgt aus Satz 2.14, wenn wir zeigen können, daß

$$< a^k > = < a^{(k,n)} > .$$

Offenbar ist

$$a^k = (a^{(k,n)})^{\frac{k}{(k,n)}} \in < a^{(k,n)} > .$$

Für die Umkehrung hilft wieder der Euklidische Algorithmus. Wir finden nämlich $u, v \in \mathbb{Z}$ mit

$$(k,n) = uk + vn,$$

also

$$a^{(k,n)} = (a^k)^u (a^n)^v = (a^k)^u \in < a^k >,$$

da $a^n = e$ nach Satz 2.13. □

Wieviele Elemente einer bestimmten Ordnung gibt es eigentlich?

Satz 2.16 *Zu $f|n$ gibt es genauso viele Elemente der Ordnung f wie es teilerfremde Restklassen mod f gibt, i. e. $|R_f|$.*

Beweis Wegen Satz 2.15 fragen wir nach der Anzahl der $k \in \{0, \cdots, n-1\}$ für die $\frac{n}{(k,n)} = f$ oder $(k,n) = \frac{n}{f}$. Wir setzen $d := (k,n)$ und schreiben $k = ld, 0 \leq l < f$. Die gesuchte Anzahl ist also

$$|\{0 \leq l < f \mid (ld, n) = d\}| = |\{0 \leq l < f \mid (l, f) = 1\} = |R_f|. \quad \square$$

Wir sind wieder ganz zwanglos auf einen berühmten Namen gestoßen. Es handelt sich bei $f \mapsto |R_f|$ nämlich um die berühmte *Eulersche ϕ–Funktion*. Diese verdient einen eigenen Abschnitt.

2.3 Die Eulersche ϕ–Funktion

LEONHARD EULER (1707–1783) ist wohl der bedeutendste Schweizer Mathematiker und er ziert, wie unser Gauß unseren 10 DM Schein, die 10 Franken Note. Er gilt bis heute als der produktivste Mathematiker überhaupt. Seine Publikationsliste weist 886 Einträge auf und seine gesammelten Werke würden etwa 75 Bände mit gehaltvoller Mathematik füllen. Zum Vergleich: die gesammelten Werke der produktivsten Mathematiker dieses Jahrhunderts kommen auf etwa 5–10 Bände. Darüberhinaus war sich Euler keineswegs zu schade, auch allgemeine mathematische Lehrbücher zu verfassen.

Euler hatte ein Augenleiden, das schon in jungen Jahren das rechte Auge erblinden ließ und ihn schließlich die letzten 17 Jahre seines Lebens in völlige Dunkelheit hüllte.

Definition 2.17 *Die Eulersche ϕ–Funktion ist definiert durch*

$$\begin{aligned}\phi(n) &:= |R_n| = |\{0 \leq k < n \,|\, (k,n) = 1\}| \\ &= \text{Anzahl der teilerfremden Restklassen } \bmod n.\end{aligned}$$

Es stellt sich natürlich sofort die Frage nach einer Berechnungsmöglichkeit von ϕ. Eine unmittelbare Konsequenz aus Satz 2.16 ist

Satz 2.18 *Es gilt für $n \in \mathbb{N}$*

$$n = \sum_{d|n} \phi(d).$$

Bemerkung Das Symbol $\sum_{d|n}$ bedeutet, daß d alle positiven Teiler von n durchläuft und wir darüber aufsummieren. Z. B. ist

$$6 = \sum_{d|6} \phi(d) = \phi(1) + \phi(2) + \phi(3) + \phi(6) = 1 + 1 + 2 + 2,$$

wie wir sofort durch Probieren feststellen. Wie man es ohne Probieren sieht, werden wir weiter unten ausarbeiten.

Beweis Wir betrachten die Gruppe $G = \mathbb{Z}_n$. Jedes Element in G hat eine Ordnung, die n teilt, folglich

$$n = \sum_{d|n} |\{g \in G \,|\, \operatorname{ord} g = d\}| = \sum_{d|n} \phi(d)$$

nach Satz 2.16. □

Satz 2.19 *ϕ ist* **multiplikativ**, *d. h. für $(m,n)=1$ ist*

$$\phi(mn) = \phi(m)\phi(n).$$

Beweis Wir beweisen dies durch Induktion nach mn. Ist $mn = 1$, so ist $\phi(1) = 1 = \phi(1)\phi(1)$. Wir nehmen nun an, die Behauptung gelte für alle m', n' mit $m'n' < mn$. Da $(m,n) = 1$, werden die Teiler von mn genau einmal von dd' durchlaufen, wobei d alle Teiler von m, d' alle Teiler von n genau einmal durchlaufen. Siehe dazu das Lemma 2.23. Es ist dann stets $(d,d') = 1$. In Formeln liefert dies

$$\begin{aligned}
mn &= \sum_{k|mn} \phi(k) = \sum_{d|m,d'|n} \phi(dd') \\
&= \phi(mn) + \sum_{d|m,d'|n,dd'<mn} \phi(dd') \\
&= \phi(mn) + \sum_{d|m,d'|n,dd'<mn} \phi(d)\phi(d') \\
&= \phi(mn) - \phi(m)\phi(n) + \sum_{d|m,d'|n} \phi(d)\phi(d') \\
&= \phi(mn) - \phi(m)\phi(n) + \sum_{d|m} \phi(d) \sum_{d'|n} \phi(d') \\
&= \phi(mn) - \phi(m)\phi(n) + mn,
\end{aligned}$$

also $\phi(mn) = \phi(m)\phi(n)$. Dabei wurde die Induktionsvoraussetzung beim Übergang von der zweiten zur dritten Zeile benutzt. □

Nun ist es ein leichtes, $\phi(m)$ zu berechnen, sofern wir m faktorisieren können.

Wir schreiben

$$m = p_1^{k_1} \cdot \ldots \cdot p_l^{k_l}$$

mit verschiedenen Primzahlen $p_1, \ldots, p_l$. Dann liefert der Satz

$$\phi(m) = \phi(p_1^{k_1}) \cdot \ldots \cdot \phi(p_l^{k_l}).$$

Für eine Primzahl p können wir $\phi(p^k)$ direkt bestimmen. Die zu p^k teilerfremden Restklassen ergeben sich zu

$$1, 2, \ldots, p-1, p+1, \ldots, 2p-1, 2p+1, \ldots, p^k - 1.$$

Ihre Anzahl ist offenbar

$$\phi(p^k) = p^k - 1 - (p^{k-1} - 1) = p^k - p^{k-1} = p^k(1 - \frac{1}{p}).$$

Wir halten fest:

Satz 2.20 *Für $n \in \mathbb{N}$ ist*

$$\phi(n) = n \prod_{p|n, p \,\mathrm{prim}} (1 - \frac{1}{p}).$$

Beispiel Wir berechnen

$$\begin{aligned} \phi(315) &= \phi(3^2 \cdot 5 \cdot 7) \\ &= \phi(3^2) \cdot \phi(5) \cdot \phi(7) \\ &= (9-3) \cdot 4 \cdot 6 = 144. \end{aligned}$$

Das folgende Modul berechnet die Eulersche ϕ–Funktion rekursiv.

```
// Phi: Berechnung der Eulerschen Phi-Funktion
//      dies geschieht rekursiv, indem man die Zahl
//      durch Probedividieren faktorisiert  ---
//      zugegeben, das ist nicht optimal
// Eingabe: a
// Ausgabe: Phi(a)

Ganz Phi(Ganz a){
   Ganz phi=1,faktor0=1,faktor1=1,N=a;
   if(N<0) N=-N;
   while (N>1){
      faktor1=trial(N,0);
      if (faktor1==-1) faktor1=N;// N ist bereits prim
      if (faktor0==faktor1)//N ist nicht quadratfrei
   {N=N/faktor1;
    phi=phi*faktor1;}
  else {
    N=N/faktor1;
    phi=phi*(faktor1-1);
    faktor0=faktor1;}
   }
   return phi;
   }
```

Es folgt eine gruppentheoretische Anwendung des Satzes 2.19

Satz 2.21 *Seien $m_1, \cdots, m_k$ paarweise teilerfremd, $m := m_1 \cdot \ldots \cdot m_k$. Dann besteht eine Isomorphie von Gruppen*[1]

$$R_m \cong R_{m_1} \times \ldots \times R_{m_k}, \tag{2.9}$$

$$\mathbb{Z}_m \cong \mathbb{Z}_{m_1} \times \ldots \times \mathbb{Z}_{m_k}. \tag{2.10}$$

Die Isomorphie ist gegeben durch die Zuordnung

$$f: \ x \bmod m \mapsto (x \bmod m_1, \cdots, x \bmod m_k).$$

Beweis Da ϕ nach Satz 2.19 multiplikativ ist und die $m_1, \cdots, m_k$ paarweise teilerfremd sind, folgt

$$\begin{aligned} |R_m| &= \phi(m) = \phi(m_1) \cdot \ldots \cdot \phi(m_k) \\ &= |R_{m_1}| \cdot \ldots \cdot |R_{m_k}|. \end{aligned}$$

Es genügt daher zu zeigen, daß die angegebene Zuordnung injektiv ist; denn eine injektive Abbildung zwischen gleichmächtigen endlichen Mengen ist automatisch bijektiv. Ist $f(x) = f(x')$, i. e.

$$x \equiv x' \ (m_1), \cdots, x \equiv x' \ (m_k),$$

so folgt

$$m_1 | x - x', \cdots, m_k | x - x',$$

also

$$m | x - x' \quad \Leftrightarrow \quad x \equiv x' \ (m),$$

da die $m_1, \cdots, m_k$ paarweise teilerfremd sind. Die Gleichung (2.10) sieht man völlig analog ein. □

Die Gleichung (2.10) nennt man auch den Chinesischen Restsatz, für den wir im Abschnitt 2.4 eine andere Einkleidung geben und auch einen konstruktiven Beweis führen werden.

Schließlich notieren wir noch den Satz von Euler.

Satz 2.22 (Euler) *Ist $(a, m) = 1$, so gilt $a^{\phi(m)} \equiv 1 \ (m)$.*

Beweis Die Gruppe R_m hat die Ordnung $\phi(m)$. Die Behauptung ergibt sich somit aus Satz 2.15. □

---

[1] Die rechte Seite der Formeln (2.9), (2.10) bezeichnet das *kartesische Produkt*. Unter dem kartesischen Produkt von Mengen $X_1, \ldots, X_n$ versteht man die Menge aller sog. n–Tupel $(x_1, \ldots, x_n)$ mit $x_i \in X_i$. Sind die X_i Gruppen, so ist das kartesische Produkt wieder eine Gruppe, wobei die Verknüpfung komponentenweise zu verstehen ist.

Folgendes Lemma hatten wir im Beweis der Multiplikativität der ϕ–Funktion benutzt.

Lemma 2.23 *Seien* $m, n \in \mathbb{N}$ *mit* $(m, n) = 1$. *Dann hat jeder Teiler* k *von* mn *die Gestalt* $k = dd'$ *mit* $d = (k, m), d' = (k, n)$.

Beweis Ist $d|m, d'|n$, so gilt offenbar

$$dd'|mn.$$

Da $d'|n$ und $(m, n) = 1$ folgt $(d', m) = 1$ und somit $(k, m) = (d, m) = d$ nach Satz 1.14.

Ist umgekehrt $k|mn$, so setzen wir $d := (k, m), d' := k/(k, m)$ und müssen $d'|n$ zeigen.

Dazu wählen wir $u, v \in \mathbb{Z}$ mit $uk + vm = (k, m) = d$. Dann folgt

$$\begin{aligned} n &= \frac{n}{(k,m)}(k,m) = \frac{n}{(k,m)}(uk + vm) \\ &= (nu + v\frac{mn}{k})\frac{k}{(k,m)} \\ &= (nu + v\frac{mn}{k})d'. \end{aligned}$$

□

2.4 Der Chinesische Restsatz

Wir kehren zurück zum zweiten Problem vom Beginn dieses Kapitels, den sechs Professoren mit ihrem etwas eigenwilligen Vorlesungsplan. Zunächst möchten wir das Problem in die Sprache der Kongruenzrechnung übersetzen. Wir numerieren die Wochentage, beginnend beim Montag, von 1 bis 7 durch. Ebenso numerieren wir die Tage des Semesters, beginnend beim Montag der ersten Vorlesungswoche, von 1 an durch. Dann bedeutet die Tatsache, daß der erste Professor seine Vorlesung am Montag der ersten Vorlesungswoche beginnt und im Abstand von zwei Tagen liest nichts anderes, als daß ein Tag, an dem er liest, stets eine ungerade Nummer haben muß. Für die anderen Professoren entsprechend. Sei x die Nummer des gesuchten Tages, an dem alle Professoren gleichzeitig eine Vorlesung ausfallen lassen müssen. Dieser Tag ist notwendig ein Sonntag, d.h. $x \equiv 0 \ (7)$.

Insgesamt erhalten wir für x das Kongruenzsystem:

$$\begin{aligned} &x \equiv 0\ (7), \quad x \equiv 1\ (2), \quad x \equiv 2\ (3), \\ &x \equiv 3\ (4), \quad x \equiv 5\ (6), \quad x \equiv 6\ (5). \end{aligned} \tag{2.11}$$

Der vierte Professor liest jeden Tag und so haben wir die allgemeingültige Kongruenz $x \equiv 4\ (1)$ gleich weggelassen.

Wir suchen also nach einer Lösung des Kongruenzsystems (2.11). Eine Teilantwort gibt uns der folgende – als Chinesischer Restsatz bekannte – Algorithmus:

Algorithmus 2.24 (Chinesischer Restsatz) *Seien $m_1, \ldots, m_r$ paarweise teilerfremde natürliche Zahlen und $c_1, \ldots, c_r \in \mathbb{Z}$. Dann gibt es ein $\bmod m_1 \cdot \ldots \cdot m_r$ eindeutiges x mit*

$$x \equiv c_j\ (m_j), \quad j = 1, \ldots, r.$$

Man findet x wie folgt: setze

$$M := m_1 \cdot \ldots \cdot m_r$$

und

$$M_j := \frac{M}{m_j}, \quad j = 1, \ldots, r.$$

Sodann bestimme man mittels Algorithmus (2.7) *ein b_j mit*

$$M_j b_j \equiv 1\ (m_j).$$

Dann ist

$$x := \sum_{j=1}^{r} M_j b_j c_j \bmod M$$

die gesuchte Lösung.

Beweis Die Eindeutigkeit hatten wir schon im Beweis von Satz 2.21 gesehen. Wir müssen uns nur überlegen, daß es das im Algorithmus konstruierte x auch tut: für $i \neq j$ ist sicherlich $M_j \equiv 0\ (m_i)$, also auch

$$M_j b_j c_j \equiv 0\ (m_i).$$

Folglich ist

$$x \equiv M_i b_i c_i \equiv c_i\ (m_i),$$

da nach Konstruktion der b_i gilt $M_i b_i \equiv 1\ (m_i)$. □

Nun können wir das Problem der sechs Professoren lösen, wobei wir zugleich noch lernen, was man tun kann, wenn die Moduln nicht paarweise teilerfremd sind. Vorstehender Algorithmus ist nicht unmittelbar auf das Kongruenzsystem (2.11) anwendbar, da die Moduln offenbar nicht paarweise teilerfremd sind. Der Chinesische Restsatz liefert, daß die Kongruenz

$$x \equiv 5 \ (6)$$

äquivalent zu

$$x \equiv 2 \ (3) \quad \textbf{und} \quad x \equiv 1 \ (2)$$

ist. Also kann die Kongruenz $x \equiv 5 \ (6)$ in (2.11) weggelassen werden. Ebenso ist die Kongruenz $x \equiv 1 \ (2)$ bereits in $x \equiv 3 \ (4)$ enthalten und kann weggelassen werden. Weiterhin ist noch $6 \equiv 1 \ (5)$. Es bleibt also das Kongruenzsystem

$$\begin{matrix} x \equiv 0 \ (7), & x \equiv 3 \ (4) \\ x \equiv 2 \ (3), & x \equiv 1 \ (5) \end{matrix} \tag{2.12}$$

zu lösen, wobei jetzt die Moduln paarweise teilerfremd sind. Wir finden

$$M = 420, \quad M_1 = 60, \quad M_2 = 105, \quad M_3 = 140, \quad M_4 = 84,$$

sowie

$$b_1 = 2, \quad b_2 = 1, \quad b_3 = 2, \quad b_4 = 4.$$

Man prüfe dies nach! Dann ergibt sich

$$\begin{aligned} x &= M_1b_1c_1 + M_2b_2c_2 + M_3b_3c_3 + M_4b_4c_4 \\ &= 105 \cdot 3 + 280 \cdot 2 + 84 \cdot 4 \\ &\equiv 371 \ (420). \end{aligned}$$

Da die Lösung $\bmod 420$ eindeutig ist, ergibt sich also nach 371 Tagen zum ersten Mal die gesuchte Konstellation. Natürlich ist das unrealistisch; denn weder lesen Professoren ununterbrochen mit einer solchen Ausdauer noch dauert ein Semester überhaupt so lange.

Es ist keineswegs so, daß ein Kongruenzsystem mit nicht paarweise teilerfremden Moduln stets lösbar ist. In unserem Fall war es so, daß einige Kongruenzen aus den anderen folgten und weggelassen werden konnten. Es kann aber auch passieren, daß die Kongruenzen widersprüchlich sind und somit keine Lösung existiert. Dies zeigt schon das triviale Beispiel

$$x \equiv 0 \ (2) \quad x \equiv 1 \ (6).$$

Zweite Lösung des Problems 1 Der Chinesische Restsatz gestattet noch eine andere Lösung des Problems 1, welche strukturell etwas befriedigender ist als die erste. Wir müssen $2^n \bmod 10$ berechnen und stellen fest, daß für natürliches n die Zahl 2^n stets durch 2 teilbar ist (banal, klar). Sodann berechnen wir zunächst $2^n \bmod 5$. Hier kommt uns der Eulersche Satz 2.22 zu Paß; denn dieser liefert

$$2^4 \equiv 1 \ (5),$$

was wir natürlich auch sofort direkt einsehen, denn $2^4 = 16$. Sodann schreiben wir $n = 4q + r, 0 \leq r \leq 3$ und finden

$$\begin{aligned} 2^n &\equiv 2^r (2^4)^q \ (5) \\ &\equiv 2^r \equiv \begin{cases} 1 \ (5), & m \equiv 0 \ (4), \\ 2 \ (5), & m \equiv 1 \ (4), \\ 4 \ (5), & m \equiv 2 \ (4), \\ 3 \ (5), & m \equiv 3 \ (4). \end{cases} \end{aligned}$$

Gemäß dem Chinesischen Restsatz ist $2^n \bmod 10$ nun das mod 10 eindeutige x mit

$$x \equiv 2^n \ (5), \quad x \equiv 0 \ (2)$$

und man findet sofort die bereits auf Seite 31 angegebene Lösung.

2.5 *Multiplikative Funktionen und der Möbiussche Umkehrsatz

Hier wird der im Satz 2.19 eingeführte Begriff der Multiplikativität etwas tiefer beleuchtet, da unser ad hoc Beweis für diesen Satz zwar recht kurz ist, jedoch nicht die wahren Hintergründe aufdeckt, die zur Multiplikativität vieler **zahlentheoretischer Funktionen** führen.

Definition 2.25 *Sei $f : \mathbb{N} \to \mathbb{C}$ eine Funktion. f heißt multiplikativ, falls für teilerfremde $m, n \in \mathbb{N}$ stets gilt $f(mn) = f(m)f(n)$.*

Man kann auf folgende Weise eine neue Funktion aus f bilden.

Satz 2.26 *Sei f multiplikativ und*

$$F(n) := \sum_{d|n} f(d).$$

Dann ist auch F multiplikativ.

Beweis Wie im Beweis von Satz 2.19 bemerken wir, daß dd' alle Teiler von mn genau einmal durchläuft, wenn d alle Teiler von m und d' alle Teiler von n durchläuft. Daher folgt

$$\begin{aligned} F(mn) &= \sum_{d|m, d'|n} f(dd') = \sum_{d|m} \sum_{d'|n} f(d) f(d') \\ &= F(m)F(n). \end{aligned}$$

□

Im Folgenden wollen wir die Umkehrung untersuchen, i. e. impliziert die Multiplikativität von F die von f?

Definition 2.27 *Die Möbiussche μ–Funktion ist definiert durch*

$$\mu(n) := \begin{cases} 1, & n = 1 \\ 0, & \text{falls es ein } a > 1 \text{ gibt mit } a^2 | n \\ (-1)^r, & \begin{array}{l} \text{wenn } n = p_1 \cdot \ldots \cdot p_r \text{ mit} \\ \text{verschiedenen Primzahlen } p_i. \end{array} \end{cases}$$

Bemerkung Eine Zahl der Gestalt $p_1 \cdot \ldots \cdot p_r$ mit verschiedenen Primzahlen p_i nennt man auch *quadratfrei.* Eine Zahl n ist offenbar genau dann Quadratfrei, wenn es kein $a > 1$ gibt mit $a^2|n$.

Satz 2.28 *μ ist multiplikativ und es gilt*

$$\sum_{d|n} \mu(d) = \begin{cases} 1, & n = 1, \\ 0, & n > 1. \end{cases}$$

Beweis Die Multiplikativität von μ ist klar nach Definition.

$$F(n) := \sum_{d|n} \mu(d)$$

ist nach Satz 2.26 multiplikativ. Es ist $F(1) = 1$ und für eine Primzahl p gilt

$$F(p^l) = \sum_{f=0}^{l} \mu(p^f) = 1 + (-1) = 0, \quad \text{falls} \quad l \geq 1. \qquad \square$$

Satz 2.29 (Umkehrformel von Möbius) *Aus* $F(n) = \sum_{d|n} f(d)$ *folgt*

$$f(n) = \sum_{d|n} \mu(d) F(\frac{n}{d}).$$

Insbesondere impliziert die Multiplikativität von F die von f.

Beweis

$$\begin{aligned} \sum_{d|n} \mu(d) F(\frac{n}{d}) &= \sum_{d|n} \sum_{d'|\frac{n}{d}} \mu(d) f(d') \\ &= \sum_{d'|n} \sum_{d|\frac{n}{d'}} \mu(d) f(d') = f(n). \end{aligned}$$

$\square$

Anwendung Dies liefert einen anderen Beweis für die Multiplikativität der Eulerschen ϕ–Funktion. Wir hatten in Satz 2.18

$$n = \sum_{d|n} \phi(d)$$

gesehen. Aus der Möbiusschen Umkehrformel ergibt sich nun

$$\phi(n) = \sum_{d|n} \mu(d) \frac{n}{d}$$

und da die Funktion $f(d) := \frac{\mu(d)}{d}$ offensichtlich multiplikativ ist, folgt die Multiplikativität der ϕ–Funktion aus Satz 2.26.

Eine abstraktere Interpretation obiger Resultate erhält man, wenn man die sogenannte *Dirichlet–Multiplikation* oder *Faltung* einführt. Die nachfolgenden Resultate listen wir lediglich auf und stellen die (einfachen) Beweise als Übungsaufgabe.

Definition 2.30 *Mit $\mathcal{F}$ bezeichnen wir die Menge* **aller** *Funktionen $f : \mathbb{N} \longrightarrow \mathbb{C}$ und mit $\mathcal{F}_m$ die Menger aller multiplikativen Funktionen $f : \mathbb{N} \longrightarrow \mathbb{C}$.*

Satz 2.31 *Durch*

$$(f * g)(n) := \sum_{d|n} f(d)g(\frac{n}{d})$$

wird auf $\mathcal{F}$ (resp. $\mathcal{F}_m$) eine assoziative Verknüpfung eingeführt. $\mathcal{F}$ wird auf diese Weise zu einem kommutativen Ring mit Eins, $\mathcal{F}_m \subset \mathcal{F}$ ist ein Unterring. Die Eins $\varepsilon \in \mathcal{F}_m$ ist gegeben durch

$$\varepsilon(n) = \begin{cases} 1, & n = 1, \\ 0, & n > 1. \end{cases}$$

Wir setzen weiter

$$U(n) := 1 \quad \text{für alle} \quad n \in \mathbb{N}.$$

Dann besagt der Satz 2.28 gerade

$$U * \mu = \mu * U = \varepsilon,$$

d.h. U und μ sind bzgl. $*$ invers zueinander.

Die Umkehrformeln folgen nun ziemlich leicht: ist

$$F(n) = \sum_{d|n} f(d),$$

so sehen wir

$$F = f * U,$$

also, mit den Rechenregeln eines Ringes,

$$F * \mu = (f * U) * \mu = f * (U * \mu) = f * \varepsilon = f,$$

bzw. ist

$$F(n) = \sum_{d|n} \mu(d) f(\frac{n}{d}),$$

so ist

$$F = \mu * f,$$

also

$$U * F = U * \mu * f = \varepsilon * f = f.$$

Allgemein gilt noch

Satz 2.32 *$f \in \mathcal{F}$ besitzt genau dann ein Inverses, wenn $f(1) \neq 0$.*

$$\mathcal{F}^* := \{f \in \mathcal{F} \mid f(1) \neq 0\}$$

bildet bzgl. $*$ eine Gruppe.

2.6 Aufgaben

2.1 Man begründe das letzte Argument in dem Beweis von Satz 2.11 ausführlich.

2.2 Seien $a, b \in \mathbb{Z}$, $n \in \mathbb{N}$. Genau dann gibt es ein $x \in \mathbb{Z}$ mit $ax \equiv b\ (n)$, wenn gilt $(a, n)|b$.

2.3 Man mache sich den Beweis von Satz 2.19 nochmals an Beispielen klar.

2.4 Seien $m_1, \ldots, m_r$ paarweise teilerfremde natürliche Zahlen. Seien weiterhin $a_j, b_j \in \mathbb{Z}, j = 1, \ldots, r$. Genau dann gibt es eine Lösung des Kongruenzsystems

$$a_j x \equiv b_j\ (m_j), \quad j = 1, \ldots, r,$$

wenn gilt

$$(a, m_j)|b_j, \quad j = 1, \ldots, r.$$

2.5 Man implementiere den Algorithmus 2.24.

2.6 Für welche $m \in \mathbb{N}$ ist $\phi(m)$ gerade bzw. ungerade?

2.7 Ist $f(n) = \sum_{d|n} \mu(d) F(\frac{n}{d})$, so folgt auch

$$F(n) = \sum_{d|n} f(d).$$

2.8 Beweisen Sie die Sätze 2.31 und 2.32.

2.9 Seien f, g multiplikative Funktionen. Zeigen Sie: Gilt für alle Primzahlen p

$$(f * g)(p^l) = \varepsilon(p^l)$$

und $(f * g)(1) = 1$, so ist schon $f * g = \varepsilon$.

2.10 Die zu ϕ bzgl. $*$ inverse Funktion ist gegeben durch

$$\psi(p^l) = 1 - p.$$

Literaturhinweise

Kongruenzrechnung, die ϕ–Funktion und den Chinesischen Restsatz findet man wiederum in jedem Buch über Zahlentheorie. Im Abschnitt über endliche Gruppen bin ich im wesentlichen einem Vorlesungsskriptum zur Algebra von Prof. Dr. W. Schaal, Marburg, gefolgt. Man kann dies aber auch etwa in dem Buch [Ku] nachlesen.

Einen sehr schönen Abschnitt über multiplikative Funktionen findet man in [NZ].

Kapitel III

Kryptographie und der RSA–Algorithmus

Der erste Teil der Überschrift ist etwas zu hochtrabend; denn wir werden im Rahmen dieses Buches nicht die Möglichkeit haben, eine vollständige Einführung in dieses Gebiet zu geben. Nach der Betrachtung einiger einfacher Kryptosysteme geht es uns im wesentlichen um die Darstellung des sogenannten RSA–Algorithmus. Für eine allgemeinverständliche Einführung in die Kryptographie verweisen wir auf [B].

Die Notwendigkeit, Nachrichten zu verschlüsseln, hat ihren Ursprung zweifelsohne auf einem wenig friedlichen Gebiet – den militärischen Auseinandersetzungen zwischen den Menschen. Heutzutage hat sich dieses Bild jedoch etwas verschoben. Die moderne Kommunikationsgesellschaft kommt ohne Datenschutz– bzw. Datensicherheitsüberlegungen nicht aus. Im Computer Ihrer Bank befinden sich Daten, die wahrscheinlich weitgehende Rückschlüsse auf Ihre finanziellen Verhältnisse zulassen. Sie wollen sicher nicht, daß jeder, der auch nur Zugang zu diesem Rechner hat, diese Daten auch lesen kann. Sie müssen daher gegen **unbefugtes Lesen** geschützt werden. Auch wollen Sie sicher nicht, daß irgendwer per Btx–Terminal mal eben DM 100.000 von Ihrem Konto abbucht, welches ohnehin lediglich am Monatsbeginn einen positiven Saldo aufweist. Ihre Daten müssen gegen **unbefugte Manipulation** geschützt werden.

Wir abstrahieren wieder etwas von diesem pekuniären Thema und betrachten zwei Personen (es können z.B. auch zwei Computer sein), den Absender A und den Empfänger E einer Nachricht N

$$\mathrm{A} \xrightarrow{\quad\quad\mathrm{N}\quad\quad} \mathrm{E}$$

Die Nachricht N ist gegen mehrere „Angriffe“ zu schützen:

- (den passiven Angriff) das unbefugte Lesen durch einen Dritten,

- (den aktiven Angriff) das unbefugte Manipulieren durch einen Dritten.

Es sind aber noch andere Probleme denkbar. Z.B. sollte sich der Empfänger E vergewissern können, daß eine empfangene Nachricht auch tatsächlich von A und nicht von einem Saboteur stammt. Oder E kann der Bösewicht sein, sich selbst Nachrichten schicken und behaupten, er hätte sie von A erhalten (wir überlassen es der Phantasie des Lesers, sich Abgründe zwischenmenschlicher Beziehungen auszumalen, die zu einer solchen Vorgehensweise führen können). Wir umschreiben diesen Problemkreis mit dem Schlagwort

- Nachrichtenauthentizität.

3.1 Einfache Verschlüsselungs–algorithmen

A möchte also die Nachricht N dem Empfänger E zukommen lassen. Dazu haben sich A und E auf zwei Schlüssel, den „Chiffrierschlüssel" K und den „Dechiffrierschlüssel" K' geeinigt. Weiter unten werden wir diese vagen Aussagen etwas formalisieren. A verschlüsselt N mittels K zu einem Code $\tilde{N}$ und E dechiffriert $\tilde{N}$ mittels K' zurück zu N. Man macht sich das am besten an Hand eines Beispiels klar.

Beispiel 1: Verschiebechiffren Die Verschiebechiffre ist das wahrscheinlich älteste Verschlüsselungsverfahren. Wir gehen davon aus, daß die Nachricht N aus einer Folge von (der Einfachheit halber) Großbuchstaben unseres Alphabets besteht. Wir numerieren die Buchstaben von 0 bis 25 durch. Als Schlüssel K wählen wir eine Zahl aus $\{0, \ldots, 25\}$. Die Nachricht wird nun verschlüsselt, indem man den Buchstaben mit der Nummer $x \in \{0, \ldots, 25\}$ durch den Buchstaben mit der Nummer

$$x + K \bmod 26$$

ersetzt. Als Beispiel notieren wir das Klartext- und das Geheimtextalphabet für $K = 5$:

Klartext	`ABCDEFGHIJKLMNOPQRSTUVWXYZ`
Geheimtext	`FGHIJKLMNOPQRSTUVWXYZABCDE`

Die Dechiffrierung erfolgt nun einfach, indem man den Buchstaben mit der Nummer x durch den Buchstaben mit der Nummer

$$x - K \bmod 26$$

ersetzt.

Als Beispiel habe ich einmal den Namen eines meiner Koautoren mittels $K = 5$ verunstaltet:

N: `PEYERIMHOFF`
$\tilde{N}$: `UJDJWNRMTKK`

Sieht auf den ersten Blick recht beeindruckend aus. Aber natürlich kann man mit dieser Verschiebechiffre niemanden ernsthaft täuschen. Es gibt insgesamt nur 26 verschiedene Verschiebechiffren und es ist ein Kinderspiel, alle 26 Möglichkeiten auf einzelne Wörter anzuwenden. Es ist unwahrscheinlich, daß bei mehr als einem Fall ein sinnvolles Wort herauskommt.

Beispiel 2: Monoalphabetische Chiffrierungen Die naheliegendste Verallgemeinerung der Verschiebechiffre ist, einfach irgendeine *Permutation* der Buchstaben zu nehmen. Solche Chiffrierungen nennt man auch monoalphabetische Chiffrierungen. Wir identifizieren unsere Buchstaben nun mit der Menge

$$\mathcal{B} := \{0, \ldots, n-1\}. \tag{3.1}$$

Hier kann $n = 26$ im Fall des obigen einfachen Alphabets sein. Man könnte aber auch $n = 256$ wählen für Nachrichten, die aus einer Folge von ASCII–Zeichen bestehen. Eine monoalphabetische Chiffrierung ist dann einfach eine Bijektion

$$f : \mathcal{B} \longrightarrow \mathcal{B}. \tag{3.2}$$

Eine Nachricht ist eine Folge $N = (N_j)_{j=1,\ldots,r}$, $N_j \in B$. Die chiffrierte Nachricht ist dann

$$\tilde{N} := (\tilde{N}_j), \quad \tilde{N}_j := f(N_j). \tag{3.3}$$

Hier ist der Schlüssel K also die Permutation f. Der Dechiffrierschlüssel K' ist die inverse Permutation f^{-1}.

Obwohl es im Falle des Alphabets ABC···XYZ genau $26! \approx 4 \times 10^{26}$ verschiedene Permutationen i.e. monoalphabetische Chiffrierungen gibt und es offensichtlich unmöglich ist, diese alle durchzuprobieren, sind auch diese Chiffrierungen relativ leicht zu knacken. Das liegt daran, daß die Buchstaben des Alphabets verschiedene Häufigkeitsverteilungen haben und eine statistische Analyse insbesondere längerer Texte sehr schnell zur Entschlüsselung führt (Siehe [B] für eine detaillierte Beschreibung).

Beispiel 3: Vigenère–Chiffre Das Hauptproblem einer monoalphabetischen Chiffrierung besteht darin, daß einem Klartextbuchstaben stehts derselbe Geheimtextbuchstabe zugeordnet wird. Deshalb ist ein solcher Code besonders leicht statistisch zu analysieren. Bei der Vigenère Chiffrierung besteht der Chiffrierschlüssel aus einem *Schlüsselwort*. Man schreibt das Schlüsselwort fortlaufend über den Klartext und addiert dann die untereinanderstehenden Buchstaben modulo 26 (bzw. n). Schauen wir uns wieder ein Beispiel an:

Schlüsselwort:	L	E	S	C	H	L	E	S	C	H	L
	11	4	18	3	7	11	4	18	3	7	11
N:	P	E	Y	E	R	I	M	H	O	F	F
	15	4	24	4	17	8	12	7	14	5	5
$\tilde{N}$:	A	I	Q	H	Y	R	Q	Z	R	M	Q
	0	8	16	7	24	17	16	25	17	12	16

Hier fällt auf, daß einem Klartextbuchstaben nicht immer derselbe Geheimtextbuchstabe zugeordnet wird. Z.B. wird das erste E zu einem I, das zweite E zu einem H. Die Dechiffrierung erfolgt, indem man das Schlüsselwort fortlaufend unter den Geheimtext schreibt und untereinenderstehende Buchstaben modulo 26 subtrahiert. Etwas formaler läßt sich die Vigenère Chiffre wie folgt beschreiben: statt mit Buchstaben arbeiten wir mit den Zahlen von $0, \ldots, 25$. Setze $\mathcal{A} := \{0, \ldots, 25\}$. Sei $(k_1, \ldots, k_r) \in \mathcal{A}^r$ das Schlüsselwort. In der Nachricht $N = (N_j), N_j \in \mathcal{A}$ fassen wir jetzt r aufeinanderfolgende Folgenglieder als Einheit auf. Unsere Buchstabenmenge ist jetzt also die Menge aller r–Tupel von Elementen aus $\mathcal{A}$, m.a.W.

$$\mathcal{B} := \mathcal{A}^r.$$

Die Chiffrierfunktion $f : \mathcal{B} \to \mathcal{B}$ ist dann gegeben durch

$$f(x_1, \ldots, x_r) := (x_1 + k_1 \bmod 26, \ldots, x_r + k_r \bmod 26),$$

die Dechiffrierfunktion f^{-1} durch

$$f^{-1}(x_1, \ldots, x_r) := (x_1 - k_1 \bmod 26, \ldots, x_r - k_r \bmod 26).$$

Genau genommen ist also die Vigenère Chiffre auch nur eine monoalphabetische Chiffre, allerdings über einem viel größeren Raum von Buchstaben! Auch für Vigenère Chiffren gibt es Entschlüsselungsstrategien. Für Details verweisen wir wiederum auf [B].

Bemerkungen Selbst wenn die hier nur sehr oberflächlich diskutierten Verschlüsselungssysteme noch weiter verfeinert werden, so bleibt ihnen allen ein gemeinsamer Nachteil: die Chiffrier– bzw. Dechiffrierschlüssel sind praktisch identisch, bzw. der Dechiffrierschlüssel läßt sich ohne Probleme aus dem Chiffrierschlüssel ableiten. Damit hängt die Sicherheit dieser Systeme einzig und allein von der Geheimhaltung der Schlüssel ab! Das führt zu den folgenden Nachteilen:

- (Schlüsseltransport) Absender und Empfänger müssen sich auf die Schlüssel einigen und diese müssen auf geheimem Wege transportiert werden. Das ist die Achillesferse des Systems.
- (Authentizität nicht gewährleistet) E kann sich munter Nachrichten schicken und behaupten, er hätte sie von A bekommen.

Die erste Schwierigkeit tritt nicht auf, wenn es nicht möglich ist, den Dechiffrierschlüssel K' aus dem Chiffrierschlüssel K abzuleiten. Wie kann das angehen? Im allgemeinsten Fall ist unser Chiffrierschlüssel eine Bijektion

$$f : \mathcal{B} \longrightarrow \mathcal{B},$$

wobei das $\mathcal{B}$ eine (große) Menge von „Buchstaben" ist. Der Dechiffrierschlüssel ist dann die inverse Funktion f^{-1}. „Gibt's doch nicht" wird Einer vielleicht sagen. Habe ich f gegeben, so habe ich auch f^{-1}. JEIN. Der Mathematiker hat es einfach, er schreibt einfach f^{-1}. Je nun. Das Problem ist – wie so oft – die *praktische Berechenbarkeit.* Wie wär's mit einer Funktion f, die man relativ einfach angeben und berechnen kann, wo es aber praktisch bis zum jüngsten Tag dauert, um aus der Kenntnis von f die Inverse f^{-1} zu berechnen?! Ja, so etwas gibt es ....

3.2 Der RSA–Algorithmus

Der RSA–Algorithmus ist benannt nach Rivest, Shamir und Adleman, die ihn im Jahre 1977 am MIT entwickelten. Die Idee eines Verschlüsselungssystems, bei dem der Dechiffrierschlüssel nicht aus dem Chiffrierschlüssel abgeleitet werden kann, stammt jedoch von Diffie/Hellman und unabhängig von diesen beiden Merkle 1976. Die erste Realisierung dieser Idee ist jedoch das RSA–System, das wir jetzt besprechen wollen.

Wir gehen jetzt davon aus, daß das Alphabet aus den Zahlen von $0, \ldots, b-1$ besteht, d.h.

$$\mathcal{B} := \{0, \ldots, b-1\},$$

wobei b eine (z.B.) 10–stellige Zahl ist. Der Empfänger E wählt sich zwei große Primzahlen p, q und bildet deren Produkt n (wir werden weiter unten diskutieren, was hier unter „groß" zu verstehen ist). Desweiteren wählt er sich *zufällig* eine Zahl d (für „decryption") mit $(d, \phi(n)) = 1$. Sodann berechnet er mittels Algorithmus 2.7 die einzige Zahl e (für „encryption"), so daß gilt

$$de \equiv 1 \ (\phi(n)), \tag{3.4}$$

wobei nach Satz 2.19 gilt $\phi(n) = (p-1)(q-1)$. Bis jetzt hat nur unser Empfänger gehandelt. Er kann diese Berechnungen im stillen Kämmerlein durchführen, ohne daß ihm jemand über die Schulter schaut. Nach diesen Rechnungen kann er die Primzahlen p, q sowie $\phi(n)$ vergessen. Er tut dies am besten, indem er alle Hinweise auf sie (z.B. in seinem Computer) vernichtet. Er merkt sich lediglich den *Dechiffrierschlüssel* d und hält diesen geheim. Den *Chiffrierschlüssel* (n, e) kann er publizieren, z.B. in einem *öffentlichen Telefonbuch*.

Man kann diese Schlüsselerzeugung auch an eine zentrale Schlüsselvergabestelle delegieren (sofern man eine hat, die vertrauenswürdig ist). Diese teilt einem Teilnehmer die Zahlen (n, e, d) mit und publiziert den Chiffrierschlüssel (n, e). Danach vernichtet sie alle Daten. Dies hat den Vorteil, daß ein Teilnehmer seine geheimen Daten $p, q, \phi(n)$ niemals erfährt und damit auch gar keine Dummheiten anstellen kann.

Das Chiffrieren von Nachrichten beruht nun auf dem folgenden Lemma.

Lemma 3.1 *Sei $n \in \mathbb{N}$, $(a, n) = 1$ und $r \in \mathbb{N}$. Dann hängt $a^r \bmod n$ lediglich von der Restklasse $r \bmod \phi(n)$ ab. M.a.W. sind $r \equiv s \ (\phi(n))$, so ist*

$$a^r \equiv a^s \ (n).$$

Beweis Wir schreiben

$$r = s + l\phi(n).$$

Nach dem Satz von Euler 2.22 ist $a^{\phi(n)} \equiv 1 \ (n)$ und wir erhalten

$$a^r = a^{s+l\phi(n)} = a^s (a^{\phi(n)})^l \equiv a^s \ (n). \qquad \square$$

Die Chiffrierabbildung $f_{(n,e)} : \mathcal{B} \to \mathcal{B}$ wird nun definiert durch

$$f_{(n,e)}(x) := x^e \bmod n =: y. \tag{3.5}$$

Wie wir wissen, ist die modulare Exponentiation sehr schnell durchführbar (vgl. Algorithmus 1.22 und Abschnitt 4.2). $f_{(n,e)}$ ist auch tatsächlich eine bijektive Abbildung; denn die Dechiffrierung erfolgt durch

$$y^d \equiv x^{de} \equiv x \ (n) \tag{3.6}$$

nach dem vorstehenden Lemma und (3.4).

Bemerkungen Bei diesem Verschlüsselungsverfahren findet kein Schlüsseltransport statt, was ein entscheidender Vorteil ist. Aber warum sollte dieses System sicher sein? Nun, die Sicherheit läßt sich nicht beweisen, sondern beruht auf gewissen Erfahrungstatsachen. Um diesen Code zu knacken, müßte man die e–te modulare Wurzel aus einer Zahl ziehen. Dieses Problem nennt man das Problem des diskreten Logarithmus. Man kennt bis heute keinen guten Algorithmus zum Ziehen der e–ten modularen Wurzel ohne die Kenntnis von $\phi(n)$. Wenn man $\phi(n)$ kennt, kann man natürlich den Dechiffrierschlüssel d – genauso wie der Empfänger – mittels Algorithmus 2.7 berechnen. Kann man $\phi(n)$ berechnen? Dazu zunächst die folgende Bemerkung:

Lemma 3.2 *Sei $n = pq$ mit Primzahlen $p > q$. Dann kann man p, q aus $\phi(n)$ berechnen und umgekehrt.*

Beweis Nach Satz 2.19 ist die Umkehrung klar; es ist

$$\phi(n) = (p-1)(q-1).$$

Ist $\phi(n)$ gegeben, so berechnen wir

$$\phi(n) = pq - (p+q) + 1 = n - (p+q) + 1,$$

also

$$p + q = n - \phi(n) + 1.$$

Weiterhin ist

$$(p-q)^2 = p^2 - 2pq + q^2 = (p+q)^2 - 4n,$$

also

$$p - q = \sqrt{(p+q)^2 - 4n}.$$

Damit haben wir $p \pm q$ berechnet und finden dann

$$p = (p+q)/2 + (p-q)/2, \quad q = (p+q)/2 - (p-q)/2. \qquad \square$$

Wir halten also fest: nach dem heutigen Stand der Erkenntnis kann das RSA–Chiffriersystem nur dadurch geknackt werden, daß man die Faktorisierung der öffentlichen Zahl n findet.

Das RSA–System lebt also von der folgenden Asymmetrie. Es ist relativ leicht, von zwei etwa 100–stelligen Zahlen zu entscheiden, ob sie prim sind oder nicht und diese dann auszumultiplizieren. Es dauert aber auf heutigen Computern bis zum jüngsten Tag, das dann etwa 200–stellige Produkt zu faktorisieren.

Das RSA–System hat eine intensive Forschung auf dem Gebiet der Primzahltests und Faktorisierung ausgelöst. Wie z.B. der Pollard $p-1$ Test im Kapitel 5 zeigt, darf man bei der Wahl der Primzahlen p, q nicht allzu sorglos vorgehen. Die Zahlen $p-1, q-1$ sollten mindestens einen ebenfalls sehr großen Primfaktor haben.

Leider kann man bisher nicht beweisen, daß es nicht doch einen schnellen Algorithmus zur Berechnung der modularen Wurzel oder zur Faktorisierung geben kann. Es ist also nicht ausgeschlossen – wohl aber relativ unwahrscheinlich – daß eines Tages ein genialer Mensch den RSA–Algorithmus hinfällig werden läßt.

Ein ganz anderes Problem stellt die praktische Realisierung des RSA–Algorithmus dar. Bisher sind alle Implementierungen des RSA–Algorithmus noch zu langsam, um etwa in Computernetzen wirklich

Verwendung zu finden. Allerdings eignet er sich hervorragend zum Schlüsselaustausch: man verwendet ein herkömmliches symmetrisches Verschlüsselungssystem, tauscht jedoch die Schlüssel mittels des RSA Systems aus.

3.2.1 Authentizität

Der RSA–Algorithmus erlaubt auch eine Variante, um die Authentizität einer Nachricht zu überprüfen. Betrachten wir dazu den Absender mit seinen Schlüsseln (n_A, e_A, d_A) und den Empfänger mit seinen Schlüsseln (n_E, e_E, d_E). Der Einfachheit halber sei $n_A < n_E$. A möchte die Nachricht

$$N = (x_i)_{i=1,\dots,r}$$

and E schicken. In N teilt A auch seinen Namen und seine Adresse mit. Sodann bildet er

$$N_1 = (y_i)_{i=1,\dots,r}, \quad y_i := x_i^{e_E} \bmod n_E.$$

Desweiteren bildet er

$$N_2 := (\tilde{z}_i)_{i=1,\dots,r}, \quad \tilde{z}_i := x_i^{d_A} \bmod n_A$$

und sodann

$$N_3 := (z_i)_{i=1,\dots,r}, \quad z_i := \tilde{z}_i^{e_E} \bmod n_E.$$

Er verschickt die Nachrichten N_1 und N_3 an den Empfänger E. E dechiffriert die Nachrichten mit seinem Dechiffrierschlüssel d_E und erhält die Nachrichten N und N_2. Der Nachricht N entnimmt der den Namen von A. Die Nachricht N_2 wird für ihn noch keinen Sinn ergeben. Nun möchte sich E vergewissern, daß A auch tatsächlich der Urheber der Nachricht N ist. Dazu schlägt er die öffentlichen Schlüssel von A nach und berechnet

$$\tilde{z}_i^{e_A} \equiv x_i^{d_A e_A} \equiv x_i \ (n_A). \tag{3.7}$$

Er muß also auf diese Weise die Nachricht N nochmals erhalten. Erhält er diese nicht, so weiß er, daß mit den Nachrichten etwas passiert sein muß. Es könnte sein, daß sie unterwegs manipuliert worden sind oder daß A nicht der Urheber ist. In einem solchen Fall muß die

Übertragung wiederholt werden. Erhält er jedoch bei der Rechnung (3.7) die Nachricht N, so kann er darauf vertrauen, daß A der Urheber ist, da nur der den geheimen Schlüssel d_A kennt, mit welchem die Nachricht N_2 erzeugt worden ist. Um hier zu manipulieren, müßte man wiederum einen diskreten Logarithmus berechnen oder die Zahl n_A faktorisieren.

Literaturhinweise

Eine sehr unterhaltsame und gut verständliche Einführung in die Kryptographie ist das Buch von Beutelspacher [B]. Für den mathematisch anspruchsvolleren Leser sind [Br] und [K] zu empfehlen. In der Darstellung bin ich teilweise einer Vortragsausarbeitung von Rotraut Laun [Laun] gefolgt.

Kapitel IV

(Pseudo)primzahltests

Wir haben nun hinreichende Motivation, uns mit der Frage zu beschäftigen, wie man von einer gegebenen Zahl entscheiden kann, ob sie prim ist oder nicht. Dies ist das zentrale Kapitel im Abschnitt über Zahlentheorie. Eine gewisse Schwierigkeit stellt der Umstand dar, daß man – zumindest bei den Beweisen – um einen relativ schwierigen Begriff nicht herumkommt – den der primitiven Wurzel. Wir haben uns deshalb entschlossen, die Behandlung von Primitivwurzeln in zwei Abschnitte zu unterteilen. Im Abschnitt 4.1 werden die wichtigsten Resultate ohne Beweis vorgestellt. Diese sollte man zunächst einmal glauben. Eine ausführlichere Darstellung erfolgt dann im zweiten Teil im Abschnitt 4.5. Der Abschnitt 4.2 über den Pseudoprimzahltest kommt ohne Primitivwurzeln aus und kann mit den Kenntnissen des Kapitels 2 gelesen werden. Die Existenz der Carmichael Zahlen, die wir etwas genauer anschauen, zeigt die Grenzen des Pseudoprimzahltests auf.

Danach geht es mit der Behandlung des strengen Pseudoprimzahltests so richtig zur Sache.

Die beiden Pseudoprimzahltests sind sogenannte Monte–Carlo Tests, d.h. sie sagen nur mit einer gewissen Wahrscheinlichkeit, daß eine vorgelegte Zahl prim ist. Hat man durch hinreichend viele Tests die Überzeugung gewonnen, daß man eine Primzahl vor sich hat, so möchte man dies nun auch beweisen. Im Abschnitt 4.4 zeigen wir – unter relativ restriktiven Voraussetzungen – eine solche Möglichkeit auf.

4.1 Primitivwurzeln, Teil I

In diesem ersten Teil über Primitivwurzeln stellen wir nur diejenigen Tatsachen bereit, die für das Verständnis dieses Kapitels unerläßlich sind. Zum Glück kann man die Resultate über Primitivwurzeln relativ einfach formulieren. Die Beweise findet der interessierte Leser dann im Teil II am Schluß des Kapitels. Dieser Abschnitt enthält einen kleinen Vorgriff auf den Abschnitt über Polynome.

Sei

$$P(x) = a_n x^n + a_{n-1} x^{n-1} + \ldots + a_0$$

ein Polynom mit ganzzahligen Koeffizienten $a_j, j = 1, \ldots, a_n$. Wir sagen, daß z eine Nullstelle $\bmod m$ des Polynoms $P(x)$ ist, falls

$$P(z) \equiv 0 \ (m),$$

d. h.

$$m \Big| a_n z^n + a_{n-1} z^{n-1} + \ldots + a_0. \tag{4.1}$$

Ist z_1 eine Nullstelle $\bmod m$ von $P(x)$ und ist $z_2 \equiv z_1 \ (m)$, so ist auch z_2 eine Nullstelle $\bmod m$ von $P(x)$ und wir werden im Folgenden kongruente Nullstellen nicht unterscheiden. Die Nullstellen $\bmod m$ von $P(x)$ bilden also eine Teilmenge von $\mathbb{Z}_m$. Analog zum Satz 6.5 gilt nun

Lemma 4.1 *Seien $P(x) = a_n x^n + a_{n-1} x^{n-1} + \ldots + a_0$ und p prim. Dann hat $P(x)$ höchstens n Nullstellen* $\bmod p$.

Beweis Der Beweis erfolgt durch Induktion nach dem Grad von P. Für $n = 0$ ist nichts zu zeigen. Sei z_1 eine Nullstelle $\bmod p$. Dann schreiben wir gemäß Algorithmus 6.1

$$P(x) = P_1(x)(x - z_1) + P(z_1) \tag{4.2}$$

mit einem Polynom $P_1(x)$ vom Grad $n-1$. Man überzeugt sich leicht, daß $P_1(x)$ ganzzahlige Koeffizienten hat. Ist z_2 eine weitere (zu z_1 inkongruente) Nullstelle $\bmod p$, so folgt

$$\begin{aligned} 0 \equiv P(z_2) &\equiv P_1(z_2)(z_2 - z_1) + P(z_1) \ (\bmod p) \\ &\equiv P_1(z_2)(z_2 - z_1) \ (\bmod p), \end{aligned}$$

und da p prim ist, gilt

$$z_1 \equiv z_2 \ (p) \quad \text{oder} \quad P_1(z_2) \equiv 0 \ (p),$$

also $P_1(z_2) \equiv 0 \ (p)$, da nach Voraussetzung z_2 inkongruent zu z_1 ist.

Ist umgekehrt $P_1(z_2) \equiv 0 \ (p)$, so folgt aus (4.2) natürlich sofort $P(z_2) \equiv 0 \ (p)$.

Wir haben gezeigt, daß die Nullstellen $\bmod p$ von P genau aus z_1 und den Nullstellen $\bmod p$ von P_1 bestehen. Nach Induktionsvoraussetzung hat P_1 höchstens $n-1$ Nullstellen $\bmod p$ und es folgt die Behauptung. □

Es sei betont, daß dieses Lemma für zusammengesetzte Moduln i. a. falsch ist. Z. B. sei

$$P(x) = x^2 - 1$$

und $m = 8$. Dann gilt

$$1^2 \equiv 3^2 \equiv 5^2 \equiv 7^2 \equiv 1\,(8),$$

d. h. $P(x)$ hat 4 Nullstellen $\bmod 8$. Der tiefere Grund für die Gültigkeit von Lemma 4.1 ist die bereits erwähnte Nullteilerfreiheit von $\mathbb{Z}_p$ für p prim. Lemma 4.1 gilt für Polynome über jedem Körper.

Definition 4.2 *Für natürliche Zahlen a, n, $(a, n) = 1$ bezeichnen wir mit* $\operatorname{ord}_n a$ *die Ordnung von a in der Gruppe R_n der teilerfremden Restklassen* $\bmod n$.

Definition 4.3 *Sei $G = < a >$ eine zyklische Gruppe der Ordnung n. Ein Element $b \in G$ mit $G = < b >$ nennen wir eine primitive Wurzel. M. a. W $b \in G$ ist genau dann eine Primitivwurzel, wenn gilt* $\operatorname{ord} b = |G|$.

Nach Satz 2.15 ist $b = a^k$ genau dann eine primitive Wurzel, wenn $n/(k, n) = n$, also $(k, n) = 1$. D. h. eine zyklische Gruppe der Ordnung n besitzt genau $\phi(n)$ primitive Wurzeln.

Wir werden klären, für welche m die Restklassengruppen R_m zyklisch sind.

Satz 4.4 *Sei p prim. Dann ist die Gruppe R_p zyklisch.*

Der Beweis dieses Satzes ist alles andere als konstruktiv und es gibt in diesem Falle auch leider keinen konstruktiven Beweis (sonst hätten wir diesen gewählt!). So nützlich die primitiven Wurzeln auch sind, so schwierig ist es, welche zu finden. Wir kommen auf dieses Problem im Abschnitt 4.4 zu sprechen.

Obiges Ergebnis läßt uns natürlich nicht ruhen. Wie steht es mit Primzahlpotenzen? Voilà.

Satz 4.5 *Sei $p \geq 3$ prim. Dann ist R_{p^l} zyklisch für alle $l \geq 1$. Eine primitive Wurzel* $\bmod p^l$ *läßt sich aus einer primitiven Wurzel* $g \bmod p$ *wie folgt konstruieren: sei g irgendeine primitive Wurzel* $\bmod p$. *Man setze*

$$g_1 := \begin{cases} g, & g^{p-1} \not\equiv 1 \ (p^2), \\ g+p, & g^{p-1} \equiv 1 \ (p^2). \end{cases}$$

Dann ist g_1 eine primitive Wurzel $\bmod p^l$ *für* **alle** $l \geq 1$.

Auch hier übergehen wir den Beweis zunächst. Stattdessen wollen wir das Gelernte benutzen und bringen zwei Anwendungen, die die Nützlichkeit der Existenz einer primitiven Wurzel zeigen.

Ist K ein Körper und $a \in K$, so sagen wir, daß a eine Quadratwurzel in K besitzt, falls es ein $x \in K$ gibt mit $x^2 = a$. In dem Fall gibt es genau zwei Quadratwurzeln, $\pm x$; denn diese sind Nullstellen des Polynoms

$$P(x) = x^2 - a.$$

Im Körper $\mathbb{C}$ besitzt jedes $z \in \mathbb{C}$ eine Quadratwurzel, während ein $a \in \mathbb{R}$ genau dann eine (reelle) Quadratwurzel besitzt, wenn $a \geq 0$ ist.

Dies motiviert folgende Frage. Wir hatten gelernt, daß $\mathbb{Z}_p$ ein Körper ist. Welche $a \in \mathbb{Z}_p$ besitzen Quadratwurzeln?

Satz 4.6 *Sei $p \geq 3$ prim, $a \in R_p$. Dann ist stets*

$$a^{(p-1)/2} \equiv \pm 1 \, (p)$$

und a besitzt genau dann eine Quadratwurzel $\bmod p$, *wenn*

$$a^{(p-1)/2} \equiv 1 \, (p).$$

Ist g eine primitive Wurzel $\bmod p$, *so gilt*

$$g^{(p-1)/2} \equiv -1 \, (p).$$

Beweis Es ist $\phi(p) = p - 1$. Also ist nach Satz 2.22

$$a^{p-1} \equiv 1 \, (p),$$

d. h.

$$p \Big| (a^{p-1} - 1) = (a^{(p-1)/2} + 1)(a^{(p-1)/2} - 1)$$

bzw.

$$a^{(p-1)/2} \equiv \pm 1 \, (p).$$

Ist g eine primitive Wurzel, so kann wegen $\mathrm{ord}_p g = p-1$ nicht $g^{(p-1)/2} \equiv 1 \, (p)$ gelten. Es gibt nun ein $k \in \{0, \ldots, p-2\}$ mit

$$a \equiv g^k \, (p),$$

also

$$\begin{aligned} a^{(p-1)/2} &\equiv g^{k(p-1)/2} \, (p) \\ &\equiv (g^{(p-1)/2})^k \, (p) \\ &\equiv (-1)^k \, (p). \end{aligned}$$

Ist nun $a^{(p-1)/2} \equiv 1 \, (p)$, so ist $k \equiv 0 \, (2)$ und $x := g^{k/2}$ ist eine Quadratwurzel $\mathrm{mod}\, p$ von a.

Ist umgekehrt $a \equiv x^2 \; (p)$, so liefert Satz 2.22 sofort

$$a^{(p-1)/2} \equiv x^{p-1} \equiv 1 \, (p). \qquad \square$$

Wir bemerken, daß die Bedingung $a^{(p-1)/2} \equiv \pm 1 \, (p)$ sehr schnell zu verifizieren ist (vgl. Abschnitt 1.3 bzw. Seite 73). Eine weitere Anwendung ist der

Satz 4.7 (Wilson) *$n > 1$ ist genau dann prim, wenn gilt*

$$(n-1)! \equiv -1 \; (n).$$

Beweis $n = 2$ ist prim und $(2-1)! = 1 \equiv -1 \; (2)$, so daß wir $n \geq 3$ annehmen dürfen.

Zunächst sei n zusammengesetzt, etwa $n = kl$, mit $k, l < n$. Ist $k \neq l$, so kommen k, l als Faktoren in $(n-1)!$ vor. Ist $k = l$, somit $n = k^2$, so kommen $k, 2k$ jedenfalls dann als Faktoren in $(n-1)!$ vor, wenn $n > 4$. Also gilt für zusammengesetztes $n > 4$

$$(n-1)! \equiv 0 \; (n).$$

Für $n = 4$ finden wir

$$(n-1)! = 3! = 6 \equiv 2 \; (4) \not\equiv -1 \; (4).$$

Umgekehrt sei $n = p \geq 3$ prim. Es sei gemäß Satz 4.5 g eine primitive Wurzel $\bmod p$. Dann durchläuft

$$g^k \bmod p, \quad k = 0, 1, \ldots, p-2$$

genau die Restklassen $1, \ldots, p-1 \bmod p$. Also folgt

$$\begin{aligned}
(p-1)! &\equiv \prod_{k=0}^{p-2} g^k \ (p) \\
&\equiv g^{\sum_{k=0}^{p-2} k} \ (p) \\
&\equiv g^{(p-2)(p-1)/2} \ (p) \\
&\equiv (g^{(p-1)/2})^{p-2} \ (p) \equiv (-1)^{p-2} \equiv -1 \ (p).
\end{aligned}$$ □

Dabei haben wir die Formel

$$\sum_{k=0}^{n} k = \frac{n(n+1)}{2}$$

benutzt, dessen einfacher Induktionsbeweis wir als Übungsaufgabe stellen.

Natürlich ist der Satz von Wilson kein praktikables Primzahlkriterium. Er ist eher von theoretischem Interesse.

4.2 Der kleine Fermat und der Pseudoprimzahltest

Der kleine Fermat ist ein Spezialfall des Satzes 2.22.

Satz 4.8 (Kleiner Fermat) *Ist p eine Primzahl und $(a,p) = 1$, so gilt $a^{p-1} \equiv 1 \ (p)$.*

Beweis Die Behauptung folgt sofort aus dem Satz von Euler, da $\phi(p) = p - 1$. □

Am bekanntesten ist PIERRE DE FERMAT (1601–1665) immer noch wegen des großen Fermat'schen Satzes, welcher bis zum heutigen

Tage eine unbewiesene Vermutung ist. Auch diese Geschichte hat eine nette Einkleidung. Fermat notierte auf dem Rand einer Buchseite, daß für $n \geq 3$ die Diophantische Gleichung

$$x^n + y^n = z^n \tag{4.3}$$

keine ganzzahligen Lösungen besitzt. Die Einschränkung $n \geq 3$ ist natürlich notwendig aufgrund der Existenz der sogenannten Pythagoräischen Zahlentripel, z. B. $3^2 + 4^2 = 5^2$, welche man alle angeben kann. Fermat bemerkte weiter, daß er für seine Behauptung einen „wunderbaren Beweis“ gefunden habe, daß aber, leider leider, der Rand der Buchseite zu schmal sei, den Beweis aufzunehmen. Nun, wir wissen bis zum heutigen Tage nicht, ob Fermat tatsächlich einen Beweis besaß. Da aber trotz großer Anstrengungen bisher kein Beweis gefunden werden konnte[1], tröstet man sich heute mit der Annahme, daß Fermat wohl auch keinen hatte. Das Problem an sich erscheint nicht besonders spannend und eine Lösung hätte wohl auch keinerlei Konsequenzen innerhalb der Mathematik. Dennoch haben die zahlreichen Beweisversuche großer Mathematiker im Laufe der Zeit viele fruchtbare Entwicklungen vorangetrieben. Insofern ist das Fermat–Problem ein Argument gegen das heute weitverbreitete allzu kurzfristige Nützlichkeitsdenken innerhalb der Wissenschaft.

Zurück zum Satz 4.8. Dieser liefert uns nämlich einen ersten *Primzahltest*. Ist eine ungerade Zahl n gegeben, von der wir wissen möchten, ob sie zusammengesetzt ist oder nicht, so legt Satz 4.8 folgendes nahe: wir bilden

$$2^{n-1} \bmod n. \tag{4.4}$$

ist dieser Ausdruck $\neq 1$, so wissen wir, daß n zusammengesetzt sein muß; ohne daß wir auch nur die leiseste Ahnung davon haben, wie die Faktoren aussehen! Da (4.4) sehr schnell (s.u.) berechenbar ist, liefert dies einen sehr schnellen Test auf die Primeigenschaft.

Beispiel $2^{9-1} = 2^8 = 16^2 \equiv 7^2 \equiv 4 \ (9)$.

Der folgende Modul berechnet die modulare Potenz (4.4) gemäß Algorithmus 1.22.

[1] In letzter Zeit hat die Ankündigung eines Beweises durch den englischen Mathematiker A. Wiles für großes Aufsehen gesorgt. Man hat jedoch Fehler in seinem Manuskript entdeckt und es ist zur Zeit (Juli 1994) nicht klar, ob sich diese beheben lassen oder nicht.

```
// powmod:   Berechnung von (a hoch b) mod m fuer b>=0
// Eingabe:  a,b,m
// Ausgabe:  a^b (mod m)

Ganz powmod(Ganz a, Ganz b, Ganz m){
   Ganz n=1;
   while (b!=0){
      if (b%2==1)  n=(n*a)%m;
      b=b/2;
      a=(a*a)%m;
      };
   return n;
   };
```

Natürlich ist die 2 in (4.4) völlig willkürlich. (4.4) funktioniert für jedes zu n teilerfremde b. Es stellt sich auch die Frage, was passiert, wenn $b^{n-1} \equiv 1\ (n)$. Dann läßt sich leider nicht schließen, daß n prim ist:

Beispiel $2^{341-1} \equiv 1\ (341)$, aber $341 = 11 \cdot 31$.

Daher definieren wir

Definition 4.9 *Sei n ungerade, zusammengesetzt und $(b, n) = 1$. Dann heißt n eine Pseudoprimzahl zur Basis b, wenn gilt*

$$b^{n-1} \equiv 1\ (n). \tag{4.5}$$

Mittels des powmod Moduls läßt sich nun sehr einfach testen, ob eine Zahl eine Pseudoprimzahl zur Basis b ist:

```
// Pseudoprimzahltest
// Eingabe: A      die zu testende Zahl
//          base   die Basis
// Ausgabe: 1      falls base^(A-1) mod A =1, i.e. A ist
//                 Pseudoprimzahl zur Basis base
//          0      falls base^(A-1) mod A !=1


int pseudoprime(Ganz a, Ganz base){
  Ganz a1=a-1;
  if (powmod(a,a1,base)==1) return 1;
    else return 0;};
```

Man kann zeigen, daß es zu jeder Basis b unendlich viele Pseudoprimzahlen n gibt. Wir können natürlich verschiedene Basen versuchen:

$$3^{340} \equiv 56 \ (341),$$

was zeigt, daß 341 zusammengesetzt sein muß.

Leider erleben wir auch hier eine Enttäuschung:

Definition 4.10 *Eine Zahl $n \in \mathbb{N}$ heißt Carmichael Zahl, wenn für jedes b mit $(b, n) = 1$, n eine Pseudoprimzahl zur Basis b ist.*

Die kleinste Carmichael Zahl ist

$$561 = 3 \cdot 11 \cdot 17,$$

wie wir gleich sehen werden.

Der Pseudoprimzahltest versagt also völlig bei Carmichael Zahlen. Diese sind jedoch sehr selten. Es gibt lediglich 2163 Carmichael Zahlen unterhalb $25 \cdot 10^9$ (vgl. Seite 80). Um ein bißchen hinter das Geheimnis dieser Zahlen zu schauen, machen wir einen

4.2.1 *Exkurs: Carmichael Zahlen

Wir möchten untersuchen, wie wir Carmichael Zahlen produzieren können. Dazu eine einfache Beobachtung:

Satz 4.11 *Sei $n = p_1 \cdot \ldots \cdot p_r$ mit verschiedenen Primzahlen. Genau dann ist n eine Carmichael Zahl, wenn*

$$p_j - 1 | n - 1, \quad j = 1, \ldots, r. \tag{4.6}$$

Beweis Es gelte (4.6) und sei $(b, n) = 1$. Nach Satz 4.8 ist

$$b^{n-1} \equiv (b^{p_j - 1})^{(n-1)/(p_j - 1)} \equiv 1 \ (p_j), \quad j = 1, \ldots, r,$$

also

$$p_j | (b^{n-1} - 1), \quad j = 1, \ldots, r$$

und, da die $p_1, \ldots, p_r$ verschieden sind, folgt

$$n | (b^{n-1} - 1), \quad \text{i. e. } b^{n-1} \equiv 1 \ (n).$$

Ist umgekehrt n eine Carmichael Zahl, so sei b_j gemäß Satz 4.4 eine Primitivwurzel $\bmod p_j$. Nach dem Chinesischen Restsatz dürfen wir annehmen, daß $(b_j, n) = 1$. Dann folgt

$$b_j^{n-1} \equiv 1\,(n),$$

insbesondere

$$b_j^{n-1} \equiv 1 \;\; (p_j)$$

und da die Ordnung von b_j in der Gruppe R_{p_j} genau $\phi(p_j) = p_j - 1$ ist, folgt aus Satz 2.13

$$(p_j - 1)|(n - 1).$$

□

Beispiel $561 = 3 \cdot 11 \cdot 17$ ist eine Carmichael Zahl, da

$$\begin{aligned} 2|560 &= 2 \cdot 280, \\ 10|560 &= 10 \cdot 56, \\ 16|560 &= 16 \cdot 35. \end{aligned}$$

Allgemeiner liefert folgende Situation stets Carmichael Zahlen:

Lemma 4.12 *Sei $p > 3$ prim, so daß auch $2p-1, 3p-2$ prim sind. Dann ist $m = p(2p-1)(3p-2)$ eine Carmichael Zahl.*

Beweis Wäre $p \equiv 2 \;\; (3)$, so wäre $2p - 1 \equiv 0 \;\; (3)$ nicht prim, also muß $p \equiv 1 \;\; (3)$ sein. Es ist

$$\begin{aligned} m - 1 &= 6p^3 - 7p^2 + 2p - 1 \\ &= 2(p-1) \cdot (3p^2 + \frac{1-p}{2}) \\ &= 3(p-1) \cdot (2p^2 + \frac{1-p}{3}) \end{aligned}$$

und die Behauptung folgt aus Satz 4.11. □

Leider weiß man nicht, ob es unendlich viele p gibt, die der Voraussetzung dieses Lemmas genügen.

Beispiel $p = 7, 2p-1 = 13, 3p-2 = 19$ sind prim, folglich ist $m = 1729$ eine Carmichael Zahl.

Definition 4.13 *Sei $n \in \mathbb{N}$ und p eine Primzahl. Man sagt, daß p die Zahl n mit der genauen Ordnung α teilt, falls $p^\alpha | n$, aber $p^{\alpha+1} \nmid n$. Schreibweise: $p^\alpha || n$.*

Gibt es Carmichael Zahlen, die nur zwei Primfaktoren haben?

Satz 4.14 *Sei m eine Carmichael Zahl. Dann ist m quadratfrei (d. h. $m = p_1 \cdot \ldots \cdot p_r$ mit verschiedenen Primzahlen p_j) und $r \geq 3$.*

Beweis Sei $p|m$ ein Primteiler und $p^\alpha || m$. Wir müssen zeigen, daß $\alpha = 1$. Wir wählen eine primitive Wurzel $b \bmod p^\alpha$. Die Zahlen p^α und m/p^α sind aufgrund der Wahl von α teilerfremd. Also gibt es nach dem Chinesischen Restsatz 2.24 ein g mit

$$g \equiv b \ (p^\alpha) \quad \text{und} \quad g \equiv 1 \ (\frac{m}{p^\alpha}).$$

g ist offenbar teilerfremd zu m. Da m eine Carmichael Zahl ist, ist m eine Pseudoprimzahl zur Basis g, also

$$g^{m-1} \equiv 1 \ (m), \quad \text{insbesondere} \quad g^{m-1} \equiv 1 \ (p^\alpha).$$

Andererseits ist g eine primitive Wurzel $\bmod p^\alpha$, d.h. $\text{ord}_{p^\alpha} g = \phi(p^\alpha)$ $= p^{\alpha-1}(p-1)$. Also liefert der Satz 2.13

$$p^{\alpha-1}(p-1)|m-1.$$

Wäre nun $\alpha \geq 2$, so folgte sowohl $p|m-1$, als auch, nach Voraussetzung, $p|m$, was nicht sein kann.

Wir wissen nun, daß m quadratfrei ist. Bleibt zu zeigen, daß $pq, q < p$ keine Carmichael Zahl sein kann.

Wir nehmen an, pq wäre eine Carmichael Zahl. Dann ist wegen Satz 4.8 einerseits

$$pq - 1 \equiv 0 \ (p-1),$$

andererseits ist wegen $p \equiv 1 \ (p-1)$

$$pq - 1 \equiv q - 1 \ (p-1),$$

also $(p-1)|(q-1)$, was aber wegen $q - 1 < p - 1$ unmöglich ist. □

4.3 Der strenge Pseudoprimzahltest

Der Pseudoprimzahltest (4.5) ist wegen der Existenz der Carmichael Zahlen etwas unbefriedigend. Zu einem sehr viel effizienteren Test gelangt man, wenn man sich den kleinen Fermat etwas genauer anschaut: wir betrachten eine Primzahl $p \geq 3$ und ein zu p teilerfremdes b. Dann ist nach dem kleinen Fermat

$$b^{p-1} \equiv 1 \ (p).$$

Nun ist aber p ungerade und wir finden

$$p|(b^{p-1} - 1) = (b^{\frac{p-1}{2}} - 1)(b^{\frac{p-1}{2}} + 1),$$

also

$$b^{\frac{p-1}{2}} \equiv \pm 1 \ (p).$$

Dieses Spiel können wir weiter treiben, solange wir nochmals durch 2 dividieren können. Wir schreiben also

$$p = 2^s r + 1$$

mit ungeradem r. Sei $0 \leq t \leq s$ die kleinste Zahl, so daß

$$b^{2^t r} \equiv 1 \ (p).$$

Falls $t \geq 1$, so finden wir wie oben

$$p|(b^{2^t r} - 1) = (b^{2^{t-1} r} - 1)(b^{2^{t-1} r} + 1),$$

also, da t minimal gewählt war,

$$b^{2^{t-1} r} \equiv -1 \ (p).$$

Damit haben wir die folgende Verallgemeinerung des kleinen Fermat bewiesen.

Satz 4.15 *Sei $n \geq 3$ prim und schreibe*

$$n = 2^s r + 1, \quad (r, 2) = 1.$$

Weiterhin sei $(b, n) = 1$. Dann gilt

$$b^r \equiv 1 \ (n) \textit{ oder es gibt ein } t \in \{0, \ldots, s\} \textit{ mit } b^{2^t r} \equiv -1 \ (n). \tag{4.7}$$

Analog zu Definition 4.9 definieren wir

Definition 4.16 *Sei $n \geq 3$ ungerade, zusammengesetzt und $(b, n) = 1$. Dann heißt n eine strenge Pseudoprimzahl zur Basis b, wenn (4.7) gilt.*

Schauen wir uns an, wie es bei der kleinsten Carmichael Zahl, 561, steht: es ist

$$561 = 16 \cdot 35 + 1 = 2^4 \cdot 35 + 1$$

und

t	0	1	2	3	4
$2^{2^t \cdot 35} \bmod 561$	263	166	67	1	1

Also ist 561 keine strenge Pseudoprimzahl zur Basis 2. Die kleinste strenge Pseudoprimzahl zur Basis 2 ist $2047 = 23 \cdot 89 = 2 \cdot 1023 + 1$. Es gilt $2^{1023} \equiv 1 \ (2047)$.

Der strenge Pseudoprimzahltest hat gegenüber dem Pseudoprimzahltest den entscheidenden Vorteil, daß es keine Analoga zu den Carmichael Zahlen gibt:

Satz 4.17 *Sei $n \geq 3$ ungerade. Ist n eine strenge Pseudoprimzahl zur Basis b für jedes $b \in R_n$, so ist n eine Primzahl. Genauer gilt folgendes: sei $n \geq 3$ ungerade und zusammengesetzt. Sei p ein Primteiler von n mit $p^\alpha || n$. Dann gibt es eine Primitivwurzel $g \bmod p^\alpha$ mit $g \equiv 1 \ (n/p^\alpha)$. n ist dann keine strenge Pseudoprimzahl zur Basis g!*

Beweis Sei also $n \geq 3$ ungerade und zusammengesetzt. Daß man g wie behauptet wählen kann, sieht man wie im Beweis des Satzes 4.14. Wäre $\alpha \geq 2$, so zeigt wieder der Beweis dieses Satzes, daß n bereits durch den Pseudoprimzahltest durchfällt, d.h. bereits $g^{n-1} \not\equiv 1 \ (n)$ gelten muß. Wir haben also $p || n$ und wir schreiben $n = 2^s r + 1$ mit ungeradem r. Wäre nun $g^r \equiv 1 \ (n)$, also insbesondere $g^r \equiv 1 \ (p)$, so folgte wegen $\operatorname{ord}_p g = \phi(p) = p - 1$

$$p - 1 | r.$$

Das kann aber nicht sein, da r ungerade und $p-1$ gerade ist.

Nun nehmen wir an, es gelte

$$g^{2^t r} \equiv -1 \ (n)$$

für ein $0 \leq t < s$. Dann ist insbesondere

$$-1 \equiv g^{2^t r} \equiv 1 \ (\frac{n}{p}),$$

da $g \equiv 1 \ (\frac{n}{p})$. Also haben wir $\frac{n}{p}|2$, und da n, p ungerade sind, muß $n = p$ sein; im Widerspruch zur Annahme, daß n zusammengesetzt war. □

Mit gewissem Aufwand läßt sich die Aussage dieses Satzes noch etwas quantifizieren. Auf den Beweis des folgenden Resultates müssen wir jedoch verzichten:

Satz 4.18 (Rabin, 1980) *Sei n ungerade und zusammengesetzt. Dann ist n für höchstens $\frac{1}{4}$ der zu n teilerfremden $b \in \{2, \ldots, n\}$ eine strenge Pseudoprimzahl zur Basis b.*

Beweis siehe [K, Prop. V.1.6]. □

Dies liefert uns den folgenden *Monte–Carlo Test* von Miller und Rabin

Algorithmus 4.19 (Test von Miller und Rabin) *Sei $n \geq 3$ ungerade. Falls n für s zufällig gewählte, zu n teilerfremde, $a_1, \ldots, a_s \in \{1, \ldots, n-1\}$ den strengen Pseudoprimzahltest* (4.7) *besteht, so ist n mit einer Fehlerwahrscheinlichkeit $\leq 1/4^s$ eine Primzahl.*

Nun, auch das ist vielleicht nicht so befriedigend. Man wird vielleicht zu Recht sagen, daß es eine wahrscheinliche Primzahl nicht gibt. Entweder eine Zahl ist prim oder nicht. In Wirklichkeit ist dieser Test noch viel besser als diese Wahrscheinlichkeitsaussage vermuten läßt.

Pomerance, Selfridge und Wagstaff haben in ihrer Arbeit [PSW] die (strengen) Pseudoprimzahlen und die Carmichael Zahlen bis 25×10^9 numerisch berechnet. Dabei ergab sich folgendes Bild: bezeichne mit $P_a(n)$ die Anzahl der Pseudoprimzahlen $\leq n$ zur Basis a, mit $S_a(x)$ die Anzahl der strengen Pseudoprimzahlen $\leq n$ zur Basis a und mit $C(n)$ die Anzahl der Carmichael Zahlen $\leq n$. Dann ist

n	$P_2(n)$	$S_2(n)$	C(n)
10^3	3	0	1
10^6	245	46	43
10^9	5597	1282	646
10^{10}	14884	3291	1547
25×10^9	21853	4842	2163

Demgegenüber ist die Anzahl der Primzahlen $\leq 10^{10}$ gleich

$$455.052.512.$$

Weiterhin berechneten Pomerance, Selfridge und Wagstaff diejenigen Zahlen unterhalb 25×10^9, die gleichzeitig (strenge) Pseudoprimzahlen zu zwei oder mehrerer der Basen $2, 3, 5, 7, 11, 13$ sind. Sie stellten fest, daß es 184 strenge Pseudoprimzahlen zur Basis 2 gibt, die gleichzeitig strenge Pseudoprimzahl zur Basis 3 sind. Dagegen gibt es nur 13 gleichzeitige strenge Pseudoprimzahlen zu den Basen $2, 3, 5$. Für die Basen $2, 3, 5, 7$ gibt es nur eine einzige gleichzeitige strenge Pseudoprimzahl, nämlich

$$3.215.031.751 = 151 \times 751 \times 28351.$$

Das gibt uns einen schnellen Primzahltest, der auf jedem PC in Sekundenschnelle durchführbar ist:

Algorithmus 4.20 *Sei* $3 \leq n \leq 25 \times 10^9$ *eine strenge Pseudoprimzahl zu den Basen* $2, 3, 5, 7$ *und* $n \neq 3.215.031.751$. *Dann ist* n *prim.* 3.215.031.751 *ist keine strenge Pseudoprimzahl zur Basis* 11.

Der Beweis dieses Algorithmus erfolgte mit brutaler Gewalt: man hat die Zahlen einfach alle durchprobiert. Diese Möglichkeit hört auch bei den schnellsten Computern nicht weit oberhalb von 25×10^9 unabwendbar auf. Um den strengen Pseudoprimzahltest zu einem deterministischen Primzahltest auszubauen, brauchen wir eine Funktion f, die uns folgendes sagt:

> $n \geq 3$ ist genau dann eine Primzahl, wenn sie eine strenge Pseudoprimzahl zu allen Basen a mit $1 < a \leq f(n)$ ist.

Eine solche Funktion ist sicherlich $f(n) = n$ oder, nach dem Resultat von Rabin Satz 4.18 $f(n) = n/4+1$. Ein solches f, das linear mit n wächst, ist natürlich noch viel schlechter als das Probedividieren und wir können uns den ganzen Aufwand sparen.

Aus Arbeiten von Burgess folgt, daß man

$$f(n) = c\, n^{0.134}$$

setzen kann, wobei die Konstante c nicht effektiv berechenbar ist. Vom theoretischen Standpunkt ist dieses Resultat bereits sehr befriedigend, da es sehr viel besser als das Probedividieren ist. Für praktische Berechnungen ist es jedoch wertlos, da man die Konstante c nicht kennt.

Unter der Annahme der *großen Riemannschen Vermutung* kann man ein sehr viel besseres $f(n)$ angeben, nämlich $f(n) = 2(\log n)^2$. Ich kann hier die große Riemannsche Vermutung nicht erklären. Es sei nur gesagt, daß sie eine Aussage über die Lage der Nullstellen gewisser analytischer Funktionen, der sog. L–Reihen macht. Leider ist diese Vermutung bis zum heutigen Tage unbewiesen, obwohl mit gewisser Regelmäßigkeit jeweils zum Sommerloch Gerüchte über einen Beweis auftauchen. Man kann also dem strengen Pseudoprimzahltest schon ganz gut trauen. Entweder, man produziert mit ihm stets Primzahlen (sofern man alle Basen unterhalb $2(\log n)^2$ durchprobiert), oder man findet einen Beweis, der die große Riemannsche Vermutung widerlegt! Das sollte doch genug Motivation für eigene Rechnungen sein, oder? Es sei noch vermerkt, daß

$$2(\log 25 \times 10^9)^2 \approx 1146.45 >> 11$$

immer noch sehr viel größer als die im Algorithmus 4.20 angegebene 11 ist.

Einen Primzahltest, dessen Laufzeit man durch

$$c_1(\log n)^{c_2}$$

abschätzen kann, nennt man einen Primzahltest mit *polynomialer Laufzeit*. Unter der Annahme der großen Riemannschen Vermutung hätte man also einen solchen Primzahltest. Bisher kennt man keinen Primzahltest, von dem bewiesen ist, daß er eine polynomiale Laufzeit hat. Man ist mittlerweile jedoch sehr nahe daran, einen solchen zu haben. Adleman und Rumely [AR] publizierten 1981 einen Primzahltest mit einer Laufzeit von

$$c_1(\log n)^{c_2 \log\log\log n}$$

wobei die c_1, c_2 berechenbare Konstanten sind. Numerisch gesehen ist $\log\log\log n$ so gut wie eine konstante Funktion. Z.B. ist

$$\log\log\log 10^{100} \approx 1.694,$$

$$\log\log\log 10^{1000} \approx 2.05.$$

Der Algorithmus von Adleman und Rumely ist mittlerweile erfolgreich implementiert, und mit ihm läßt sich von einer 100–stelligen Zahl in Sekundenschnelle entscheiden, ob sie prim ist oder nicht. Im Rahmen dieses Buches ist es uns leider nicht möglich, auf die Details einzugehen. Es gibt jedoch eine Reihe sehr guter Übersichtsartikel [D, Len], auf die wir den interessierten Leser verweisen.

4.4 Ein „sicherer Primzahltest“, der auf Faktorisierung beruht

Es sind in diesem Kapitel noch mindestens zwei wichtige Fragen offengeblieben:

- Wie findet man eine primitive Wurzel modulo einer Primzahl p.
- Gegeben eine „wahrscheinliche Primzahl“ p. Wie beweise ich, daß p tatsächlich prim ist?

Unter der Annahme, daß wir die Zahl $p-1$ faktorisieren können, wollen wir auf diese Fragen zumindest eine Teilantwort geben. Es sei angemerkt, daß es durchaus vorkommen kann, daß, auch bei großem p, die Zahl $p-1$ sehr leicht zu faktorisieren ist.

Sei also $p \geq 3$ ungerade und

$$p-1 = p_1^{e_1} \cdot p_2^{e_2} \cdot \ldots \cdot p_r^{e_r}, \quad p_1 = 2 \tag{4.8}$$

die Zerlegung in Primfaktoren der Zahl $p-1$. Dann gilt

Satz 4.21 *Seien $p \geq 3$ prim, $b \in \mathbb{N}, (b,p) = 1$ mit*

$$b^{(p-1)/p_i} \not\equiv 1 \ (p), \quad i = 1, \ldots, r.$$

Dann ist b eine primitive Wurzel $\bmod p$.

Beweis Wir nehmen an, b wäre keine primitive Wurzel $\bmod p$ und setzen $k := \operatorname{ord}_p b$. Dann ist k ein echter Teiler von $p-1$. Also gibt es einen Primteiler, etwa p_i, von $p-1$, so daß auch noch $k | \frac{p-1}{p_i}$. Dann ist aber

$$b^{(p-1)/p_i} \equiv 1 \ (p),$$

Widerspruch. □

Dieser Satz liefert uns einen *probabilistischen* Algorithmus zum Auffinden einer primitiven Wurzel $\bmod p$: man wähle zufällig Zahlen $1 < b < p$ und berechne

$$b^{(p-1)/p_i} \bmod p =: x_i, \quad i = 1, \ldots, r.$$

Sind alle $x_i \neq 1$, so ist b eine primitive Wurzel. Wir wollen hier keine Laufzeitanalyse dieses Verfahrens durchführen. Aber, es funktioniert erstaunlich gut.

Diese Überlegungen können auch zur Konstruktion eines Primzahltests verwendet werden, der, falls er zu einem Ende kommt, *beweist*, daß die vorgelegte Zahl prim ist.

Satz 4.22 *Sei $n \geq 3$ ungerade, $n-1 = p_1^{e_1} \cdot p_2^{e_2} \cdot \ldots \cdot p_r^{e_r}$. Es gebe $b_i, i = 1, \ldots, r$ mit $(b_i, n) = 1$ und*

$$b_i^{n-1} \equiv 1 \ (n), \tag{4.9}$$
$$b_i^{(n-1)/p_i} \not\equiv 1 \ (n). \tag{4.10}$$

Dann ist n eine Primzahl.

Beweis Es sei $k_i := \operatorname{ord}_n b_i$ die Ordnung von b_i in der Gruppe R_n der teilerfremden Restklassen $\bmod n$. Dann gilt einerseits $k_i | \phi(n)$, andererseits liefern (4.9) und (4.10)

$$k_i | n-1 \quad \text{und} \quad k_i \nmid \frac{n-1}{p_i}.$$

Folglich haben wir $p_i^{e_i} | k_i | \phi(n)$ und somit $n-1 | \phi(n)$. Dann muß aber $\phi(n) = n-1$ sein und n ist eine Primzahl. □

Nehmen wir an, wir hätten ein n gegeben, von dem wir aufgrund anderer Tests glauben, daß es eine Primzahl ist. Sodann wählen wir zufällig b_i und überprüfen die Bedingungen (4.9) und (4.10). Finden wir solche b_i, so ist *bewiesen*, daß n eine Primzahl ist. Dieser Test ist deterministisch in dem Sinne, daß er, sofern er zu einem Ende kommt, ein definitives Ergebnis liefert. Er ist jedoch probabilistisch in dem Sinne, daß er nur mit einer gewissen (hohen) Wahrscheinlichkeit abbricht. Ist n entgegen unserer Vermutung keine Primzahl, so bricht er niemals ab. Ist n eine Primzahl, so muß man schon extremes Pech haben, um hier auf eine lange Laufzeit zu kommen. Der wesentliche Nachteil dieses Verfahrens ist, daß es von der Faktorisierung von $n-1$ abhängt.

Findet man nur eine teilweise Faktorisierung von $n-1$, so kann man immer noch eine Aussage machen.

Satz 4.23 *Sei $n \geq 3$ ungerade und $n-1 = l \cdot m$. Für jeden Primfaktor $p|l$ gebe es ein a_p mit*

$$(a_p^{(n-1)/p} - 1, n) = 1 \quad \textit{und} \quad a_p^{n-1} \equiv 1 \ (n).$$

Dann gilt für jeden Primfaktor $q|n$ die Kongruenz $q \equiv 1 \ (l)$. Insbesondere ist n prim, falls $l > \sqrt{n}$.

Beweis Seien $p|l$ und $q|n$ Primfaktoren, $k := \mathrm{ord}_q a_p$. Dann finden wir

$$a_p^{n-1} \equiv 1 \ (q) \quad \text{und} \quad a_p^{(n-1)/p} \not\equiv 1 \ (q).$$

Also ist $k|n-1$ und falls $p^\alpha|n-1$, so auch $p^\alpha|k$. Andererseits ist, nach Definition von k, $k|\phi(q) = q-1$. Folglich haben wir $l|q-1$ bzw. $q \equiv 1 \ (l)$. Ist zusätzlich $l > \sqrt{n}$, so muß n prim sein, denn anderenfalls hätte n mindestens einen Primteiler $< \sqrt{n}$. □

4.5 *Primitivwurzeln, Teil II

Dieser Abschnitt enthält die noch ausstehenden Beweise des Satzes 4.4 und 4.5 sowie die genaue Charakterisierung derjenigen $m \in \mathbb{N}$, für die die Gruppe R_m zyklisch ist.

Lemma 4.24 *Seien G eine abelsche Gruppe und $a, b \in G$ mit teilerfremden Ordnungen,* $(\operatorname{ord} a, \operatorname{ord} b) = 1$. *Dann ist*

$$\operatorname{ord}(ab) = (\operatorname{ord} a)(\operatorname{ord} b).$$

Beweis Wir setzen $\operatorname{ord} a =: k, \operatorname{ord} b =: l$. Sicherlich ist $(ab)^{kl} = (a^k)^l \cdot (b^l)^k = e$. Ist umgekehrt $(ab)^r = e$, so folgt

$$e = ((ab)^r)^l = a^{rl}(b^l)^r = a^{rl},$$

also mit Satz 2.13 $k|rl$ und wegen $(k, l) = 1$ sogar $k|r$. Analog folgt $l|r$ und wiederum wegen $(k, l) = 1$ ergibt sich $kl|r$. □

Beweis von Satz 4.4 Wir müssen zeigen, daß es in R_p ein Element der Ordnung $\phi(p) = p - 1$ gibt. Sei h die maximale Ordnung, die bei den Elementen von R_p vorkommt, i. e.

$$h = \max\{\operatorname{ord}_p a \mid a \in R_p\}.$$

Wir wählen ein $b \in R_p$ mit $\operatorname{ord}_p b = h$. Wir werden zeigen, daß dann für *jedes* Element $x \in R_p$

$$x^h \equiv 1 \ (p) \tag{4.11}$$

gilt. Angenommen es gäbe ein $x \in R_p$ mit $x^h \not\equiv 1\,(p)$, $k := \operatorname{ord}_p x$. Dann gibt es eine Primzahl q mit $q^\alpha || k, q^\beta || h$, $\alpha > \beta \geq 0$. Wir setzen $r = k/p^\alpha$. Dann gilt nach Satz 2.15

$$\operatorname{ord}_p x^r = \frac{k}{k/q^\alpha} = q^\alpha.$$

Weiterhin ist

$$\operatorname{ord}_p b^{q^\beta} = \frac{h}{q^\beta}.$$

Da nun $(q^\alpha, h/q^\beta) = 1$ liefert das vorangegangene Lemma

$$\operatorname{ord}_p(x^r b^{q^\beta}) = q^{\alpha-\beta} h > h,$$

im Widerspruch zur Definition von h.

Damit sind alle Elemente von R_p Nullstellen $\operatorname{mod} p$ des Polynoms $x^h - 1$. Da dieses nach Lemma 4.1 höchstens h Nullstellen hat, muß $h = p - 1$ gelten. Somit gibt es ein Element $g \in R_p$ mit $\operatorname{ord}_p g = p - 1$, d.h. g ist eine primitive Wurzel $\operatorname{mod} p$. □

Zum Beweis des Satzes 4.5 brauchen wir den binomischen Lehrsatz, den wir hier kurz wiederholen.

Sind $m, n \in \mathbb{N}_0$, so ist der *Binomialkoeffizient* $\binom{m}{n}$ (sprich: „m über n") definiert durch

$$\binom{m}{n} := \begin{cases} \frac{m!}{n!(m-n)!}, & n \le m, \\ 0, & n > m. \end{cases} = \frac{m(m-1)\cdot\ldots\cdot(m-n+1)}{n!}. \tag{4.12}$$

Für beliebige reelle Zahlen $a, b \in \mathbb{R}$ gilt dann der *binomische Lehrsatz*

$$\begin{aligned}(a+b)^m &= \sum_{k=0}^{m} \binom{m}{k} a^k b^{m-k} \\ &= \binom{m}{0} a^m + \binom{m}{1} a^{m-1} b + \ldots \binom{m}{m-1} a b^{m-1} + \binom{m}{m} b^m. \end{aligned} \tag{4.13}$$

Wir fassen einige Eigenschaften des Binomialkoeffizienten zusammen:

Lemma 4.25 1. $\binom{m}{n} = \binom{m}{m-n}$, *für* $0 \le n \le m$.

2. $\binom{m-1}{n-1} + \binom{m-1}{n} = \binom{m}{n}$, $\quad n \ge 1, m \ge 1$.

3. $\binom{m}{n} \in \mathbb{N}_0$.

4. *Ist p prim und $1 \le k \le p-1$, so gilt*

$$p \left| \binom{p}{k} \right. .$$

Beweis 1. ist offensichtlich.

2. können wir direkt nachrechnen:

$$\begin{aligned}&\binom{m-1}{n-1} + \binom{m-1}{n} \\ &= \frac{(m-1)(m-2)\cdot\ldots\cdot(m-n+1)}{(n-1)!} + \frac{(m-1)(m-2)\cdot\ldots\cdot(m-n)}{n!} \\ &= \frac{(m-1)(m-2)\cdot\ldots\cdot(m-n+1)}{(n-1)!}\left(1 + \frac{m-n}{n}\right) \\ &= \frac{(m-1)(m-2)\cdot\ldots\cdot(m-n+1)}{(n-1)!}\,\frac{m}{n} \\ &= \binom{m}{n}.\end{aligned}$$

3. beweisen wir durch Induktion nach m. Die Behauptung ist klar für $n > m$. Für $m = 0$ ist $\binom{0}{0} = 1 \in \mathbb{N}$. Induktiv nehmen wir nun an,

die Behauptung gelte für alle $m' < m$. Ist $n \geq 1$, so liefert 2. und die Induktionsvoraussetzung

$$\binom{m}{n} = \binom{m-1}{n-1} + \binom{m-1}{n} \in \mathbb{N}_0,$$

während $\binom{m}{0} = 1 \in \mathbb{N}$, q.e.d.

4. Sicherlich gilt

$$p \Big| p! = k!(p-k)! \binom{p}{k}.$$

Da $1 \leq k \leq p-1$, enthalten $k!$ und $(p-k)!$ nur Primfaktoren $< p$. Also muß $p \Big| \binom{p}{k}$ gelten. □

Beweis von Satz 4.5 Sei g eine primitive Wurzel $\bmod p$. Falls $g^{p-1} \equiv 1\ (p^2)$, so betrachten wir $g_1 := g + p$. Da $g_1 \equiv g\ (p)$, ist auch g_1 eine primitive Wurzel $\bmod p$. Weiterhin liefert der binomische Lehrsatz (4.13) und das vorangegangene Lemma

$$\begin{aligned} g_1^{p-1} &= g^{p-1} + \binom{p-1}{1} g^{p-2} p + \binom{p-1}{2} g^{p-3} p^2 + \ldots + p^{p-1} \\ &\equiv g^{p-1} + g^{p-2} p(p-1)\ (p^2) \\ &\equiv 1 - pg^{p-2}\ (p^2). \end{aligned}$$

Wäre dies $\equiv 1\ (p^2)$, so müßte gelten $p^2 | pg^{p-2}$, also $p | g^{p-2}$. Das ist aber unmöglich, da g zu p teilerfremd ist.

Nun schreiben wir wieder g statt g_1 und nehmen $g^{p-1} \not\equiv 1\ (p^2)$ an. Wir zeigen nun induktiv, daß g eine primitive Wurzel $\bmod p^l$ ist. Für $l = 1$ war dies schon vorausgesetzt. Induktiv sei $l \geq 2$ und wir nehmen an, die Behauptung sei schon für alle $l' < l$ bewiesen. Sei nun $k := \operatorname{ord}_{p^l} g$. Nach Satz 2.13 ist k ein Teiler der Ordnung von R_{p^l}, also

$$k | \phi(p^l) = p^{l-1}(p-1). \tag{4.14}$$

Andererseits ist nach Induktionsvoraussetzung g eine primitive Wurzel $\bmod p^{l-1}$, also $\operatorname{ord}_{p^{l-1}} g = \phi(p^{l-1}) = p^{l-2}(p-1)$. Da aber $g^k \equiv 1\ (p^l)$ auch $g^k \equiv 1\ (p^{l-1})$ impliziert, erhalten wir, wiederum aus Satz 2.13,

$$p^{l-2}(p-1) | k. \tag{4.15}$$

(4.14) und (4.15) lassen nur noch die Möglichkeiten $k = p^{l-2}(p-1)$ oder $k = p^{l-1}(p-1)$ offen. Wenn wir also

$$g^{p^{l-2}(p-1)} \not\equiv 1 \ (p^l)$$

zeigen können, so sind wir fertig.

Wir hatten g bereits so konstruiert, daß $g^{p-1} \not\equiv 1 \, (p^2)$, so daß der Fall $l = 2$ erledigt ist. Ist $l \geq 3$, so liefert die Induktionsvoraussetzung

$$g^{p^{l-3}(p-1)} \not\equiv 1 \ (p^{l-1}),$$

also

$$g^{p^{l-3}(p-1)} = 1 + ap^{l-2} \quad \text{mit} \quad p \nmid a.$$

Nun folgt mit dem binomischen Lehrsatz (4.13)

$$\begin{aligned} g^{p^{l-2}(p-1)} &= \left(g^{p^{l-3}(p-1)}\right)^p = (1 + ap^{l-2})^p \\ &= 1 + \binom{p}{1} ap^{l-2} + \binom{p}{2} a^2 p^{2(l-2)} + \ldots \\ &\equiv 1 + ap^{l-1} \, (p^l), \end{aligned}$$

da $l \geq 3$ und nach dem vorangegangenen Lemma $p | \binom{p}{k}, 1 \leq k \leq p-1$. Beim Schritt von der vorletzten Zeile zur letzten Zeile geht auch entscheidend $p \geq 3$ ein! Damit ist der Satz bewiesen. □

Nun können wir genau die $n \in \mathbb{N}$ angeben, für die R_n zyklisch ist.

Satz 4.26 *R_n ist zyklisch für $n = 2, 4, p^l, 2p^l, p \geq 3$ prim. Für alle anderen n ist R_n nicht zyklisch.*

Beweis 1. 3 ist gleichzeitig eine primitive Wurzel mod 2 und mod 4.

Wir zeigen, daß für $n \geq 3$ und jede ungerade Zahl gilt

$$a^{2^{n-2}} \equiv 1 \, (2^n). \tag{4.16}$$

Dann ist $\operatorname{ord}_{2^n} a \leq 2^{n-2} < 2^{n-1} = \phi(2^n)$, also kann für $n \geq 3$ die Gruppe R_{2^n} nicht zyklisch sein. Sei $a = 2k + 1$. Dann ist

$$\begin{aligned} a^2 &= 4k^2 + 4k + 1 = 4k(k+1) + 1 \\ &= 8\frac{k(k+1)}{2} + 1 \equiv 1 \ (8). \end{aligned}$$

Induktiv sei

$$a^{2^{n-2}} = 1 + 2^n b$$

schon bewiesen. Dann folgt

$$\begin{aligned} a^{2^{n-1}} &= (1+2^n b)^2 = 1 + 2^{n+1} b + 2^{2n} b^2 \\ &= 1 + 2^{n+1}(b + 2^{n-1} b^2) \equiv 1 \ (2^{n+1}). \end{aligned}$$

2. Wir zeigen, daß $R_{2p^l}, p \geq 3$ prim, zyklisch ist. Sei g eine primitive Wurzel $\bmod p^l$ und $k := \operatorname{ord}_{2p^l} g$. Wir dürfen $(g, 2) = 1$ annehmen, anderenfalls betrachte man $g + p^l$. Dann gilt einerseits

$$k | \phi(2p^l) = \phi(2)\phi(p^l) = \phi(p^l).$$

Andererseits folgt aus $g^k \equiv 1 \ (2p^l)$ auch $g^k \equiv 1 \ (p^l)$, also

$$\phi(p^l) = (\operatorname{ord}_{p^l} g) | k.$$

Somit ist $k = \phi(2p^l)$ und g auch eine primitive Wurzel $\bmod 2p^l$.

3. Sei $n = 2^l m, l \geq 2, m > 1, m \equiv 1 \ (2)$. Dann ist R_n nicht zyklisch. Denn ist $a \in R_n$, so ist sowohl

$$a^{\phi(2^l)\phi(m)/2} = \left(a^{\phi(2^l)}\right)^{\phi(m)/2} \equiv 1 \ (2^l)$$

als auch

$$a^{\phi(2^l)\phi(m)/2} = \left(a^{\phi(m)}\right)^{\phi(2^l)/2} \equiv 1 \ (m);$$

und da $(m, 2^l) = 1$ ergibt sich

$$a^{\phi(2^l)\phi(m)/2} \equiv 1 \ (2^l m).$$

Damit ist $\operatorname{ord}_{2^l m} a \leq \phi(2^l)\phi(m)/2 = \phi(2^l m)/2$. Dabei haben wir benutzt, daß für $m \geq 3$ $\phi(m)$ stets gerade ist (Aufgabe 2.6).

Als letzte Möglichkeit bleibt noch $n = p^l m, l \geq 1, p \geq 3$ prim, $(p, m) = 1, m > 1$. Dann finden wir für $a \in R_n$ analog

$$a^{\phi(p^l)\phi(m)/2} \equiv 1 \ (p^l)$$

und

$$a^{\phi(p^l)\phi(m)/2} \equiv 1 \ (m),$$

also wiederum $\operatorname{ord}_n a \leq \phi(p^l)\phi(m)/2 = \phi(n)/2$ und R_n ist nicht zyklisch. □

Der Beweis zeigt noch, daß es bei gegebener primitiver Wurzel $\bmod p$ sehr einfach ist, eine primitive Wurzel $\bmod 2p^l$ zu finden. Das Auffinden einer primitiven Wurzel $\bmod p$ ist, wie gesagt, schwierig.

Die Primzahl 2 spielt im Satz 4.26 eine Sonderrolle. Man kann jedoch die Struktur der Gruppen $R_{2^l}, l \geq 3$ angeben, wobei wir auf den Beweis verzichten.

Satz 4.27 *Sei $l \geq 3$. Dann ist die Abbildung*

$$\begin{aligned} f: \ \mathbb{Z}_2 \times \mathbb{Z}_{2^{l-2}} &\longrightarrow R_{2^l}, \\ (\alpha, \beta) &\mapsto (-1)^\alpha 5^\beta \bmod 2^l \end{aligned}$$

ein Isomorphismus von Gruppen. M.a.W. zu jeder teilerfremden Restklasse $x \bmod 2^l$ gibt es genau ein Paar $(\alpha, \beta) \in \mathbb{Z}_2 \times \mathbb{Z}_{2^{l-2}}$, so daß $x \equiv (-1)^\alpha 5^\beta \ (2^l)$.

4.6 Aufgaben

4.1 Es gilt die folgende Verallgemeinerung von Satz 4.6: Sei $p \geq 3$ prim und $a \in R_p$. Genau dann gibt es ein $x \in R_p$ mit $x^n \equiv a \ (p)$, wenn gilt

$$a^{\frac{p-1}{(n,p-1)}} \equiv 1 \ (p).$$

4.2 Man beweise die folgende Verallgemeinerung des Lemmas 4.12. Es gelte $m = pqr$ mit verschiedenen Primzahlen p, q, r. Es gelte

$$\begin{aligned} q &= kp - (k-1) \\ r &= lp - (l-1) \end{aligned}$$

mit gewissen $k, l \in \mathbb{N}$, d.h. $q, r \equiv 1 \ (p-1)$. Man setze $\gamma := l + k - kl$. Ist nun

$$\gamma p \equiv -1 \ (k) \quad \text{und} \quad \gamma p \equiv -1 \ (l),$$

so ist m eine Carmichael Zahl.

Diese zunächst etwas unübersichtliche Aussage enthält das Lemma 4.12; denn ist $q = 2p - 1, r = 3p - 2$, so haben wir $k = 2, l = 3$, und $\gamma = -1$, folglich

$$\gamma p = -p \equiv -1 \ (2)$$

und im Beweis des Lemmas hatten wir gesehen, daß $p \equiv 1\ (3)$ sein muß, also auch

$$\gamma p = -p \equiv -1\ (3).$$

Obige Aussage zeigt aber auch, daß $561 = 3 \cdot 11 \cdot 17 = 3 \cdot (5 \cdot 3 - 4) \cdot (8 \cdot 3 - 7)$ eine Carmichael Zahl ist: wir haben nämlich $k = 5, l = 8, \gamma = -27$ und

$$\gamma p = -81$$

und dies ist $\equiv -1\ (5)$ und $\equiv -1\ (8)$.

4.3 Man implementiere den strengen Pseudoprimzahltest und den Test von Miller und Rabin.

4.4 Man schreibe einen C++–Modul zum Auffinden einer primitiven Wurzel. Hierzu verwende man den nach Satz 4.21 formulierten probabilistischen Algorithmus.

4.5 Man beweise den Satz 4.27.
Anleitung: Man zeige, daß $\text{ord}_{2^l} 5 = 2^{l-2}$. Dazu beweise man induktiv die Darstellung $5^{2^{l-3}} = a2^{l-1} + 1, (a, 2) = 1$. Nun folgt sehr leicht, daß die Abbildung f wohldefiniert ist. Da die Mengen $\mathbb{Z}_2 \times \mathbb{Z}_{2^{l-2}}$ und R_{2^l} die gleiche Anzahl von Elementen haben, genügt es, die Injektivität von f zu zeigen. Dies gelingt, indem man die Kongruenz

$$(-1)^\alpha 5^\beta \equiv (-1)^{\alpha'} 5^{\beta'}\ (2^l)$$

zunächst $\bmod 4$ reduziert.

Literaturhinweise

Eine sehr schöne und leichtverständliche Darstellung von Primzahltests und Faktorisierung findet man in [Br]. Dieses Buch berücksichtigt auch stark die algorithmischen Aspekte. Etwas anspruchsvoller und in der Darstellung theoretischer ist [K]. Sehr gut zu lesen ist auch der Übersichtsartikel [D].

Kapitel V

Faktorisierung

In diesem Kapitel drehen wir den Spieß um. Angenommen, wir haben eine Zahl n, von der wir bereits wissen, daß sie zusammengesetzt ist. Diese Information könnte uns z.B. der strenge Pseudoprimzahltest geliefert haben. Dann stellt sich das Problem, einen Faktor aufzufinden. Hier treten grundsätzlich andere Phänomene auf als beim Primzahltest. Während der Test von Miller und Rabin uns lediglich eine Wahrscheinlichkeitsaussage darüber liefert, ob die vorgelegte Zahl prim ist oder nicht, besteht bei den meisten schnellen Faktorisierungsalgorithmen das Problem, daß sie nur mit einer gewissen Wahrscheinlichkeit auch zum Ende kommen. Liefert uns ein Verfahren einen Faktor, so ist in Bruchteilen von Sekunden überprüfbar, ob die gelieferte Zahl n teilt oder nicht. Danach kann es uns egal sein, wie wir zu dieser Zahl gekommen sind.

Gleich zu Beginn dieses Kapitels muß eine deutliche Warnung ausgesprochen werden: abgesehen vom Probedividieren und dem Test nach Sherman–Lehman (diese beiden sind absolut deterministisch) sollte man niemals eine Primzahl in einen probabilistischen Faktorisierungsalgorithmus eingeben. Auf einer Primzahl läuft ein solcher Test nämlich bis zum jüngsten Tag! Bevor man einen Faktor sucht, muß man sich also mittels eines Primzahltests davon überzeugt haben, daß die vorgelegte Zahl zusammengesetzt ist. Die besprochenen Primzahltests sind zwar ebenfalls probabilistisch; jedoch liefern sie im Falle einer zusammengesetzten Zahl eine deterministische Aussage. Das klingt verwirrend, also nochmal: sagt der (strenge) Pseudoprimzahltest, daß eine Zahl prim ist, so können wir nicht sicher sein; sagt er jedoch, daß eine Zahl zusammengesetzt ist, so ist dies 100%ig richtig.

Als einfachsten Faktorisierungsalgorithmus erwähnen wir hier nochmals das Probedividieren (vgl. Seite 7). Bei diesem Test probiert man alle möglichen Faktoren zwischen 1 und $\sqrt{n}$ einfach durch. Dieser Algorithmus benötigt also $O(\sqrt{n})$ Rechenschritte. Die Symbolik „$O(\sqrt{n})$" bedeutet nichts anderes, als daß die Anzahl der Rechenschritte $\leq C\sqrt{n}$ ist. Dabei ist C eine Konstante. Diese Terminologie wird im Folgenden verwendet werden. Wir werden im wesentlichen $O(n^\alpha)$–Faktorisierungsalgorithmen kennenlernen. Asymptotisch sind solche Algorithmen umso besser, je kleiner die Konstante α ist. Für praktische Zwecke ist die Kenntnis der Konstanten C natürlich ebenso von Bedeutung. Beim Probedividieren ist etwa $C = 1$. Ein $O(n^{0.0001})$–Algorithmus nützt uns praktisch gesehen überhaupt nichts, wenn die O–Konstante $C = 10^{1000000}$ ist. Das heißt nicht, daß die Konstruktion solcher Algorithmen nicht von theoretischem Interesse wäre! Ähnlich wie für die Primzahltests, stellt sich wieder die Frage nach der Existenz von Faktorisierungsalgorithmen mit polynomialer Laufzeit. Dies ist bis heute ein offenes Problem. Die besten bekannten probabilistischen Faktorisierungsalgorithmen sind *subexponentiell*, d.h. sie sind $O(n^\alpha)$ für jedes noch so kleine $\alpha > 0$. Jedoch sind sie nicht polynomial, ja sogar wesentlich schlechter als der Adleman–Rumely–Test (sonst wäre ja der RSA–Algorithmus ernsthaft gefährdet).

Nach unserer Kenntnis gibt es bis heute keinen völlig deterministischen Faktorisierungsalgorithmus mit subexponentieller Laufzeit. Das α wird jedoch hin und wieder gedrückt, so daß wir an dieser Stelle besser keines angeben.

Nun aber genug der Vorrede. Dieses Vorwort war mathematisch der schwierigste Teil dieses Kapitels. Wir wollen uns ja weniger theoretisch als mehr spielerisch mit ein paar Faktorisierungsalgorithmen auseinandersetzen und das wird nun sehr einfach werden; denn die Idee ist, wie so oft, sehr einfach:

5.1 Fermatfaktorisierung und der Algorithmus von Sherman und Lehman

Vom Probedividieren abgesehen, beruhen alle Faktorisierungsalgorithmen auf einer ganz einfachen Idee, welche bereits auf Fermat zurückgeht. Sei n eine ungerade zusammengesetzte Zahl. Wir stehen vor der Aufgabe, diese zu faktorisieren. Dazu nehmen wir einmal an, wir hätten uns auf irgendeine Weise zwei Zahlen x, y beschafft, so daß

$$x^2 \equiv y^2 \ (n), \tag{5.1}$$

d.h.

$$n \Big| (x^2 - y^2) = (x - y)(x + y). \tag{5.2}$$

Nun können wir Glück oder Pech haben: ist n zusammengesetzt, so könnte es doch sein, daß $n = ab, a, b \neq 1$, mit $a|(x-y)$, $b|(x+y)$. In dem Fall brauchen wir nur noch den größten gemeinsamen Teiler von $x - y$ und n, $(x - y, n) = a$, mit dem Euklidischen Algorithmus zu berechnen und wir haben einen nichttrivialen Teiler gefunden. Teilt n bereits eine der Zahlen $x \pm y$, so haben wir Pech gehabt. Hier ist anzumerken, daß der Euklidische Algorithmus polynomiale Laufzeit hat, genauer benötigt dieser $O(\log n)$ Schritte. Wir halten also fest:

Satz 5.1 *Sei n ungerade. Ist $x^2 \equiv y^2$ (n) und $x \not\equiv \pm y$ (n), so ist $(x - y, n)$ ein nichttrivialer Teiler von n.*

Ist umgekehrt $n = ab$ mit $b \leq \sqrt{n} \leq a \leq n$, so gibt es x, y mit $\sqrt{n} \leq x \leq n$ und $x^2 - y^2 = n$.

Beweis Wir müssen nur noch die zweite Aussage beweisen. Wir setzen $x := (a+b)/2, y := (a-b)/2$. Da n ungerade ist, sind auch a, b ungerade, folglich sind x, y natürliche Zahlen. Es ist dann

$$x^2 - y^2 = (a^2 + 2ab + b^2)/4 - (a^2 - 2ab + b^2)/4 = ab = n. \qquad \square$$

Alle Faktorisierungsalgorithmen dieses Kapitels suchen nach solchen x, y.

Der einfachste solche Algorithmus ist die sogenannte Fermat–Faktorisierung. Ist $n = pq$ mit zwei etwa gleich großen Primzahlen p, q, so beginne man die Suche nahe der Quadratwurzel von n:

Algorithmus 5.2 (Fermat–Faktorisierung) *Sei $n = pq$ ungerade. Für $\sqrt{n} \leq x \leq n$ teste, ob $x^2 - n$ eine Quadratzahl ist. Ist dies der Fall, so setze $y := \sqrt{x^2 - n}$. Dann ist $(x + y, n)$ ein nichttrivialer Teiler von n.*

Die Aussage dieses Algorithmus ist nach dem vorstehenden Satz klar. Man kann diesen Algorithmus so implementieren, daß er ohne Wurzelziehen auskommt. Er funktioniert wunderbar für $n = pq$ mit $p \approx q$. Im allgemeinen ist er natürlich wesentlich schlechter als das Probedividieren, da er etwa $n - \sqrt{n} \approx n$ Schritte benötigt.

Beispiel Wir betrachten $n = 1219$, $\sqrt{1219} \approx 34.9$ und berechnen

x	35	36	37	38
$x^2 - n$	6	77	150	$225 = 15^2$

Folglich ist

$$1219 = 38^2 - 15^2 = (38 + 15) \times (38 - 15) = 53 \times 23.$$

Ein völlig deterministischer $O(n^{1/3})$–Algorithmus ist der Algorithmus von Sherman–Lehman.

Algorithmus 5.3 (Sherman–Lehman) *Gegeben sei eine Zahl* $n \in \mathbb{N}$.

1. Schritt: *Führe Probedividieren bis* $[n^{1/3}]$ *durch, d.h. man teste für* $2 \le d \le n^{1/3}$*, ob* $d|n$*. Findet man auf diese Weise keinen Faktor, so ist* n *prim oder das Produkt zweier Primzahlen,* $n = pq, n^{1/3} < p \le q < n^{2/3}$.

2. Schritt: *Für* $1 \le k \le n^{1/3}, 0 \le d \le n^{1/6}/(4\sqrt{k}) + 1$ *teste man, ob*

$$([\sqrt{4kn}] + d)^2 - 4kn$$

eine Quadratzahl ist. Ist dies der Fall, so setze

$$y := (([\sqrt{4kn}] + d)^2 - 4kn)^{1/2}, \quad x := [\sqrt{4kn}] + d.$$

Falls $n > 6$*, so ist dann* $x \not\equiv \pm y \ (n)$ *und* $(x + y, n)$ *liefert einen der Faktoren* p, q.

3. Schritt: *Wurde bisher kein Faktor gefunden, so ist* n *prim.*

Den Beweis übergehen wir hier. Den interessierten Leser verweisen wir auf [V, S. 80]. Stattdessen schreiben wir an dieser Stelle eine C++–Implementation des Algorithmus 5.3 an. Vorweg jedoch die enttäuschende Nachricht: der Sherman–Lehman Algorithmus ist auf dem PC nicht besser als das Probedividieren. Das liegt daran, daß seine Performance wesentlich schlechter ist. In jedem Schritt muß mindestens eine Wurzel gezogen werden. Da das Wurzelziehen $O(\log n)$ Schritte benötigt, kann man das hier als einen Schritt rechnen. Würde man dies in die Abschätzung der Rechenschritte einbeziehen, hätte man anstatt $O(n^{1/3})$ eine $O(n^{1/3} \log^k n)$–Abschätzung. Obwohl die Logarithmen im Vergleich zur n–Potenz asymptotisch keine Rolle spielen, verschlechtern sie jedoch erheblich die O–Konstante.

```
// sherman: O(N^(1/3)) Faktorisierungsalgorithmus nach
//          Sherman/Lehman
// Eingabe: N>0, N darf kein Quadrat sein!
// Ausgabe: ein Teiler, falls ein solcher gefunden wurde
//          andernfalls wird -1 ausgegeben

Ganz sherman(Ganz N){
      Ganz factor,n3,n6,k,temp,d,A,B,x,y,z;
n3=iroot(N,3);
if (N%2==0) return 2;
factor=3;
while (factor<=n3){
  if (N%factor==0) return factor;
  factor=factor+2;};
cout<<endl<<"Probedividieren bis "<<n3<<" durchgefhrt";
k=1;
n6=iroot(N,6); //n6:=[N^(1/6)]
cout<<endl<<" N^(1/6) "<<n6;
temp=2;
while (k<n3&&temp>1){
  d=0;
  temp=n6/(4*isqrt(k))+1;
  while (d<=temp){
    x=4*k*N;
    A=isqrt(x)+d;
    y=A*A-x;
    //ueberpruefe, ob y ein Quadrat ist
    B=isqrt(y);
    z=y-B*B;
    if (z==0) return ggT(A+B,N);
    d=d+1;};//end while
  k=k+1;
  }; //end while
cout<<endl<<"Zweite Phase fertig";
temp=1;
d=1;
while (k<n3){
    x=4*k*N;
    A=isqrt(x)+d;
```

```
    y=A*A-x;
    //ueberpruefe, ob y ein Quadrat ist
    B=isqrt(y);
    z=y-B*B;
    if (z==0) return ggT(A+B,N);
  k=k+1;
  };//end while
    return -1;};
```

Dieser Modul ist mit Algorithmus 5.2 im wesentlichen selbsterklärend. Da für $4\sqrt{k} > n^{1/6}$ der Parameter d nur noch die Zahlen $0, 1$ durchläuft, kann man sich die Berechnung von $n6$ und damit ein Wurzelziehen schenken. Deshalb wurde der 2. Schritt in zwei Schleifen aufgeteilt. $d = 0$ kann nur dann einen Faktor liefern, wenn n eine Quadratzahl ist. Deshalb wurde dieser Fall ebenfalls weggelassen. Bevor man eine Zahl in den Sherman–Modul eingibt, sollte man testen, ob n eine Quadratzahl ist!

5.2 Pollards ρ– und $(p-1)$–Algorithmen

In diesem Abschnitt lernen wir zwei relativ einfache probabilistische Faktorisierungsalgorithmen kennen. Im Folgenden sei n stets eine ungerade **zusammengesetzte** Zahl, von der wir einen Faktor suchen.

5.2.1 Der ρ–Algorithmus

Wir nehmen an, wir hätten uns auf irgendeine Weise eine *zufällige* (was auch immer das heißen mag) Folge von Zahlen

$$x_i, \quad i = 0, 1, 2, \ldots, \quad 0 \leq x_i < n \tag{5.3}$$

verschafft. Sei nun $n = pq$ eine Faktorisierung von n mit den unbekannten Zahlen p, q. Dann kann es doch mal passieren, daß zufällig

$$x_i \equiv x_j \ (p) \tag{5.4}$$

auftritt. Sodann bilden wir den größten gemeinsamen Teiler

$$(x_i - x_j, n)$$

und dürfen hoffen, daß dies ein nichttrivialer Teiler von n ist. Ob so vieler Hoffnungen auf den Zufall mag der Leser vielleicht befürchten, daß wir das Gebiet der Mathematik so langsam in Richtung Theologie verlassen. Also legen wir uns einmal über unsere Erfolgschancen Rechenschaft ab: im Durchschnitt brauchen wir in einer Zufallsfolge $(x_i) \subset \{0, \ldots, n-1\}$ etwa $O(n^{1/2})$ Beobachtungen bis zur ersten Wiederholung. Für das erste Auftreten der Relation (5.4) benötigen wir also $O(p^{1/2}) = O(n^{1/4})$ Beobachtungen. Das liegt daran, daß für diese Relation nur die Restklassen $x_i \bmod p \in \{0, \ldots, p-1\}$ relevant sind. Gilt (5.4), so ist die Wahrscheinlichkeit, daß $x_i \not\equiv \pm x_j\ (p)$ mindestens 1/2. All diese Wahrscheinlichkeitsangaben sind lediglich von heuristischer Natur und wir wollen hier einen „Beweisversuch" erst gar nicht antreten. Alles in allem haben wir die Hoffnung, daß obiges Verfahren eine Laufzeit von etwa $O(n^{1/4})$ besitzt. Für eine theoretisch abgesicherte Abschätzung der Laufzeit verweisen wir auf [K, Chap. V].

Bevor wir zur Realisierung kommen, ist die Frage zu klären, wie wir die, oben so großzügig als gegeben angenommene, Zufallsfolge bekommen. Das ist ein sehr schwieriges Problem, weil „echte" Zufallsfolgen mit dem Computer nicht zu realisieren sind. Wir müssen uns mit einem Ersatz begnügen, der, streng genommen, natürlich unsere Laufzeitabschätzung hinfällig werden läßt. Üblicherweise nimmt man dazu eine Abbildung

$$f : \mathbb{Z}_n \longrightarrow \mathbb{Z}_n, \tag{5.5}$$

wählt einen beliebigen Startwert x_0 und bildet rekursiv

$$x_{j+1} := f(x_j). \tag{5.6}$$

Ein typisches Beispiel ist die Abbildung

$$f(x) := x^2 + c \bmod n \tag{5.7}$$

mit einer natürlichen Zahl c.

Die Folge (5.7) hat eine angenehme Eigenschaft, die sie von „echten" Zufallsfolgen unterscheidet: gilt für ein Paar (i, j) die Relation (5.4) $x_i \equiv x_j\ (p)$, so gilt für jedes $t \in \mathbb{N}$ auch

$$x_{i+t} \equiv x_{j+t}\ (p). \tag{5.8}$$

Hiervon überzeugt man sich sofort durch Induktion. Dies hat zur Folge, daß die Gültigkeit von (5.4) lediglich von der **Differenz der Indices** $i - j$ abhängt. Mit etwas Überlegung sieht man dann ein, daß es ausreicht, sukzessive die folgenden Differenzen anzuschauen:

$$\begin{aligned} &x_1 - x_3 \\ \\ &x_3 - x_6 \\ &x_3 - x_7 \\ \\ &x_7 - x_{12} \\ &x_7 - x_{13} \\ &x_7 - x_{14} \\ &x_7 - x_{15}, \end{aligned} \tag{5.9}$$

oder allgemein

$$x_{2^n-1} - x_j, \quad 2^{n+1} - 2^{n-1} \leq j \leq 2^{n+1} - 1. \tag{5.10}$$

Diese Vorgehensweise ist von R. P. Brent 1980 vorgeschlagen worden.

Wir halten fest:

Algorithmus 5.4 (Pollard ρ–Algorithmus) *Gegeben sei eine ungerade zusammengesetzte natürliche Zahl n. Man wähle sich natürliche Zahlen $x_0, c \in \{0, \ldots, n-1\}$. Sodann bilde man rekursiv*

$$x_{j+1} := x_j^2 + c \bmod n$$

sowie

$$(x_{2^n-1} - x_j, n) \quad 2^{n+1} - 2^{n-1} \leq j \leq 2^{n+1} - 1.$$

Man stoppe wenn $1 < (x_{2^n-1} - x_j, n) < n$. Mit hoher Wahrscheinlichkeit wird man nach $O(n^{1/4})$ Schritten einen nichttrivialen Teiler von n finden.

Es ist nicht ausgeschlossen, daß dieser Algorithmus niemals zu einem Ende kommt. Bevor man also vor seinem Computer sitzt und nur noch die Reset–Taste drücken kann, sollte man diesen Algorithmus so implementieren, daß er nach einer gewissen Anzahl von Schleifendurchläufen automatisch stoppt. Man kann dann noch versuchen, ein anderes c zu wählen, oder man versuche einen anderen Algorithmus, oder man gebe es auf ...

Beispiel Wir betrachten wieder das obige Beispiel $1219 = 23 \times 53$. Wir wählen $x_0 = 20, c = 1$ und finden

i	x_i	Differenz d	(d,1219)
1	401		
2	1113		
3	266	$x_1 - x_3 = 135$	1
4	55		
5	588		
6	768	$x_3 - x_6 = -502$	1
7	1048	$x_3 - x_7 = -782$	23

Es folgt die Implementation des ρ–Algorithmus.

```
// Pollards Rho Faktorisierungsalgorithmus
// Eingabe: n    die zu faktorisierende Zahl
//          x0   Startwert der Folge
//          c    Parameter der Rekursionsfunktion
//          max  Maximale Anzahl der Folgenglieder
// Ausgabe: 0    falls kein Teiler gefunden
//               sonst ein Teiler g

Ganz pollardrho(Ganz n, Ganz x0, Ganz c,
                unsigned long max){
      Ganz x1,x2,teiler;
      unsigned long Schrittzahl=0,laenge=1;
      // Schrittzahl z"ahlt die Anzahl der berechneten
      // Differenzen
      // laenge ist die Anzahl der zu berechnenden
      // Differenzen bei vorgegebenem x_{2^n-1}.
      //
      x1=(x0*x0+c)%n;
      x2=(x1*x1+c)%n;
      while (Schrittzahl<max){
         for (unsigned long j=1;j<=laenge;j++){
            x2=(x2*x2+c)%n;
            Schrittzahl++;
            teiler=ggT(x1-x2,n);
```

```
        if (teiler>1) return teiler;
        };//end for
    x1=x2;
    laenge=2*laenge;
    for (j=1;j<=laenge;j++){
        x2=(x2*x2+c)%n;
        };//end for
      };//end while
// kommt man hier an, so wurde kein Teiler gefunden
return 0;
};
```

5.2.2 Der $(p-1)$–Algorithmus

Der $(p-1)$–Algorithmus geht von der Annahme aus, daß n einen solchen Primteiler, p, besitzt, so daß $p-1$ lediglich kleine Primfaktoren hat. Die Bedeutung des Wortes „klein" ist rechnerabhängig und für unsere Ganzzahlarithmetik sind damit Primzahlen unterhalb 1000 zu verstehen. Genauer nehmen wir an, daß

$$p-1 \,\Big|\, 1000!$$

gilt. Nach dem kleinen Fermat Satz 4.8 ist dann

$$2^{1000!} \equiv 1 \ (p).$$

Wir berechnen daher

$$a := 2^{1000!} \bmod n$$

und dürfen hoffen, daß

$$(a-1, n)$$

ein nichttrivialer Teiler von n ist. Wir erinnern daran, daß die Berechnung von a mit erträglichem Aufwand möglich ist; denn

$$a = (\ldots((n^2)^3)^4 \ldots)^{1000} \bmod n.$$

In der Praxis wissen wir natürlich nicht, ab welchem $2^{k!}$ wir den ersten Primfaktor von n eingefangen haben und es besteht die Gefahr, daß $n|(a-1)$. Deshalb berechnet man, sagen wir alle 10 Schritte, den größten gemeinsamen Teiler

$$(2^{k!}-1, n).$$

Die 2 hat hier lediglich Beispielcharakter und der Algorithmus läßt sich mit jedem $c \in \mathbb{N}$ durchführen. Weiterhin gilt im wesentlichen das Gleiche wie für das beim ρ–Algorithmus Gesagte. Man muß in den Algorithmus eine Abbruchbedingung einbauen, die verhindert, daß der Computer bis zum jüngsten Tag, i.e. bis zum Drücken der Reset–Taste, weiterläuft. Klappt es mit der 2 nicht, so wähle man ein anderes c, oder man gebe es auf ... Wir halten fest:

Algorithmus 5.5 (Pollard $(p-1)$–Algorithmus) *Gegeben sei eine ungerade zusammengesetzte natürliche Zahl n. Man wähle sich eine natürliche Zahl c. Sodann berechne man sukzessive $a := c^{k!} \bmod n$, $1 \leq k \leq 1000$. In jedem 10–ten Schritt berechne man $(a-1, n)$. Man stoppe, wenn $1 < (a-1, n) < n$.*

Beispiel Wir betrachten zunächst unsere Lieblingszahl $1219 = 23 \times 53$. Wir haben $23 - 1 = 2 \times 11, 53 - 1 = 2^2 \times 13$, so daß wir $(2^{11!} - 1, 1219) > 1$ erwarten. Tatsächlich rechnet man nach, daß $(2^{k!} - 1, 1219) = 1$ für $1 \leq k \leq 10$, $2^{11!} \equiv 576\ (1219)$ und $(575, 1219) = 23$.

Etwas schneller kommt man bei $10379 = 97 \times 107$ zum Ziel, denn $97 - 1 = 2^5 \times 3$. Man findet

k	$a := 2^{k!} \bmod 10379$	$(a-1, 10379)$
1	2	1
2	4	1
3	64	1
4	4752	1
5	1939	1
6	3784	97

Folgendes C++–Modul realisiert den $(p-1)$–Algorithmus.

```
// Pollards p-1 Faktorisierungsalgorithmus
// Eingabe: n   die zu faktorisierende Zahl
//          b   die Basis
//          max maximaler Exponent
// Ausgabe: 0 falls kein Teiler gefunden
//              sonst ein Teiler g
```

```
Ganz pollardp1(Ganz& n, Ganz& b, int& max){
  Ganz m=b;
  Ganz teiler;
  for (int i=1;i<=max;i++){
    m=powmod(m,i,n);
    if (i % 10 ==0){
      teiler=ggT(m-1,n);
      if (teiler>1) return teiler;
      };
    };
  return 0;
  };
```

5.3 Ausblick

Wir wollen hier noch einen gewissen Ausblick darauf geben, was man noch tun kann, wenn alle bisherigen Faktorisierungsalgorithmen bei der Zahl n versagt haben. Wir gehen wieder von dem Satz 5.1 aus und betrachten eine Menge von Primzahlen $p_1, \ldots, p_r$. Z. B. können das die ersten r Primzahlen sein. Sodann nehmen wir an, wir hätten uns auf irgendeine Weise Zahlen $x_1, \ldots, x_s$ so beschafft, daß für die Zahlen

$$f(x_i) := x_i^2 \bmod n, \quad 1 \le i \le s$$

sämtliche Primteiler aus $\{p_1, \ldots, p_r\}$ sind. D. h. wir haben

$$f(x_i) = p_1^{a_{i1}} \cdot p_2^{a_{i2}} \cdot \ldots \cdot p_r^{a_{ir}}.$$

Wir betrachten nun die Vektoren

$$v_i = (a_{i1} \bmod 2, a_{i2} \bmod 2, \ldots, a_{ir} \bmod 2), \quad 1 \le i \le s,$$

im Vektorraum $\mathbb{Z}_2^r$[1]. Ist $s > r$ so haben wir mehr Vektoren als die Dimension des Raumes und die Lineare Algebra sagt uns, daß diese Vektoren linear abhängig sein müssen! Daher gibt es Zahlen $\lambda_1, \ldots, \lambda_s \in \mathbb{Z}$ so, daß

$$\lambda_1 v_1 + \lambda_2 v_2 + \ldots + \lambda_s v_s \equiv 0 \ (2).$$

[1]Dies ist einer der seltenen Augenblicke, in denen man die Lineare Algebra über so seltsamen Körpern benötigt.

Da nur die Restklassen $\lambda_j \bmod 2$ relevant sind, dürfen wir diejenigen λ's, die verschwinden, einfach weglassen. Nach evtl. Umnumerierung erhalten wir also

$$v := v_1 + v_2 + \ldots + v_t \equiv 0 \quad (2)$$

mit einem $t \leq s$. D. h. jede Komponente von v ist eine gerade Zahl. Wir schreiben $v =: (a_1, \ldots, a_r)$ und setzen

$$x := x_1 \cdot x_2 \cdot \ldots \cdot x_t \bmod n$$

sowie

$$y := p_1^{a_1/2} \cdot p_2^{a_2/2} \cdot \ldots \cdot p_r^{a_r/2}.$$

Dann ist

$$\begin{aligned} x^2 &\equiv f(x_1) \cdot f(x_2) \cdot \ldots \cdot f(x_t) \bmod n \\ &\equiv y^2 \bmod n. \end{aligned}$$

Auf diese Weise haben wir uns also zwei Zahlen x, y mit $x^2 \equiv y^2 \ (n)$ beschafft und es gilt das nach Satz 5.1 Gesagte.

Das Problem besteht nun darin, sich die Zahlen $x_1, \ldots, x_s$ zu beschaffen, und verschiedene Algorithmen lösen das auf verschiedene Weisen. Am bekanntesten sind der Kettenbruch–Faktorisierungsalgorithmus (CFRAC=continued fraction algorithm) und das quadratische Sieb. Die Implementation dieser Algorithmen ist relativ aufwendig. U. a. ist zur Bestimmung des Vektors v das Gaußsche Eliminationsverfahren für sehr große Matrizen zu implementieren. Dabei nutzt man aus, daß die Gleichungsauflösung nur über dem Körper $\mathbb{Z}_2$ durchzuführen ist. Deshalb braucht man zur Speicherung eines Matrixelementes lediglich 1 Bit. Wir belassen es mit diesen Anmerkungen und hoffen, daß wir den einen oder anderen Leser dazu anregen konnten, sich mit dieser Materie intensiver auseinanderzusetzen.

Literaturhinweise

Standardreferenzen sind wieder die bereits erwähnten Bücher [Br, K]. Hier werden auch das quadratische Sieb und der Kettenbruch–Faktorisierungsalgorithmus ausführlich besprochen. Zu empfehlen ist auch die Originalarbeit [V].

Teil II

Aus der Analysis

Kapitel VI

Nullstellen von Polynomen

In diesem Kapitel geht es um die Nullstellen von reellen und komplexen Polynomen. Nach einer Einführung in die Grundbegriffe erzählen wir die turbulente Geschichte der *Cardanoschen Lösungsformel*. Einen Höhepunkt des zweiten Abschnitts bildet der *Satz von Gauß-Lucas* über die Lage der Nullstellen eines komplexen Polynoms und seiner Ableitungen. Mit der *Nullstellentrennung* — dem Einfangen von genau einer Nullstelle in einem möglichst kleinen Bereich — befassen sich der dritte und vierte Abschnitt. Dort werden zwei schöne Verfahren für die reelle und die komplexe Situation besprochen.

6.1 Einführende Bemerkungen

Viele numerische Fragestellungen lassen sich auf das Problem reduzieren, die Nullstellen von Funktionen zu bestimmen. Das sieht man z.B. an folgenden zwei Beispielen:

1. Die Eigenwerte einer quadratischen Matrix A sind gerade die Nullstellen des charakteristischen Polynoms $p(\lambda) = \det(A - \lambda I)$.

2. Extremwerte einer differenzierbaren Funktion f im Innern eines Gebiets G bestimmt man über die Lösungen der Gleichung $f'(x) = 0$.

Es ist also verständlich, daß die Mathematiker intensiv über das Auffinden von Nullstellen nachgedacht haben. Am befriedigsten ist natürlich eine Formel zur exakten Berechnung der Nullstellen. Eine solche Formel gibt es jedoch nur in einfachen Fällen. Diese betrübliche Tatsache hat aber auch ihre positive Seite: Sie zwang die Mathematiker dazu, das Nullstellenproblem genauer zu untersuchen, und führte zu überraschenden Erkenntnissen.

Beim Durchblättern älterer Bücher zum Gebiet der *Algebra* (z.B. [Pe], Veröffentlichung 1930) stellt man fest, daß die Polynome vor einem halben Jahrhundert noch das Hauptthema dieses Gebiets bildeten. Wir werden in den folgenden Seiten erste Schritte in dieses interessante Feld tun und beginnen mit einigen wichtigen Bezeichnungen:

$\mathbb{K}$ stehe für den Körper der reellen oder komplexen Zahlen. Ausdrücke der Form

$$f(x) \ = \ a_n x^n + \ldots + a_1 x + a_0 \tag{6.1}$$

mit den Koeffizienten $a_n, \ldots, a_0 \in \mathbb{K}$ und einer Unbekannten x nennt man *Polynome.* x kann man durch eine Zahl $a \in \mathbb{K}$ ersetzen und erhält wieder eine Zahl, die wir mit $f(a)$ bezeichnen. Polynome lassen sich addieren, subtrahieren und multiplizieren und bilden — wie die ganzen Zahlen $\mathbb{Z}$ — einen Ring. Wir bezeichnen diesen Ring mit $\mathbb{K}[x]$. Man kann den Körper $\mathbb{K}$ in den Polynomring $\mathbb{K}[x]$ einbetten, indem man eine Zahl $a_0 \in \mathbb{K}$ mit dem konstanten Polynom $f(x) = a_0$ identifiziert. Eine wichtige Größe eines Polynoms f ist sein *Grad* grad(f). Darunter versteht man die größte nicht verschwindende x-Potenz. So hat z.B. $7x^4 - 9x + 3$ den Grad 4, das Polynom f in (6.1) den Grad n, falls $a_n \neq 0$ ist, und konstante Polynome haben mit Ausnahme des Nullpolynoms den Grad 0. Das Nullpolynom erhält den Grad $-\infty$.Beim Multiplizieren zweier Polynome addieren sich ihre Grade, d.h. es gilt grad$(f \cdot g)$ = grad(f) + grad(g). In $\mathbb{K}[x]$ existiert außerdem eine Division $f : g$. Sie geht jedoch — wie bei den ganzen Zahlen — i.a. nicht ohne Rest ab. Dabei werden von $f(x)$ solange Ausdrücke $c_j x^j g(x)$ abgezogen, bis der Grad der so entstehenden Polynome $f_k(x)$ möglichst klein geworden ist. Die Endgestalt von $f_m(x)$ nennt man den *Rest* der Division und $\sum c_k x^k$ den *Quotienten.* Wir bringen dazu zuerst zwei Beispiele.

Beispiele

1. Ein einfaches Beispiel einer Polynomdivision ist die *Normierung.* Polynome heißen *normiert,* falls ihr höchster Koeffizient gleich 1 ist. Man kann jedes Polynom f normieren, indem man es durch seinen höchsten Koeffizienten a_n teilt — dies entspricht einer Polynomdivison $f : g$ mit einem konstanten Polynom $g(x) \equiv a_n$. Das zu (6.1) gehörende normierte Polynom ist der Quotient dieser Division und hat die Gestalt

$$q(x) \ = \ x^n + \frac{a_{n-1}}{a_n} x^{n-1} + \ldots + \frac{a_1}{a_n} x + \frac{a_0}{a_n}.$$

2. Seien $f(x) = 63x^3+18x^2-3x+99$ und $g(x) = 3x-1$. In der Schule lernt man die folgende tabellarische Schreibweise für Polynomdivisionen:

$$\begin{array}{rcrcrcrl}
(63x^3 & + & 18x^2 & - & 9x & + & 3) & : (3x-1) = 21x^2+13x+\frac{4}{3} \\
63x^3 & - & 21x^2 & & & & & \\
\hline
 & & 39x^2 & - & 9x & + & 3 & \\
 & & 39x^2 & - & 13x & & & \\
\hline
 & & & & 4x & + & 3 & \\
 & & & & 4x & - & \frac{4}{3} & \\
\hline
 & & & & & & \frac{5}{3} &
\end{array}$$

Als Quotient ergibt sich hier $q(x) = 21x^2 + 13x + \frac{4}{3}$ und als Rest $r(x) = \frac{5}{3}$.

Es folgt die ausführliche Beschreibung des Algorithmus:

Algorithmus 6.1 *Seien*

$$\begin{aligned} f(x) &= a_n x^n + a_{n-1}x^{n-1} + \cdots + a_0 \\ \text{und}\quad g(x) &= b_m x^m + b_{m-1}x^{m-1} + \cdots + b_0 \end{aligned}$$

mit $a_n \neq 0 \neq b_m$. Im trivialen Fall $n < m$ liefert die Division den Quotienten 0 und den Rest f. Im Fall $n \geq m$ wird folgendermaßen vorgegangen: Der oberste Term von $\frac{a_n}{b_m}x^{n-m}g$ stimmt mit dem obersten Term von f überein, die Differenz

$$f_1(x) = f(x) - \frac{a_n}{b_m}x^{n-m}g(x) = a_{n-1}^{(1)}x^{n-1} + \cdots + a_0^{(1)}$$

hat also höchstens den Grad $n-1$. Nun wird in derselben Weise mit f_1 vorgegangen:

$$f_2(x) = f_1(x) - \frac{a_{n-1}^{(1)}}{b_m}x^{n-m-1}g(x) = a_{n-2}^{(2)}x^{n-2} + \cdots + a_0^{(2)}.$$

Dies wird solange fortgesetzt, bis der Grad des verbleibenden Polynoms f_{n-m+1} kleiner als der von g geworden ist. Dann sind

$$f_{n-m+1} \text{ der Rest} \qquad \text{und} \qquad \sum_{j=0}^{n-m} \frac{a_{n-j}^{(j)}}{b_m}x^{n-m-j} \text{ der Quotient}$$

der Division. Dieser Algorithmus läßt sich in C-Pseudocode folgendermaßen realisieren (`f[k]` bezeichne den k-ten Koeffizienten des Polynoms f):

```
Polynom  q(n-m);     // Erzeugung eines Polynoms vom Grad n-m
                 // falls n-m < 0, wird das Nullpolynom erzeugt
Polynom  r(f);       // kopiert das Polynom f in r

b_m = g[m];

for ( i = n-m; i >= 0; i-- )
    // Elimination des (i+m)-ten Koeffizienten
    { z = r[i+m] / b_m;
      for ( j = m; j >= 0; j-- )
          { r[i+j] = r[i+j] - z * g[j];
            q[i] = z;
          }
```

Damit das Polynom $f(x)$ nicht zerstört wird, kopiert man es zu Beginn des Algorithmus nach r. Am Ende steht der Quotient in q und der Rest in r.

Nach jedem Durchlauf der `for`-Schleife bleibt die Beziehung $f = q \cdot g + r$ erhalten. Man nennt eine solche Eigenschaft eine **Invariante** der Schleife. (Invarianten spielen eine wichtige Rolle bei Korrektheitsbeweisen von Algorithmen.) Der Grad von r nimmt dabei kontinuierlich ab und am Ende des Algorithmus gilt $\text{grad}(r) < \text{grad}(g)$. Leser, die mit diesem Algorithmus nicht vertraut sind, sollten unbedingt einige Polynomdivisionen von Hand durchführen, da die Division mit Rest das wichtigste Werkzeug beim Umgang mit Polynomen darstellt.

Mit Ausnahme der Eindeutigkeit, die aus Gradgründen sehr leicht gefolgert werden kann, haben wir folgendes gezeigt:

Satz 6.2 (Eindeutige Division mit Rest) *Seien $f, g \in \mathbb{K}[x]$ beide vom Nullpolynom verschieden. Dann existiert genau ein Paar von Polynomen $q, r \in \mathbb{K}[x]$ mit*

$$f = q \cdot g + r \qquad \text{und } \deg(r) < \deg(g).$$

Wir schreiben auch

$$f : g = q \qquad \text{Rest } r.$$

Eine einfache Folgerung von Satz 6.2 und zugleich eine gute Übung ist („Abspalten von Linearfaktoren“):

$$f(a) = 0 \quad \Rightarrow \quad f(x) = q(x)(x-a), \tag{6.2}$$

mit einem geeigneten Polynom $q \in \mathbb{K}[x]$. Wir können nun — ganz genauso wie bei den ganzen Zahlen — über wiederholtes Dividieren mit Rest den *Euklidischen Algorithmus* durchführen und erhalten zu zwei Polynomen p und q den $\text{ggT}(p,q)$ (für seine Eindeutigkeit verlangen wir, daß er normiert ist). Die Existenz eines Euklidischen Algorithmus garantiert, daß Polynome die folgende Eigenschaft besitzen (siehe z.B. [Mbg, S. 140]):

Satz 6.3 (Eindeutige Zerlegung in irreduzible Faktoren) *Jedes Polynom p vom Grad $n \geq 1$ besitzt eine Zerlegung*

$$p(x) \;=\; a_n\, p_1^{n_1}(x)\cdots p_k^{n_k}(x), \qquad n = n_1 + \ldots + n_k,$$

mit normierten Polynomen $p_1, \ldots, p_k$ vom Grad ≥ 1, die nicht mehr weiter zerlegbar, also irreduzibel sind. Die Darstellung ist bis auf die Reihenfolge eindeutig.

Nun erfreuen wir den Leser mit einem kleinen Einblick in die „Lösungsgeschichte der algebraischen Gleichungen“:

Quadratische Gleichungen $ax^2 + bx + c = 0$ konnten bereits die alten Babylonier (ca. 2000 v.Chr.) lösen. Die Lösungen erhält man über die sogenannte „Mitternachtsformel“

$$x_{1/2} \;=\; \frac{-b \pm \sqrt{b^2 - 4ac}}{2a}.$$

(Sie trägt diesen Namen, da böswillige Mathematiklehrer forderten, daß ihre Schüler diese Formel beim Aufwecken in der Nacht oder im Unterricht auswendig wissen sollten.) Erst dreieinhalb Jahrtausende später — zu der Zeit, als der italienische Seefahrer CHRISTOPH KOLUMBUS Amerika entdeckte (1492) — gelang ein wesentlicher Fortschritt beim Lösen von Gleichungen vom Grad > 2 an der Universität von Bologna, die großes Ansehen in ganz Europa genoß. Dort entwickelte SCIPIO DEL FERRO (1465-1526) als erster eine Lösungsformel für allgemeine Gleichungen dritten Grades (die man auch kurz als *kubische* Gleichungen bezeichnet). Wie so oft, wenn eine Entdeckung in der Luft liegt, gelang dieser Erfolg — unabhängig davon — wenig später noch einem Zweiten, TARTAGLIA (zu deutsch: „der Stotterer“)

(1499(?)-1557). Beide Methoden stimmten überein und wurden von ihren Entdeckern wie kostbare Schätze gehütet.

HIERONIMO CARDANO (1501-1576), ein aus Mailand stammender Arzt und Mathematiker, bedrängte Tartaglia, ihn in seine Lösung einzuweihen. Tartaglia tat dies jedoch erst, nachdem Cardano ihm unter Eid versichert hatte, die Formel niemandem zu verraten. Im Jahr 1545 veröffentlichte Cardano ein kleines Buch mit dem Titel „Ars magna de Regulis Algebraicis". Unter anderem erläuterte er dort auch — entgegen seinem Versprechen — diese Methode. Immerhin hob er del Ferro und Tartaglia als deren Urheber hervor. Tartaglia war über diesen Vertrauensbruch dermaßen erbost, daß ein erbitterter Streit mit schweren Beschimpfungen entbrannte. Da wir uns in der glücklichen Lage befinden, durch keinen Eid gebunden zu sein, besprechen auch wir diese Methode im Aufgabenteil.
Es sei erwähnt, daß auch andere Beiträge Cardanos heute noch eine große Rolle spielen. Dazu zählen das *Kardangelenk* (dieses Gelenk wird z.B. im Auto eingesetzt, um Drehmomente von Wellen zu übertragen, die zueinander in einem veränderlichen Winkel stehen) oder auch die *Kardanische Aufhängung* (mit ihr werden Kompasse und Herdplatten in Schiffen in horizontaler Lage gehalten).
Zur Lösung der allgemeinen kubischen Gleichung gesellte sich kurz darauf die Lösung der Gleichung vierten Grades. Dies gelang LUIGI FERRARI (1522-1565), einem Schüler Cardanos, durch die Zurückführung der allgemeinen Gleichung vierten Grades auf eine kubische Gleichung.

Natürlich stellt sich die Frage, wann der Durchbruch zu einer allgemeine Lösungstheorie aller Gleichungen beliebigen Grades stattgefunden hat. Nun — die Welt steckt voller Überraschungen! Es stellte sich nämlich heraus, daß es für Gleichungen fünften und höheren Grades gar keine Formel — konstruiert aus mehrfach ineinander verschachtelten Wurzeln — geben kann. Dieser „Nicht-Existenzbeweis" geht auf NIELS HENRIK ABEL (1802-1829) zurück. Er entstammte einer kinderreichen norwegischen Pastorenfamilie und hatte das Unglück, daß seine hervorragenden mathematischen Beiträge erst nach seinem Tod erkannt und gewürdigt wurden. Glücklich war nur der Umstand, daß Abel in Berlin auf den Mathematiker LEOPOLD CRELLE stieß, der im Jahr 1826 sein berühmtes *„Journal für die reine und angewandte Mathematik"* gründete. Abel veröffentlichte in dieser neuen Zeitschrift viele seiner Entdeckungen. Dazu zählten etliche wesentliche Resultate über unendliche Reihen und die später nach ihm benannten *Abelschen Integrale.* Zum Thema „unendliche Reihen" muß man sich bewußt machen, daß der heutige strenge Begriffsapparat in der Analysis damals noch überhaupt nicht existierte. Daher wurden viele falsche Behauptungen aufgestellt, deren Beweise auf intuitiven Argumenten beruhten. Abel starb mit 27 Jahren an Schwindsucht.

In ihrer Suche nach Lösungen setzten die Mathematiker stillschweigend voraus, daß jedes Polynom Nullstellen besitzt. Dies ist allerdings gar nicht selbstverständlich. Zudem waren die Formeln für die Gleichungen dritten und vierten Grades bereits solche „Ungetüme", daß man aus ihnen nicht mehr ablesen konnte, in welcher Zahlenmenge die Nullstellen eigentlich liegen. Auf diese letzte Frage gibt der folgende Satz eine Antwort:

Satz 6.4 (Fundamentalsatz der Algebra) *Jedes Polynom*

$$p(x) \;=\; x^n + a_{n-1}x^{n-1} + \ldots + a_1 x + a_0 \;\in\; \mathbb{C}[x]$$

besitzt mindestens eine komplexe Nullstelle.

Der Fundamentalsatz der Algebra und sein Beweis gehört heute zum Basiswissen des Mathematikstudiums und ist ein beliebtes Thema in Vordiplomprüfungen. Man übersieht leicht, daß große Anstrengungen und Irrwege mit ihm verbunden waren. Im 18. Jahrhundert versuchten viele große Mathematiker (EULER, D'ALEMBERT, LAGRANGE, LAPLACE ...), ihn zu beweisen. Mit 22 Jahren übte CARL FRIEDRICH GAUSS (1777-1855) in seiner Doktorarbeit an allen ihm bekannten Beweisansätzen Kritik und präsentierte einen neuen eigenen Beweis des Fundamentalsatzes. Der wesentliche Unterschied seines Beweises beruhte darauf, die Nullstelle *nicht zu berechnen* sondern ihre *Existenz* zu zeigen. Im Laufe seines Lebens entdeckte Gauß insgesamt vier ganz unterschiedliche Beweise für diesen Satz. Die geschichtlichen Hintergründe um diesen Satz sind sehr schön in [Eb, Kap. 4] beschrieben.

Aus den Sätzen 6.2 und 6.4 folgt durch wiederholtes Abspalten von Linearfaktoren

Satz 6.5 (Faktorisierung von komplexen Polynomen) *Jedes normierte Polynom* $p \in \mathbb{C}[x]$ *mit* $\deg(p) = n$ *schreibt sich als*

$$p(x) \;=\; \prod_{j=1}^{k}(x - x_j)^{n_j}, \qquad n_j \in \mathbb{N},\; n_1 + \ldots + n_k \;=\; n,$$

wobei $x_1, \ldots, x_k$ die verschiedenen komplexen Nullstellen von p sind. Folglich sind auch alle irreduziblen Polynome in $\mathbb{C}[x]$ vom Grad 1.

Zum Ausklang dieser Einführung wollen wir uns mit der Faktorisierung reeller Polynome beschäftigen. Sei $x_j \in \mathbb{C}$ eine nichtreelle Nullstelle eines reellen Polynoms p. Aus einfachen Regeln der komplexen Konjugation folgt, daß dann auch die konjugiert komplexe Zahl $\bar{x}_j$ eine Nullstelle von p ist. Bei Multiplikation der zugehörigen Linearfaktoren

$$(x - x_j)(x - \bar{x}_j) = x^2 - \underbrace{(x_j + \bar{x}_j)}_{\in \mathbb{R}} \cdot x + \underbrace{x_j \bar{x}_j}_{\in \mathbb{R}}$$

entsteht offensichtlich ein quadratisches reelles Polynom (hier kommt das nützliche Kriterium „$z \in \mathbb{R} \Leftrightarrow z = \bar{z}$" zum Einsatz). Satz 6.5 impliziert somit

Satz 6.6 (Faktorisierung von reellen Polynomen) *Jedes normierte Polynom $p \in \mathbb{R}[x]$ zerfällt in ein Produkt*

$$p(x) = \prod_{j=1}^{k} (x - x_j) \cdot \prod_{j=1}^{l} (x^2 + a_j x + b_j)$$

aus linearen und quadratischen irreduziblen reellen Polynomen. $x_1, x_2, \ldots, x_k$ sind die reellen Nullstellen von p.

6.2 Der Satz von Gauß-Lukas

Zwischen den Nullstellen eines Polynoms $p \in \mathbb{K}[x]$ und seiner Ableitung $p' \in \mathbb{K}[x]$ existieren interessante Beziehungen. So treten z.B. k-fache Nullstellen von p als $(k-1)$-fache Nullstellen der Ableitung p' auf. Eine Nullstelle x_0 von p heißt *k-fach*, falls man den zugehörigen Linearfaktor $x - x_0$ genau k mal (und nicht öfter!) von p abspalten kann: $p(x) = p_1(x)(x - x_0)^k$. Für das verbleibende Polynom p_1 muß $p_1(x_0) \neq 0$ gelten, denn sonst ließe sich x_0 ein weiteres Mal abspalten. Ableiten liefert:

$$\begin{aligned} p'(x) &= p_1'(x)\,(x - x_0)^k + k\,p_1(x)\,(x - x_0)^{k-1} \\ &= (x - x_0)^{k-1} \underbrace{\left(p_1'(x)\,(x - x_0) + k\,p_1(x) \right)}_{=:\, q(x)}. \end{aligned}$$

Wegen $q(x_0) = k\ p_1(x_0) \neq 0$ ist x_0 also eine $(k-1)$-fache Nullstelle von p'.

Das folgende Lemma liefert eine Methode, alle Nullstellen eines Polynoms in einfache Nullstellen umzuwandeln (diese Methode funktioniert übrigens für reelle und komplexe Polynome):

Lemma 6.7 *Sei $p \in \mathbb{C}[x]$ und*

$$p_1 := \frac{p}{\mathrm{ggT}(p, p')}.$$

Die Nullstellen von p_1 sind dann alle einfach und stimmen in ihrer Lage genau mit den Nullstellen von p überein.

Beweis Sei $p(x) = (x - x_1)^{n_1} \cdots (x - x_k)^{n_k}$. Dann gilt wegen obiger Überlegung und des Faktorisierungssatzes 6.5:

$$p'(x) = c\ (x - x_1)^{n_1 - 1} \ldots (x - x_k)^{n_k - 1} (x - y_1) \cdots (x - y_{k-1})$$

mit $y_1, \ldots, y_{k-1} \notin \{x_1, \ldots, x_k\}$. Der Vergleich dieser beiden Darstellungen als Produkte irreduzibler Polynome liefert:

$$\mathrm{ggT}(p, p') = (x - x_1)^{n_1 - 1} \cdots (x - x_k)^{n_k - 1},$$

und folglich gilt: $p_1(x) = (x - x_1) \ldots (x - x_k)$. □

Dieses Lemma ist deshalb sehr nützlich, da viele Methoden voraussetzen, die Nullstellen der Ausgangspolynome seien einfach. Das folgende kleine Beispielprogramm zeigt, wie man mit Hilfe unserer Polynomarithmetik dieses Verfahren implementiert:

```
#include "polynom.h"

Polynom   einfache_nst (const Polynom& p)
            { return  p / ggT( p, diff(p) );
            }

main()
{
  Polynom  p1,p2;

  cout <<  "Welches Polynom soll ich bearbeiten?\n";
```

```
  cin >> p1;
  p2 = einfache_nst(p1);

  cout << "Eingegebenes Polynom:\n";
  cout << p1;
  cout << "Polynom mit lauter einfachen Nullstellen:\n";
  cout << p2;
}
```

Bei reellen Polynomen p liefert der *Satz von Rolle* eine wichtige Beziehung zwischen p und der Ableitung p'. Eine allgemeinere Version dieses Satzes für differenzierbare Funktionen ist bekanntlich das Kernstück des Beweises des *Mittelwertsatzes* der Differentialrechung. Die hier wiedergegebene ursprüngliche Version von MICHEL ROLLE (1652-1719) diente zum Trennen der Nullstellen:

Satz 6.8 (Rolle) *Sind $a, b \in \mathbb{R}$ zwei aufeinanderfolgende Nullstellen von $p \in \mathbb{R}[x]$, so liegen im offenen Intervall (a, b) ungeradzahlig viele — also mindestens eine — Nullstelle von p'.*

Beweis Zuerst schreibt man

$$p(x) = (x-a)^{n_1}(x-b)^{n_2}p_1(x) \qquad \text{mit } p_1(a), p_1(b) \neq 0.$$

Da a und b aufeinderfolgende Nullstellen sind, hat p_1 auf $[a, b]$ immer das gleiche Vorzeichen. Es folgt:

$$p'(x) = (x-a)^{n_1-1}\,(x-b)^{n_2-1}\,q(x)$$

mit

$$q(x) = (x-a)(x-b)p_1'(x) + n_2(x-a)p_1(x) + n_1(x-b)p_1(x).$$

Offensichtlich sind die Nullstellen der Ableitung p' im offenen Intervall (a, b) (mit ihrer Vielfachheit) mit denen von q identisch. Da $q(a) = n_1(a-b)p_1(a)$ und $q(b) = n_2(b-a)p_1(b)$ verschiedene Vorzeichen haben, liegen in (a, b) ungeradzahlig viele Nullstellen von q. Dabei werden mehrfache Nullstellen mit ihrer Vielfachheit berücksichtigt. □

Aus Satz 6.8 folgt leicht:

Korollar 6.9 *Sind die komplexen Nullstellen eines reellen Polynoms alle reell und einfach, so gilt dies auch für alle seine Ableitungen.*

Wir betrachten als nächstes die komplexe Situation. Die Ableitung eines Polynoms $p(x) = \prod_{j=1}^{k}(x - x_j)^{n_j}$ mit paarweise verschiedenen Werten $x_1, \ldots, x_k$ schreibt sich als

$$p'(x) = \sum_{j=1}^{k} n_j\,(x - x_1)^{n_1} \cdots (x - x_j)^{n_j - 1} \cdots (x - x_k)^{n_k}.$$

Hieraus folgt die interessante Formel

$$\frac{p'(x)}{p(x)} = \frac{n_1}{x - x_1} + \cdots + \frac{n_k}{x - x_k}. \qquad (6.3)$$

Auf ihr beruht der folgende Satz über die Lage der Nullstellen eines komplexen Polynoms und seiner Ableitungen:

Satz 6.10 (Gauß-Lucas) *Seien $x_1, \ldots, x_k \in \mathbb{C}$ die verschiedenen Nullstellen (mehrfache Nullstellen werden nur einmal aufgeführt) eines komplexen Polynoms p. Dann liegen alle Nullstellen aller Ableitungen von p in der konvexen Hülle*

$$H := \{\lambda_1 x_1 + \ldots + \lambda_k x_k \mid \lambda_1, \ldots, \lambda_k \geq 0,\ \lambda_1 + \ldots + \lambda_k \leq 1\} \subset \mathbb{C}$$

von $x_1, \ldots, x_k$.

Beweis Zunächst einmal ist klar, daß wir die Behauptung nur für die Nullstellen von p' zeigen müssen. Dann ergibt sich iterativ für die konvexen Hüllen H^j der Nullstellen der Polynome $p^{(j)}$:

$$H \supset H^1 \supset H^2 \supset \cdots.$$

Indirekter Beweis: Sei also x_0 eine Nullstelle von p', die außerhalb H liegt. Dann liegt H — von x_0 aus gesehen — in einem Winkelbereich mit Winkel $\gamma < \pi$ (vgl. Abb. 6.1). Also liegen auch die Vektoren $x_0 - x_1, \ldots, x_0 - x_k \neq 0$ in einem solchen Winkelbereich und ebenso die Vektoren $\frac{1}{x_0 - x_1}, \ldots, \frac{1}{x_0 - x_k}$ (denn es gilt: $\frac{1}{x} = \frac{1}{|x|^2}\,\bar{x}$, und die Konjugation ist — als Spiegelung an der reellen Achse — eine winkeltreue Abbildung). Es ist intuitiv klar, daß die Summe von Vektoren $v_1, \ldots, v_k \neq 0$, die alle (vom Ursprung aus) in einem Winkelbereich mit Winkel $< \pi$ liegen, niemals 0 werden kann. Dies fordert jedoch Gleichung (6.3) für den Fall $x = x_0$. *Widerspruch!* □

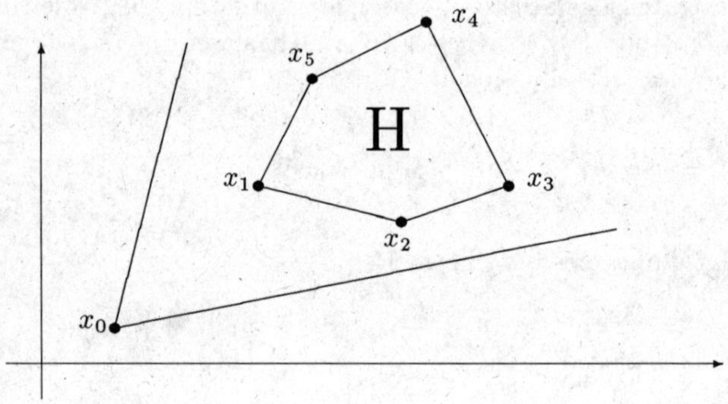

Abbildung 6.1: *Nullstelle von p' außerhalb H*

Bemerkung und Beispiel Wir setzen in (6.3) eine Nullstelle x_0 von p' ein, konjugieren beide Seiten der Gleichung komplex und erweitern die beteiligten Brüche so, daß in den Nennern Beträge stehen:

$$\frac{n_1}{|x_0 - x_1|} \cdot \frac{x_0 - x_1}{|x_0 - x_1|} + \cdots + \frac{n_k}{|x_0 - x_k|} \cdot \frac{x_0 - x_k}{|x_0 - x_k|} = 0. \qquad (6.4)$$

Die komplexen Zahlen $\frac{x_0 - x_j}{|x_0 - x_j|}$ kann man als Pfeile auffassen, die — im Punkt x_j angesetzt — in Richtung x_0 zeigen. Alle diese Pfeile haben die Länge 1. Aus Formel (6.4) ergibt sich die folgende Interpretation der Lage der Nullstellen von p':

Aus der Physik ist bekannt, daß zwei geladene Körper (mit gleicher Polung) eine gegenseitige Abstoßungskraft erfahren, die proportional zum Reziproken des Abstandsquadrats, also $1/r^2$ ist (Coulombsches Gesetz). Unser Modellraum sei die komplexe Zahlenebene $\mathbb{C}$ und dort gelte ein anderes Gesetz: Die Abstoßungskraft sei proportional zu $1/r$. Befestigt man in allen Punkten x_j (Nullstellen von p) Objekte der Ladung n_j (Vielfachheit der Nullstelle x_j), so sind die Nullstellen von p' genau die Orte der Zahlenebene, so daß ein dort angebrachtes geladenes Objekt nach allen Seiten hin gleichmäßig abgestoßen würde. Jeder Summand auf der linken Seite von (6.4) stellt nämlich einen Kraftpfeil dar, der — in x angesetzt — die Abstoßungskraft durch die in x_j befestigte Ladung wiedergibt. Aufgrund Gleichung (6.4) addieren sich diese Kraftpfeile in Nullstellen von p' zu 0. Sie heben sich physikalisch gesehen gegenseitig auf. Die Nullstellen von p' sind also

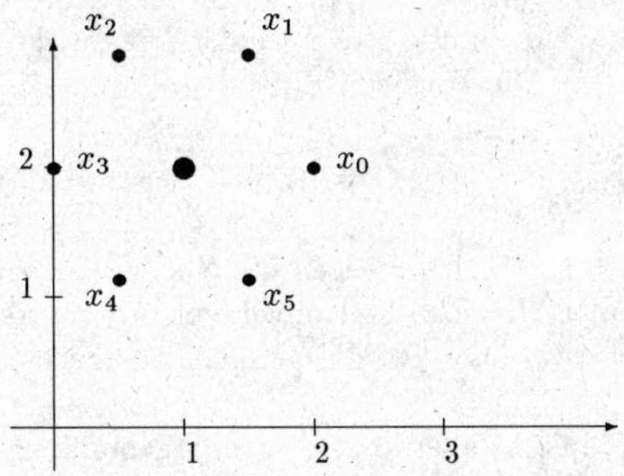

Abbildung 6.2: *Nullstllen von p und p′ im Beispiel*

Gleichgewichtspunkte der Abstoßung durch die befestigten Ladungen. Mit dieser Betrachtungsweise kann man oft sehr erfolgreich raten, wo die Nullstellen von p' liegen müssen.

Sei z.B. $x_j := (1+2i) + \zeta_6{}^j$ für $0 \leq j \leq 5$ mit einer 6-ten Einheitswurzel $\zeta_6 = e^{2\pi i/6}$. Die Punkte x_j liegen also gleichmäßig auf dem Einheitskreis um den Punkt $1+2i$ verteilt. Man erhält

$$\begin{aligned} p(x) &= (x-x_0)\cdots(x-x_5) \\ &= x^6-(6+12i)x^5-(45-60i)x^4+(220+40i)x^3 \\ &\quad -(105+360i)x^2-(246-228i)x+(116+44i). \end{aligned}$$

Die Nullstellen der Ableitung

$$\begin{aligned} \frac{p'(x)}{6} &= x^5-(5+10i)x^4-(30-40i)x^3+(110+20i)x^2 \\ &\quad -(35+120i)x-(41-38i) \end{aligned}$$

müssen aufgrund der Symmetrie der Nullstellen von p alle in $1+2i$ zusammenfallen. p' besitzt dort also eine 5-fache Nullstelle:

$$p'(x) = 6\cdot(x-(1+2i))^5.$$

Abb. 6.2 veranschaulicht die Situation (die 5-fache Nullstelle von p' ist fett eingezeichnet).

Nach diesen allgemeinen Resultaten über die Existenz und Lage von Nullstellen interessiert man sich natürlich auch besonders dafür, sie für konkrete Polynome zu berechnen. Die bekannteste Methode zur approximativen Berechnung reeller Nullstellen ist die von ISAAC NEWTON (1642-1727). Die Formel

$$x_{n+1} = \Phi(x_n) := x_n - \frac{p(x_n)}{p'(x_n)} \tag{6.5}$$

liefert eine Folge $\{x_n\}_n$, die lokal gegen die Nullstellen von p konvergiert. Mit *lokal* meinen wir, daß die Konvergenz nur gewährleistet ist, falls man einen Startwert besitzt, der genügend nahe bei der echten Lösung liegt.

Die Methode (6.5) geht allerdings — genau genommen — auf JOSEPH RAPHSON (1648-1715) zurück und ist eine Modifikation der ursprünglichen Newtonschen Methode.

Zum Abschluß wollen wir die *Konvergenzgeschwindigkeit* der Iteration (6.5) genauer untersuchen. Für eine Nullstelle x_0 von p gilt wegen (6.2)

$$p(x) = p_1(x)\,(x - x_0) \tag{6.6}$$

mit einem geeigneten Polynom p_1. Es folgt:

$$\Phi(x) - x_0 = (x - x_0) - \frac{p(x)}{p'(x)} = \frac{p'(x) - p_1(x)}{p'(x)}\,(x - x_0).$$

Ableiten von (6.6) zeigt, daß in $p'(x) - p_1(x)$ der Faktor $x - x_0$ ein weiteres Mal steckt:

$$p'(x) = p_1(x) + p_1'(x)\,(x - x_0).$$

Also erhalten wir schließlich:

$$\Phi(x) - x_0 = \frac{p_1'(x)}{p'(x)}\,(x - x_0)^2.$$

Im Fall einer einfachen Nullstelle x_0 von p gilt $p'(x_0) \neq 0$, und zu $\epsilon := |p'(x_0)|$ gilt wegen der Stetigkeit von p' auf einer genügend kleinen Umgebung von x_0 immer noch

$$|p'(x)| > \epsilon/2.$$

Sei $C > 0$ eine obere Abschätzung von $|p_1'|$ auf dieser Umgebung, so gilt dort:

$$|\Phi(x) - x_0| \leq \frac{2C}{\epsilon} \cdot |x - x_0|^2. \tag{6.7}$$

Da sich der Abstand zur Nullstelle x_0 — bis auf die Konstante $\frac{2C}{\epsilon}$ — bei jedem Iterationsschritt quadratisch verringert, spricht man von *quadratischer Konvergenz.* Numerisch bedeutet das die Verdopplung der richtigen Stellen hinter dem Komma pro Iteration. Im Fall einer mehrfachen Nullstelle von p besitzt die Newton-Raphson-Iteration nur noch *lineare Konvergenz.*

Wegen der oben erwähnten lokalen Konvergenz des Newtonverfahrens ist es nötig, zu einer gegebenen reellen Funktion vorab möglichst kleine Intervalle zu bestimmen, in denen jeweils genau eine Nullstelle „eingefangen" wird. Ein sehr schönes Verfahren hierzu beschreibt der folgende Abschnitt.

6.3 Die Idee der Sturmschen Kette

Mit einer Sturmschen Kette kann man die Anzahl der Nullstellen einer Funktion f in jedem Intervall (a, b) sehr leicht bestimmen. Die zentrale Idee ist eine raffinierte „Speicherung" der Nulldurchläufe von $f(t)$ bei kontinuierlicher Zunahme des Arguments t. *Wo sollen aber diese Nulldurchgänge gespeichert werden?* Dazu konstruiert man — beginnend mit der Funktion $f = f_0$ — eine endliche Folge von Funktionen

$$f_0,\ f_1,\ \ldots,\ f_k,$$

deren Verhalten geeignet aufeinander abgestimmt ist. Aus diesen $k+1$ Funktionen kann man dann leicht eine neue Funktion $W(t)$ gewinnen, die gewissermaßen die (im Intervall (t, ∞) verbliebenen) Nullstellen von f „zählt". *Bei Zunahme des Arguments* t bleibt $W(t)$ also konstant, solange keine Nullstelle von f passiert wird. An jeder Nullstelle erniedrigt sich hingegen $W(t)$ um Eins. Dies alles klingt noch recht mysteriös und bedarf einer ausgedehnteren Erklärung. Es sei allerdings auch schon erwähnt,daß sich bei Polynomen die Konstruktion einer Sturmschen Kette $f_0, \ldots, f_k$ sehr einfach gestaltet. Diese Konstruktion ähnelt dem Euklidischen Algorithmus zur Bestimmung des ggT zweier Polynome.

Zunächst wollen wir die erforderlichen Eigenschaften der Funktionenfolge $f_0, \ldots, f_k$ herleiten. Seien also $k + 1$ Funktionen gegeben. Wir interpretieren t als Zeitvariable und beschreiben den dynamischen Verlauf der Funktion $f_0(t)$ durch einen auf der senkrechten Achse

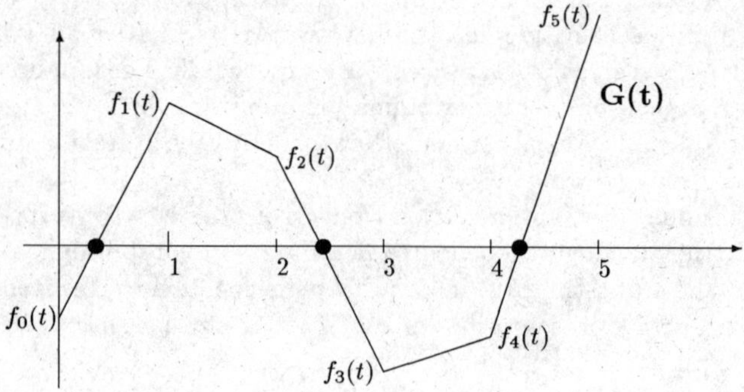

Abbildung 6.3: *Stückweise linearer Graph G mit Knoten*

vertikal beweglichen Punkt $P_0 = (0, f(t))$ der Zahlenebene $\mathbb{R}^2$. Der Punkt P_0 befinde sich also zum Zeitpunkt t in der Höhe $f_0(t)$. Die anderen Funktionen $f_j(t)$ veranschaulichen wir ebenso durch Punkte P_j, die sich zum Zeitpunkt t an der Stelle $(j, f_j(t))$ befinden. Die $k+1$ Funktionen werden also dynamisch dargestellt durch $k+1$ vertikal bewegliche Punkte, die im Verlauf der Zeit ständig ihre Höhe ändern. Die horizontale Achse bezeichnen wir im weiteren als j-Achse. Durch lineares Verbinden aller aufeinanderfolgender Punkte P_j und P_{j+1} erhält man zu jedem Zeitpunkt t einen stückweise linearen Graphen $G(t)$. Die Schnittpunkte dieses Graphen $G(t)$ mit der j-Achse nennt man die *Knoten* des Graphen G zum Zeitpunkt t. Die drei Knoten in Abb. 6.3 werden durch die Vorzeichenwechsel zwischen $f_0(t), f_1(t)$ sowie $f_2(t), f_3(t)$ und $f_4(t), f_5(t)$ erzeugt.

Bei stetiger Variation der Aufhängepunkte P_j (in der Zeit t) wandern natürlich auch die Knoten stetig auf der j-Achse. Mit diesen Knoten sollen die Nulldurchläufe von f folgendermaßen gemerkt werden: Bei jedem Nulldurchlauf von f soll genau ein Knoten am Ursprung des Koordinatensystems in Abb. 6.3 entweichen. Diesen Prozeß veranschaulicht Abb. 6.5. Darüberhinaus soll

(α) kein neuer Knoten am rechten Rand k der j-Achse entstehen oder entweichen und

(β) im Innern keine Knoten miteinander „verschmelzen“ oder aus dem Nichts auftauchen.

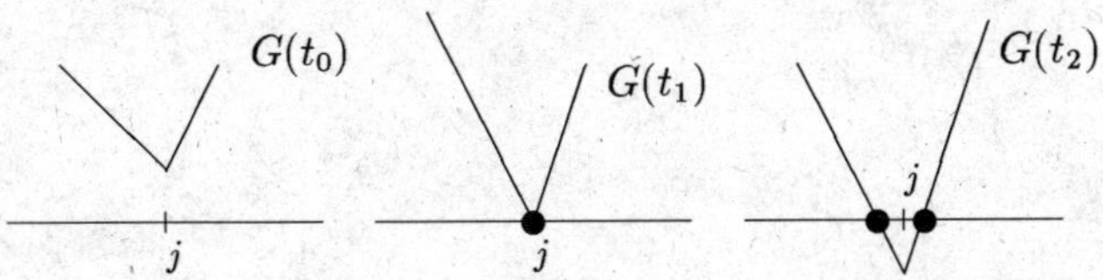

Abbildung 6.4: *Entstehen oder Verschmelzen von Knoten im Innern*

Das also sind die Regeln, nach denen sich die Funktionen $f_0, \ldots, f_k$ verhalten sollen. Bezeichnet nun $W(t)$ die Anzahl der Knoten des Graphen $G(t)$, so ist die Anzahl der Nullstellen von f im Intervall $[a, b]$ offensichtlich gleich

$$W(a) - W(b),$$

falls a und b selbst keine Nullstellen von f sind.
Damit haben wir die wesentliche Idee der Sturmschen Kette bereits erläutert. Der Rest beruht darauf, die „Knotenbedingungen" in Bedingungen an die Funktionen $f_0, f_1, \ldots, f_k$ zu übersetzen. Schreiten wir zur Tat: Die Situation (α) schließen wir aus durch die Forderung

- $f_k(t)$ hat für alle t ein festes Vorzeichen.

Die einzige Möglichkeit des *Entstehens eines Knotens* bzw. *Verschmelzens zweier Knoten* im Innern beschreibt Abb. 6.4 von links nach rechts bzw. von rechts nach links (bis auf Spiegelung). Diese Situation verhindert man durch die Forderung

- f_{j-1} und f_{j+1} haben in den Nullstellen von f_j verschiedene Vorzeichen.

Am Nullpunkt der j-Achse soll schließlich bei jedem Nulldurchlauf von f ein Knoten entweichen. In einer Nullstelle t_1 von f muß also das Monotonieverhalten von f mit dem Vorzeichen von $f_1(t_1)$ übereinstimmen (siehe Abb. 6.5):

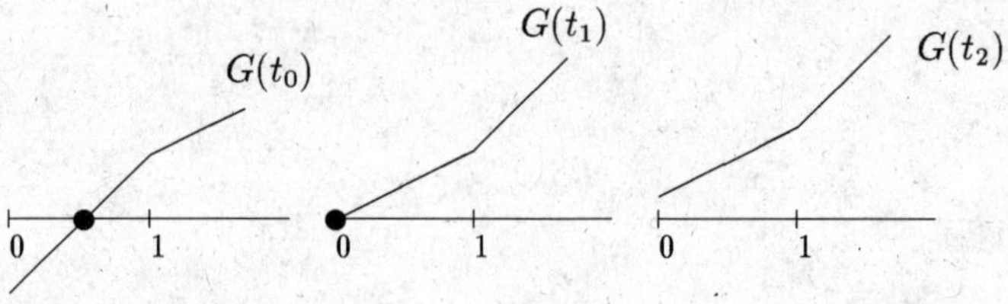

Abbildung 6.5: *Entweichen eines Knotens*

- für alle Nullstellen t von f gelte: $\text{sgn}(f_0'(t)) = \text{sgn}(f_1(t)) \neq 0$.[1]

Wir fassen diese Eigenschaften zu einer Definition zusammen:

Definition 6.11 *Eine endliche Folge stetiger Funktionen*

$$f = f_0, f_1, \ldots, f_k$$

nennt man eine Sturmsche Kette von f, falls sie folgende Bedingungen erfüllt:

(*i*) *$f_k(t)$ hat für alle t ein festes Vorzeichen,*

(*ii*) *f_{j-1} und f_{j+1} haben in den Nullstellen von f_j verschiedene Vorzeichen,*

(*iii*) *für alle Nullstellen t von f gelte:*

$$\text{sgn}(\ f_0'(t)\ ) \ = \ \text{sgn}(\ f_1(t)\ ) \ \neq \ 0.$$

Die Knoten des Graphen $G(t)$ entsprechen — falls t keine Nullstelle von f ist — genau den Vorzeichenwechseln der Zahlenfolge

$$f_0(t),\ f_1(t),\ \ldots,\ f_k(t), \tag{6.8}$$

[1]Dabei bezeichne sgn folgende Funktion:

$$\text{sgn}(x) \ := \begin{cases} +1 & \text{falls } x > 0, \\ 0 & \text{falls } x = 0, \\ -1 & \text{falls } x < 0. \end{cases}$$

wobei Nullen übersprungen werden. ABER VORSICHT! Diese so plausibel klingende Feststellung birgt eine Gefahr: die Sequenz $\ldots, 2, 0, 2, \ldots$ in (6.8) enthielte einen Knoten, der beim Abzählen der Vorzeichenwechsel nicht entdeckt würde. Glücklicherweise verbietet Bedingung (ii) diese Situation. Also können wir $W(x)$ auch als die Anzahl der Vorzeichenwechsel in (6.8) auffassen und erhalten:

Satz 6.12 (Regel von Sturm) *Sei* $f = f_0, \ldots, f_k$ *eine Sturmsche Kette. Dann befinden sich im Intervall* $[a, b] \subset [a_0, b_0]$ *mit* $f(a) \neq 0 \neq f(b)$ *genau* $W(a) - W(b)$ *Nullstellen von* f.

Wir wollen kurz den Aufwand und den Nutzen dieser Methode gegenüberstellen, um ihre Effizienz einschätzen zu können:

- **Einmaliger Aufwand:** Ermitteln der Folge $f_0, \ldots, f_k$ zu einer vorgegebenen reellen Funktion f.

- **Mehrmaliger Aufwand:** Zu jedem Intervall $[a, b]$ sind $2k + 2$ Funktionsauswertungen durchzuführen. **Nutzen:** Genaue Anzahl der Nullstellen von f in $[a, b]$.

Die Information, die sich aus dem mehrmaligen Aufwand ziehen läßt, ist beachtlich. Um so überraschender ist es, daß die Sturmsche Kette nur die drei einfachen Bedingungen (i)-(iii) erfüllen muß.

Die wichtige Frage für die Entscheidung über Sinn und Unsinn der Sturmschen Regel ist, ob man zu einer gegebenen Funktion f relativ einfach eine Sturmsche Kette konstruieren kann. Bei Polynomen ist das glücklicherweise der Fall:

Algorithmus 6.13 (Methode von Sturm) *Sei* $p = p_0$ *ein reelles Polynom und* p_1 *seine Ableitung. Wir bestimmen* $p_2, p_3, \ldots$ *durch sukzessive Division mit Rest*

$$\begin{aligned} p_0 &= q_1 \cdot p_1 - p_2 && \text{mit } \operatorname{grad}(p_2) < \operatorname{grad}(p_1), \\ &\vdots \\ p_{j-1} &= q_j \cdot p_j - p_{j+1} && \text{mit } \operatorname{grad}(p_{j+1}) < \operatorname{grad}(p_j), \\ &\vdots \end{aligned}$$

und brechen den Vorgang ab, falls die Division aufgeht (d.h. $p_{k+1} = 0$ ist). Dann bildet die Folge

$$\left\{f_0 := \frac{p_0}{p_k},\ f_1 := \frac{p_1}{p_k},\ \ldots,\ f_k := 1 = \frac{p_k}{p_k}\right\} \tag{6.9}$$

eine Sturmsche Kette von $f := f_0$.

Das Divisionsschema erinnert sehr an den Euklidischen Algorithmus. Der einzige Unterschied besteht darin, das hier negative Reste genommen werden. Dadurch gewährleistet man die Bedingung (ii) über den Vorzeichenwechsel in Definition 6.11. Wie beim Eulikidischen Algorithmus ist p_k bis auf die Normierung gleich dem $\mathrm{ggT}(p, p')$. Mit Lemma 6.7 folgt hieraus, daß die Nullstellen von f alle einfach sind und mit denen von p zusammenfallen. Da uns hier Multiplizitäten nicht interessieren, macht es keinen Unterschied, für die Nullstellentrennung p oder f zu untersuchen. (6.9) bleibt natürlich auch dann noch eine Sturmsche Kette von f, wenn jedes Polynom der Kette mit einem eigenen positiven Faktor multipliziert wird. Dies ist oft nützlich, um häßliche Brüche zu vermeiden.

Korrektheitsbeweis von Algorithmus 6.13 Wir müssen die Bedingungen (i)-(iii) von Satz 6.12 überprüfen. (i) gilt offensichtlich. Die Funktionen der Kette erfüllen

$$f_{j-1} = q_j \cdot f_j - f_{j+1},$$

also gilt in jeder Nullstelle t von f_j:

$$f_{j-1}(t) = -f_{j+1}(t).$$

Aus $f_{j-1}(t) = 0$ würde $f_{j+1}(t) = \ldots = f_k(t) = 0$ im Widerspruch zur Konstanz von f_k folgen. Somit gilt auch (ii). Der Beweis von (iii) ist etwas komplizierter: Sei t_0 eine k-fache Nullstelle von p_0. q und g seien die verbleibenden Polynome nach Abspalten der Nullstelle t_0 von p_0 und f_0:

$$\begin{aligned} p_0(t) &= (t - t_0)^k\, q(t) \quad \text{mit } q(t_0) \neq 0, \\ f_0(t) &= (t - t_0)\, g(t) \quad \text{mit } g(t_0) \neq 0. \end{aligned} \tag{6.10}$$

Es folgt wegen $p_1 = p_0'$:

$$\frac{f_1(t)}{f_0(t)} = \frac{p_1(t)}{p_0(t)} = \frac{k}{t - t_0} + \frac{q'(t)}{q(t)},$$

und nach Multiplikation mit (6.10):

$$f_1(t) \;=\; k \cdot g(t) \;+\; (t - t_0) \cdot g(t) \cdot \frac{q'(t)}{q(t)}. \qquad (6.11)$$

Setzt man $t = t_0$ in (6.11) und in $f_0'(t) = g(t) + (t - t_0) \cdot g'(t)$, so erhält man:

$$f_1(t_0) \;=\; k \cdot g(t_0) \;=\; k \cdot f_0'(t_0). \qquad (6.12)$$

Da t_0 eine einfache Nullstelle von f_0 ist, gilt $f_0'(t_0) \neq 0$, und f_0' und f_1 haben in t_0 aufgrund von (6.12) das gleiche Vorzeichen. Damit ist auch (iii) gezeigt. □

Beispiel Wir wenden obige Methode auf das Polynom $p(x) = x^3 - x^2 - 5x - 3$ an. Es ergibt sich die Kette:

$$\begin{aligned} p_0(x) &= x^3 - x^2 - 5x - 3, \\ p_1(x) &= 3x^2 - 2x - 5, \\ p_2(x) &= x + 1 \quad \text{(nach Multiplikation mit } \tfrac{9}{32}\text{).} \end{aligned}$$

In der folgenden Tabelle stehen die Auswertungen der Kette an einigen Stellen:

	x=-5	x=-2	x=0	x=2	x=5
$p_0(x)$	-128	-5	-3	-9	72
$p_1(x)$	80	11	-5	3	60
$p_2(x)$	-4	-1	1	3	6

Um die reellen Nullstellen von p_0 — ohne Berücksichtigung ihrer Vielfachheiten — zu trennen, ist es nicht nötig, alle drei Polynome durch p_2 zu teilen. Für $p_0(x) \neq 0$ gilt nämlich auch $p_2(x) \neq 0$ (Warum?) und die Anzahl der Vorzeichenwechsel der Kette $\{p_0(x), p_1(x), p_2(x)\}$ ändert sich nicht bei Division aller Polynome durch $p_2(x)$.

Die Nullstellen von p liegen allesamt im Intervall $(-2, 5)$, da gemäß dieser Tabelle bei $x = -2$ in der Sturmschen Kette noch maximal viele Vorzeichenwechsel auftreten und bei $x = 5$ alle Vorzeichenwechsel verschwunden sind. Die Tabelle verrät außerdem, daß p genau zwei reelle Nullstellen besitzt, die eine im Intervall $(-2, 0)$ und die andere im Intervall $(2, 5)$. Da nichtreelle Nullstellen immer nur paarweise auftreten (mit x ist auch $\bar{x}$ eine Nullstelle!), folgt aus Gradgründen, daß eine dieser beiden reellen Nullstellen die Multiplizität 2 besitzt. Diese Informationen werden durch die Identität $p(x) = (x+1)^2(x-3)$ nachträglich bestätigt.

Zum Ausklang noch ein paar historische Daten über CHARLES STURM (1803-1855), den Urheber dieser Methode: Er wurde in Genf geboren und erhielt als Nachfolger POISSONS (1781-1840) den Lehrstuhl für Mechanik an der Universität *Sorbonne* in Paris. Einen starken Einfluß auf seine Untersuchungen hatten vorausgehende Arbeiten von JOSEPH FOURIER (1768-1830). Fourier — dem wir außerdem die Grundlagen einer Theorie verdanken, auf die wir in späteren Kapiteln näher eingehen werden — hatte gezeigt, daß ein reelles Polynom f vom Grad k im Intervall $[a, b]$ **höchstens** $V(b) - V(a)$ Nullstellen besitzt, wobei $V(t)$ die Anzahl der Vorzeichenwechsel der Kette

$$\{f(x),\ f'(x),\ \ldots, f^{(k)}(x)\}$$

ist. Sturms Methode zur **exakten Angabe** der Anzahl von Nullstellen erschien im Jahr 1829 — dem wahrscheinlich kreativsten Jahr in seiner Schaffensperiode — und war als Nebenprodukt intensiver Beschäftigung über die Wärmeausbreitung entstanden. Einen sehr schönen Einblick in die gedanklichen Zusammenhänge seiner mathematischen Resultate findet man in [Bô].

6.4 Das Prinzip der Umlaufzahl

Wir wenden uns in diesem Abschnitt den Nullstellen von komplexen Polynomen zu und erinnern zu Beginn an folgenden wichtigen Unterschied zwischen den Körpern $\mathbb{R}$ und $\mathbb{C}$:

Das Polynom $x^2 + 1$ hat in den reellen Zahlen bekanntlich keine Nullstelle. Faßt man es jedoch als Funktion über den komplexen Zahlen auf, zerfällt es in Linearfaktoren

$$x^2 + 1 \;=\; (x + i) \cdot (x - i)$$

und hat dort die beiden Nullstellen i und $-i$. Man muß also bei manchen Polynomen den größeren Körper $\mathbb{C}$ zur Hilfe nehmen, um die

Nullstellen aufzuspüren. Der *Fundamentalsatz der Algebra* besagt, daß man den Körper der komplexen Zahlen nicht noch einmal vergrößern muß: alle Nullstellen eines komplexen Polynoms liegen bereits in $\mathbb{C}$. Die Mathematiker nennen $\mathbb{C}$ daher einen *algebraisch abgeschlossenen* Körper.

Ein komplexes Polynom p bildet die komplexe Zahlenebene („Urbildebene") auf eine zweite („Bildebene") ab, ist also aufgrund unseres maximal dreidimensionalen Vorstellunsvermögens nicht mehr durch einen Graphen veranschaulichbar. Wir werden in diesem Abschnitt feststellen, daß man aus folgender eingeschränkter Veranschaulichung interessante Informationen entnehmen kann: Man wähle eine geschlossene Kurve γ in der Urbildebene und betrachte ihre Bildkurve $p \circ \gamma$ in der Bildebene. Unter einer *geschlossenen Kurve* $\gamma : [t_0, t_1] \to \mathbb{C}$ stelle man sich die Rundwanderung eines Punktes P in der komplexen Zahlenebene vor, die zum Zeitpunkt t_0 im Ort $\gamma(t_0)$ beginnt, zum Zeitpunkt t am Ort $\gamma(t)$ vorbeiführt und zum Zeitpunkt t_1 wieder am Ursprungsort $\gamma(t_1) = \gamma(t_0)$ endet. Die Bildkurve ist dann natürlich wieder geschlossen und befindet sich zum Zeitpunkt t am Ort $p(\gamma(t))$.

Beispiel Sei $p(x) = x^2 + 1$ und

$$\begin{aligned}\gamma(t) &:= (\cos t + 1)\, e^{it} - 0.5 \\ &= (\cos^2 t + \cos t - 0.5) + i(\cos t \sin t + \sin t)\end{aligned}$$

für $t \in [0, 2\pi]$. Die linke Seite von Abb. 6.6 stellt die von γ einmal (gegen den Uhrzeigersinn, d.h. mathematisch positiv) durchlaufene Bahn dar. Die Rundreise des Bildpunktes beginnt bei $p(\gamma(0)) = 3\frac{1}{4}$ und endet natürlich auch wieder dort. Die Bildkurve $p \circ \gamma$ umläuft den Ursprung der Bildebene zweimal mathematisch positiv (rechte Seite von Abb. 6.6). Wir bezeichnen die *Umlaufzahl* einer Kurve um einen Punkt $z \in \mathbb{C}$ mit $\mathrm{ind}_\gamma(z)$. Es gilt also:

$$\mathrm{ind}_{p\circ\gamma}(0) = 2.$$

Dieser Wert stimmt mit der Anzahl der Nullstellen von p in dem herzförmigen Gebiet G, das das **Innere** der Kurve γ ausmacht, überein:

$$\#\{ z \in G \mid p(z) = 0 \} = \#\{ i, -i \} = 2.$$

Wir werden auf diesen Zusammenhang — der das Hauptergebnis dieses Abschnitts darstellt — später ausführlicher eingehen.

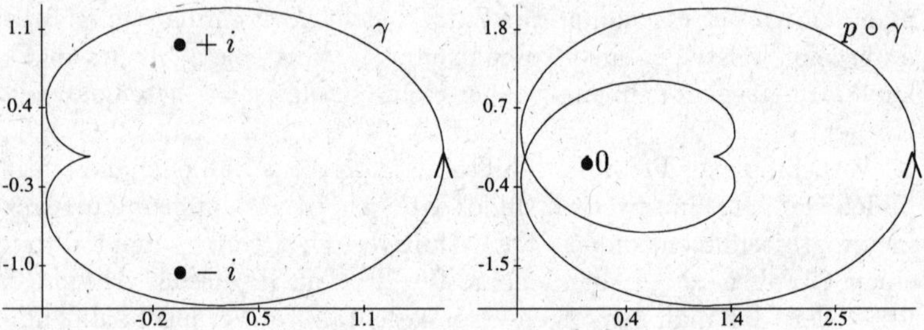

Abbildung 6.6: *Kurve und ihre Bildkurve unter dem Polynom* $x^2 + 1$

Es ist nicht leicht, den Begriff der Umlaufzahl genau zu fassen. Bei sehr komplizierten Kurven γ ist die Umlaufzahl um einen Punkt $z \in \mathbb{C}$ auch nicht unmittelbar durch „Draufschauen" zu erkennen. Da sie in diesem Abschnitt eine zentrale Rolle spielt, versuchen wir, sie weiter zu veranschaulichen:

Dazu stellen wir uns die komplexe Zahlenebene als einen großen Parkettboden vor, auf dem im Punkt z ein Drehhocker stehe, dessen Höhe durch Drehen der Sitzfläche verstellbar ist (manche Klavierhocker haben diese Eigenschaft). Auf diesem Hocker sitze ein Beobachter, der einer zweiten Person, die genau die Kurve γ abwandert, zugewandt ist. Dabei dreht sich der Beobachter zusammen mit der Sitzfläche ebenso oft um seine Achse, wie die zweite Person ihn umwandert. Die Umläufe werden durch die Höhe des Hockers gespeichert. Folglich ist die Höhendifferenz des Hockers zwischen Beginn und Ende der Wanderung ein Maß für die Umlaufzahl der Kurve.

Sollte dieses Bild dem Leser nützen, hat es seinen Zweck erfüllt. Nun entwickeln wir eine mathematisch befriedigende Definition: Sei also $\gamma : [t_0, t_1] \to \mathbb{C}$ eine stetige geschlossene Kurve und z ein Punkt, der nicht auf dieser Kurve liege. Wir schreiben die Kurve relativ zum Bezugspunkt z in Polarkoordinaten:

$$\gamma(t) = z + r(t) \cdot e^{i\theta(t)} \quad \text{für alle } t \in [t_0, t_1], \tag{6.13}$$

wobei die Funktionen $r : [t_0, t_1] \to (0, \infty)$ und $\theta : [t_0, t_1] \to \mathbb{R}$ den Abstand und den Winkel des Kurvenpunkts zum Bezugpunkt z darstellen. Der aktuelle Winkel ist nur bis auf Vielfache von 2π

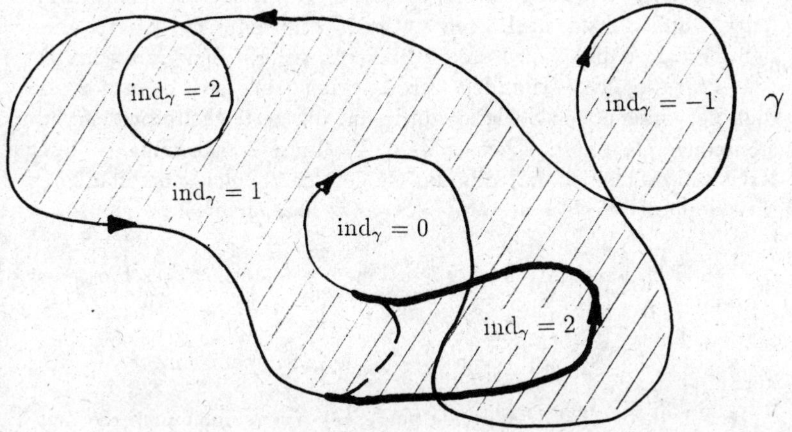

Abbildung 6.7: *Einteilung in Bereiche mit fester Umlaufzahl*

eindeutig festgelegt. In obigem Bild beruht der Speichermechanismus des Hockers darauf, daß seine Höhe sich stetig verändert und keine Sprünge macht. Wir übertragen diese Eigenschaft als die Forderung an die Winkelfunktion θ, **stetig** zu sein. Dann ist die *Umlaufzahl von γ bezüglich z*

$$\boxed{\mathrm{ind}_\gamma(z) \;:=\; \frac{1}{2\pi}\,\Big(\theta(t_1) - \theta(t_0)\Big).}$$

Aus der Geschlossenheit von γ folgt die Ganzzahligkeit der Umlaufzahl (WARUM?). Wir betonen noch einmal, daß die Umlaufzahl nur für Punkte $z \in \mathbb{C}$ definiert ist, die nicht auf γ liegen. Wann immer die Bezeichnung $\mathrm{ind}_\gamma(z)$ auftaucht, setzen wir diese Bedingung voraus, auch wenn wir es nicht immer ausdrücklich erwähnen.

Beispiel Eine geschlossene Kurve γ unterteilt die komplexe Zahlenebene in zusammenhängende Bereiche, in denen die Umlaufzahl $\mathrm{ind}_\gamma(\cdot)$ einen konstanten Wert besitzt. Alle Bereiche mit nichtverschwindender Umlaufzahl nennt man das *Innere der Kurve* (schraffierter Bereich der Abb. 6.7). Der nichtschraffierte Teil ist demnach das *Äußere der Kurve* γ. Der Leser wundert sich vielleicht, warum der eingeschlossene Bereich in Abb. 6.7 mit $\mathrm{ind}_\gamma = 0$ zum Äußeren der

Kurve gehört. Die Begründung lautet: Ein in diesem Bereich befindlicher Punkt z kann nach einer stetigen Verformung der Kurve, ohne daß die Kurvenlinie den Punkt z überstreicht, mit dem unbeschränkten Außenbereich verbunden werden. Man stelle sich dazu vor, die dick hervorgehobene Schleife würde auf die gestrichelte Schleife zusammengeschrumpft. Eigenschaften, die unter Verformungen dieser Art erhalten bleiben, fallen in das Gebiet der *Topologie*, die man auch oft salopp als die *Geometrie des Gummis* bezeichnet.

Wir definieren folgende Operationen auf stetigen geschlossenen Kurven $\gamma, \gamma_1, \gamma_2 : [t_0, t_1] \to \mathbb{C}$:

- Zu $w \in \mathbb{C}$ sei $\gamma_w(t) := \gamma(t) + w$ die *um w verschobene Kurve.*
- Für das *Rückwärtsdurchlaufen einer Kurve* dreht man die Zeitrichtung um:
$$\gamma^{-1}(t) := \gamma(t_0 + t_1 - t) \qquad \text{für alle } t \in [t_0, t_1].$$
- Für das *Produkt zweier Kurven* fassen wir zu jedem Zeitpunkt die beiden Kurvenpunkte $\gamma_1(t)$ und $\gamma_2(t)$ als komplexe Zahlen auf und multiplizieren sie miteinander:
$$(\gamma_1\gamma_2)(t) := \gamma_1(t)\gamma_2(t) \qquad \text{für alle } t \in [t_0, t_1].$$

Diese Operationen haben folgende Auswirkungen auf die Umlaufzahl:

Lemma 6.14 *Es gilt:*

(a) $\operatorname{ind}_{\gamma_w}(z + w) = \operatorname{ind}_\gamma(z)$,

(b) $\operatorname{ind}_{\gamma^{-1}}(z) = -\operatorname{ind}_\gamma(z)$,

(c) $\operatorname{ind}_{\gamma_1\gamma_2}(0) = \operatorname{ind}_{\gamma_1}(0) + \operatorname{ind}_{\gamma_2}(0)$.

Es sei darauf hingewiesen, daß (c) im Gegensatz zu den anderen beiden Gleichungen nur für den Nullpunkt richtig ist. Außerdem besitzt (c) eine offensichtliche Verallgemeinerung für das Produkt von $n \geq 3$ Kurven.

Beweis Wir bringen exemplarisch den Beweis von (c). Die anderen Aussagen werden entsprechend bewiesen. Die Darstellung von γ_1 und γ_2 in Polarkoordinaten laute:

$$\gamma_1(t) = r(t) \cdot e^{i\theta(t)} \quad \text{und } \gamma_2(t) = s(t) \cdot e^{i\mu(t)}$$

mit stetigen Winkelfunktionen θ und μ. Dann ist auch $\theta + \mu$ stetig, und es gilt für das Produkt

$$(\gamma_1\gamma_2)(t) = r(t)s(t) \cdot e^{i(\theta(t)+\mu(t))},$$

also

$$\begin{aligned} \text{ind}_{\gamma_1\gamma_2}(0) &= \frac{1}{2\pi}\Big(\big(\theta(t_1) + \mu(t_1)\big) - \big(\theta(t_0) + \mu(t_0)\big)\Big) \\ &= \frac{1}{2\pi}\Big(\theta(t_1) - \theta(t_0)\Big) + \frac{1}{2\pi}\Big(\mu(t_1) - \mu(t_0)\Big) \\ &= \text{ind}_{\gamma_1}(0) + \text{ind}_{\gamma_2}(0). \end{aligned}$$

□

Nachdem wir ein gewisses Zutrauen zu diesen Begriffen gefaßt haben, können wir nun das *Prinzip der Umlaufzahl* formulieren und beweisen:

Satz 6.15 *Sei p ein komplexes Polynom und G ein Gebiet, das von der stetigen geschlossenen Kurve γ berandet wird (γ laufe im mathematisch positiven Sinn einmal um das Gebiet G). Keine der Nullstellen von p liege auf der Randkurve γ. Dann gilt:*

$$\#\ \text{Nullstellen von } p \text{ in } G = \text{ind}_{p\circ\gamma}(0).$$

Dabei müssen die Nullstellen **mit ihrer Multiplizität** *berücksichtigt werden.*

Den *Rand einer beliebigen Menge G* bezeichnet man mit dem Symbol ∂G. Für die Zwecke dieses Buches reicht es, eine intuitive Vorstellung von diesem Begriff zu haben. Leser, die die exakte mathematische Definition nicht kennen (man findet sie in den Analysisbüchern üblicherweise im Umfeld der mehrdimensionalen Differentiation), können sich einmal überlegen, wie sie diese Menge definieren würden.

Der **Beweis** von Satz 6.15 erfolgt in zwei Schritten:

(i) Wir betrachten zunächst den Fall $p(z) = z - z_0$. Da γ das Gebiet G genau einmal mathematisch positiv umrundet, ist die Umlaufzahl für Punkte von G (= Inneres der Kurve γ) gleich 1 und ansonsten 0. Folglich gilt:

$$\begin{aligned} \#\text{ Nullstellen von } p \text{ in } G &= \begin{cases} 0, & \text{falls } z_0 \notin G, \\ 1, & \text{falls } z_0 \in G, \end{cases} \\ &= \operatorname{ind}_\gamma(z_0). \end{aligned}$$

Mit Lemma 6.14(a) folgt hieraus die Behauptung.

(ii) Ein allgemeines Polynom p besitzt wegen des Faktorisierungssatzes die Zerlegung

$$p(z) = a_n(z - z_1)\cdots(z - z_n).$$

Wir können ohne Einschränkung $a_n = 1$ annehmen, da wir uns nur für Nullstellen interessieren, und *da sich die Umlaufzahl einer Kurve um den Ursprung unter Multiplikation mit einer festen komplexen Zahl* $a_n \neq 0$ *nicht ändert* (wenn man so will, kann man diese Aussage als Spezialfall von Lemma 6.14(c) für eine konstante Kurve $\gamma_1 \equiv a_n$ auffassen). Wir setzen

$$p_j(z) := z - z_j \qquad \text{und} \quad \gamma_j := p_j \circ \gamma.$$

Dann gilt offensichtlich

$$p \circ \gamma = \prod_{j=1}^{n} \gamma_j,$$

und wir können Lemma 6.14(c) (in der Version für n Kurven) anwenden:

$$\begin{aligned} \operatorname{ind}_{p\circ\gamma}(0) &= \sum_{j=1}^{n} \operatorname{ind}_{\gamma_j}(0) \\ &= \#\{\, j \mid z_j \in G \,\} \qquad \text{wegen (i)} \\ &= \#\text{ Nullstellen von } p \text{ in } G. \end{aligned}$$

□

Programmbeispiel Sei p ein beliebiges komplexes Polynom. Das kreisförmige Gebiet

$$B_R(z_0) := \{z \in \mathbb{C} \mid |z - z_0| < R\}$$

wird von der Kurve $\gamma(t) := z_0 + Re^{it}$ berandet. Durch Zeichnen der Bildkurven

$$t \to (\ \mathrm{Re}(p \circ \gamma(t)),\ \mathrm{Im}(p \circ \gamma(t))\ ) \in \mathbb{R}^2$$

für verschiedene Paare (z_0, R) kann man die Anzahl der komplexen Nullstellen von p in den Kreisscheiben $B_R(z_0)$ bestimmen. Für experimentierfreudige Leser wurde das folgende einfache Zeichenprogramm geschrieben, das die komplexe Polynomarithmetik und die Graphikroutinen der Begleitdiskette verwendet:

```
#include "cpolynom.h"
#include "graph.h"
double  pi = M_PI;

double  R;           // Radius d. Urbildkreises
complex z_0;         // Mittelpunkt des Urbildkreises
Polynom p;

double  real_func (double t)
{ complex  z  =  z_0 + R * exp( t*complex(0,1) );
  return  real ( p(z) );
}

double  imag_func (double  t)
{ complex  z  =  z_0 + R * exp( t*complex(0,1) );
  return  imag( p(z) );
}

main()
{
  cout <<  "Welches Polynom soll ich untersuchen?\n";
  cin  >>  p;
  cout <<  "Daten ueber die Kreisscheibe:\n";
  cout <<  "z_0 = "; cin >>  z_0;
  cout <<  "R = ";   cin >>  R;

  struct param_function FP[9];

  FP[1].f_horiz = real_func;
```

```
  FP[1].f_vert =  imag_func;
  FP[1].t_min = -pi;
  FP[1].t_max = pi;
  FP[1].color = YELLOW;

  plot_functions (FP, 1, screen);
}
```

Die so erzeugten Bildkurven $p \circ \gamma$ liefern sogar Klarheit über den gesamten Wertebereich von $p : B_R(z_0) \to \mathbb{C}$ (mit Ausnahme der auf der Bildkurve liegenden Werte), denn es gilt:

Jeder nicht auf der Bildkurve $p \circ \gamma$ liegende komplexe Wert w hat genau

$$\mathrm{ind}_{p\circ\gamma}(w)$$

Urbilder (mit Berücksichtigung ihrer Vielfachheit) innerhalb des Gebiets G.

Diese Folgerung ergibt sich leicht mit Lemma 6.14(a).

Beispiel Wir betrachten das Polynom

$$\begin{aligned} p(z) &= (z-(1+i))(z-(1-2i))z(z+1.5) = \\ &= z^4 - (0.5-i)z^3 + 0.5iz^2 + (4.5-1.5i)z \end{aligned}$$

$\gamma_1, \ldots, \gamma_5$ seien die berandenden Kurven der kreisförmigen Gebiete $G_j := B_{R_j}(0)$ mit

$$R_1 = 1.2, \quad R_2 = 1.43, \quad R_3 = 1.6, \quad R_4 = 2.1 \quad \text{und } R_5 = 2.5.$$

Sie sind in Abb. 6.8 (mitte links) abgebildet. Um dieses Schaubild sind (im Uhrzeigersinn herum) die Bildkurven $p \circ \gamma_j$ dargestellt. Offensichtlich gilt $ind_{p\circ\gamma_1}(0) = 1$, und dies paßt mit der Tatsache zusammen, daß G_1 genau eine Nullstelle, nämlich den Ursprung enthält. In G_2 liegt eine zweite Nullstelle nahe des Randes. In der Bildkurve $p \circ \gamma_2$ macht sich dies bemerkbar, indem sich eine der bereits in $p \circ \gamma_1$ existierenden "Schlingen" über den Ursprung hinaus ausgebreitet hat (und somit die Umlaufzahl um Eins erhöhte). Bei der Bildkurve $p \circ \gamma_3$ liegt der Ursprung bereits im Innern zweier Schlingen und eine dritte Schlinge bildet sich aus. Die letzte Bildkurve $p \circ \gamma_5$ umläuft den Ursprung viermal, d.h. alle vier Nullstellen von p liegen im Innern des Gebiets G_5.

Bei weiterem Anwachsen des Radius R setzt sich der höchste Term z^4 von p immer mehr durch, und die zugehörigen Bildkurven schmiegen sich einer Kreislinie mit Radius R^4 an.

Die folgenden Bemerkungen richten sich an die Leser mit Kenntnissen in der *Funktionentheorie*. Die anderen Leser können sie unbesorgt überspringen, da sie für das Gesamtverständnis nicht nötig sind. Das hier dargestellte *Prinzip der Umlaufzahl* ist ein Spezialfall eines allgemeineren Sachverhalts, den wir herausarbeiten wollen. In der Funktionentheorie wird die Umlaufzahl über das Kurvenintegral

$$\mathrm{ind}_\gamma(z_0) = \frac{1}{2\pi i} \oint_\gamma \frac{dz}{z - z_0}$$

definiert. Aus Satz 6.15 folgt mit einfachen Umformungen von Kurvenintegralen:

$$\begin{aligned}
\#\text{ Nullstellen von } p \text{ in } G &= \mathrm{ind}_{p\circ\gamma}(0) \\
&= \frac{1}{2\pi i} \oint_{p\circ\gamma} \frac{dz}{z} \\
&= \frac{1}{2\pi i} \int_{t_0}^{t_1} \frac{\frac{d}{dt}(p\circ\gamma)(t)}{p\circ\gamma(t)} dt \\
&= \frac{1}{2\pi i} \int_{t_0}^{t_1} \frac{p'(\gamma(t))}{p(\gamma(t)} \gamma'(t) dt \\
&= \frac{1}{2\pi i} \oint_\gamma \frac{p'(z)}{p(z)} dz. \qquad (6.14)
\end{aligned}$$

Das Integral (6.14) „zählt" also die Nullstellen des Polynoms p im Gebiet G. Dies gilt auch in der viel allgemeineren Situation, nämlich für Funktionen f, die auf einer Umgebung von $\bar{G}$ meromorph sind:

$$\frac{1}{2\pi i} \oint_\gamma \frac{f'(z)}{f(z)} dz = \#\text{Nullstellen von } f \text{ in } G - \#\text{Pole von } f \text{ in } G.$$

Dieser Sachverhalt wird in der Funktionentheorie mit dem *Residuensatz* bewiesen.

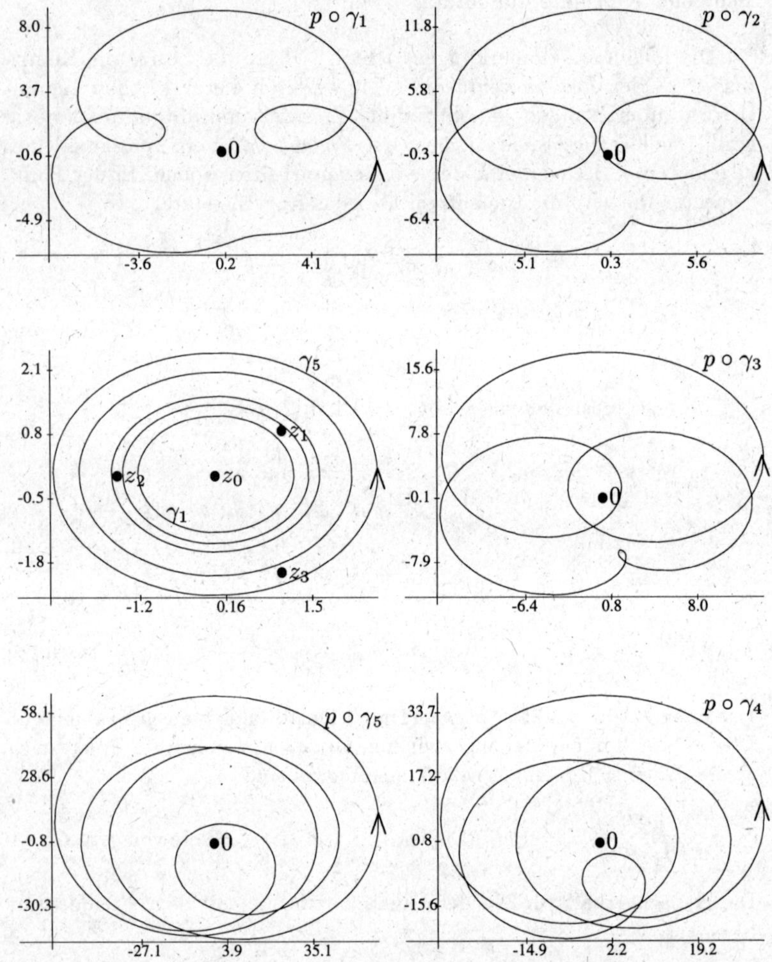

Abbildung 6.8: *Veranschaulichung des Prinzips der Umlaufzahl*

6.5 Aufgaben

6.1 Sei p ein beliebiges komplexes Polynom. Wir haben bereits gesehen, daß für jede Nullstelle x_0 von p die Division $p(x) : (x - x_0)$ aufgeht, d.h. den Rest 0 liefert. Zeigen Sie, daß für ein beliebiges $x_0 \in \mathbb{C}$, das nun keine Nullstelle mehr zu sein braucht, die Division $p(x) : (x - x_0)$ den konstanten Rest $p(x_0)$ liefert. Diese Tatsache wird in Abschnitt 9.2 eine wichtige Rolle spielen.

6.2 Beweisen Sie den **Fundamentalsatz der Algebra** in folgenden Schritten:

(i) Zeigen Sie, daß zu jedem nicht konstanten Polynom

$$q(z) = a_n z^n + \cdots + a_0 \qquad \text{mit } q(0) \neq 0$$

eine Zahl $z_0 \in C$ existiert, so daß

$$|q(tz_0)| < |q(0)| \qquad \text{für alle } 0 < t \leq 1.$$

(ii) Folgern Sie aus (i), daß zu jedem nicht konstanten Polynom

$$p(z) = b_n z^n + \cdots + z_0 \qquad \text{mit } p(z_0) \neq 0$$

in jeder noch so kleinen Umgebung von z_0 ein Punkt z_1 existiert mit

$$|p(z_1)| < |p(z_0)|.$$

(iii) Sei p ein nicht konstantes Polynom ohne Nullstellen auf der abgeschlossenen Kreisscheibe

$$K := \{ z \in \mathbb{C} \mid |z| \leq r \}.$$

Zeigen Sie, daß die Funktion $|p|$ auf K ein Minimum besitzt, das auf dem Rand

$$\partial K = \{ z \in \mathbb{C} \mid |z| = r \}$$

liegen muß. Verwenden Sie dazu folgende Tatsache aus der Analysis:

Eine stetige reelle Funktion f besitzt auf einer abgeschlossenen und beschränkten Menge ein Maximum und ein Minimum!

(iv) Sei p ein nicht konstantes Polynom. Zeigen Sie, daß zu jeder positiven Zahl $C > 0$ ein Radius $R > 0$ existiert mit

$$|p(z)| > C \qquad \text{für alle } |z| > R.$$

(v) Folgern Sie aus (iii) und (iv) den Fundamentalsatz der Algebra.

6.3 Sei

$$p(z) = a_n z^n + \cdots + a_1 z + a_0.$$

Zeigen Sie folgende Identitäten:

- $p^{(k)}(z) = \sum_{j=k}^{n} \frac{j!}{(j-k)!} a_j z^{j-k}$

- **Formel von Taylor:** $p(z) = \sum_{k=0}^{n} \frac{p^{(k)}(0)}{k!} z^k$;

- **Vietascher Wurzelsatz:** Für die Nullstellen $z_1, \ldots, z_n \in \mathbb{C}$ gilt:

$$\frac{a_{n-k}}{a_n} = (-1)^k \Big(\sum_{\{i_1,\ldots,i_k\}} z_{i_1} \cdots z_{i_k} \Big).$$

6.4 Beweisen Sie mit der Taylorschen Formel aus der letzten Aufgabe die **Newtonsche Regel**:

> *Sei p ein beliebiges Polynom n-ten Grades und C eine reelle Zahl mit*
>
> $$p^{(k)}(C) > 0 \qquad \text{für } 0 \leq k \leq n.$$
>
> *Dann sind alle reellen Nullstellen von p kleiner als C.*

Grenzen Sie damit die Lage der reellen Nullstellen von

$$p(x) := x^4 - 3x^3 + 6x - 6$$

auf ein ganzzahliges Intervall ein. (Hinweis: Um eine untere Schranke für die Nullstellen zu erhalten, betrachten Sie $p(-x)$.)

6.5 Wir untersuchen in dieser Aufgabe die **Legendre-Polynome**[2] oder auch *Kugelfunktionen 1. Art*

$$L_n(x) = \frac{1}{2^n n!} \Big(\frac{d}{dx}\Big)^n (x^2 - 1)^n.$$

[2]Eine sehr wichtige Eigenschaft dieser Polynome ist, daß sie bezüglich des Integral-Skalarproduktes eine Familie orthogonaler Funktionen bilden (siehe Aufgabe 8.8). Ähnlich verhält es sich mit den sogenannten *Tschebyscheff-* und *Hermite-Polynomen*, denen wir in den folgenden Kapiteln begegnen werden. Oft werden diese Polynomfamilien auch als Lösungen bestimmter *linearer Differentialgleichungen zweiter Ordnung* eingeführt. All diesen orthogonalen Polynomfamilien ist gemeinsam, daß die Nullstellen der Polynome allesamt reell und einfach sind.

(i) Zeigen Sie die Identitäten:

$$L'_n = xL'_{n-1} + nL_{n-1},$$
$$L_n = xL_{n-1} + \frac{x^2-1}{n}L'_{n-1}.$$

(ii) Ein geschickter Einsatz der Identitäten in (i) liefert folgende Rekursionsformel:

$$L_0 \equiv 1, \quad L_1(x) = x, \quad L_{n+1} = \frac{2n+1}{n+1}xL_n - \frac{n}{n+1}L_{n-1}.$$

(iii) Aus (i) folgt außerdem für $n \geq 1$:

$$L_{n+1}(x) = L'_{n+1}(x) = 0 \quad \Longrightarrow \quad L_n(x) = L'_n(x) = 0.$$

L_n und L'_n haben folglich keine gemeinsamen Nullstellen.

(iv) Aus (ii) folgt:

$$L_n(-1) = (-1)^n \quad \text{und } L_n(1) = 1.$$

(v) Zeigen Sie, daß die endliche Folge $L_n,\ L_{n-1},\ \ldots,\ L_0$ eine Sturmsche Kette bildet. Folgern Sie daraus, daß die Nullstellen von L_n alle reell und einfach sind und im Intervall $(-1,1)$ liegen.

6.6 In dieser Aufgabe leiten wir die **Cardanoschen Lösungsformel** her. (Wir legen den Körper der komplexen Zahlen zugrunde, d.h. n-te Wurzeln sind n-deutig. Die Wahl einer der n Möglichkeiten bleibt dem überlassen, der mit den Formeln arbeitet. Verschiedene Wahlen einer n-ten Wurzel unterscheiden sich durch einen Faktor $e^{2\pi ik/n}$.)

(i) Finden Sie eine lineare Transformation $y = x + c$ zur Elimination des zweithöchsten Gliedes des Polynoms

$$p(x) = x^3 + a_2x^2 + a_1x + a_0.$$

(ii) Der Ansatz

$$y = A + B := \sqrt[3]{a+b} + \sqrt[3]{a-b}$$

zur Lösung der Gleichung $y^3 + py + q = 0$ führt zu

$$a = -\frac{q}{2}, \quad b = \sqrt{(\frac{q}{2})^2 + (\frac{p}{3})^3},$$

wobei bei b die Wahl der Wurzel aufgrund der Symmetrie des Ansatzes ohne Belang ist. Die dritten Wurzeln zur Beschreibung von A und B sind dreideutig und nicht jede Wahl führt zu einer Lösung $y = A + B$. Dies ist genau dann der Fall, wenn die Werte von A und B so gewählt sind, daß

$$A \cdot B = -\frac{p}{3}$$

erfüllt ist (WARUM?). (Dies erreicht man — nach beliebiger Wahl von A und B — immer durch Multiplikation mit geeigneten dritten Einheitswurzeln.) Ist ein Paar (A, B) gefunden, für das $y = A + B$ eine Lösung ist, so lauten alle drei Lösungen der kubischen Gleichung

$$\begin{aligned} y_1 &= A + B, \\ y_2 &= \zeta_3^2 A + \zeta_3 B, \\ y_3 &= \zeta_3 A + \zeta_3^2 B \end{aligned} \tag{6.15}$$

mit $\zeta_3 = e^{2\pi i/3}$.

(iii) Zeigen Sie mit der Sturmschen Methode, daß für reelle Koeffizienten p und q die Gleichung $y^3 + py + q = 0$ im Falle

$$D = -4p^3 - 27q^2 > 0$$

genau drei **reelle** Lösungen besitzt. In diesem Fall ist die Darstellung (6.15) der Lösungen denkbar ungünstig, da b die Wurzel eines negativen Ausdrucks, alle drei Lösungen jedoch reell sind. Diesen Fall bezeichnet man in der Literatur als den „casus irreducibilis".

(iv) Schreiben Sie ein Programm, das alle komplexen Lösungen der Gleichung $x^3 + a_2x^2 + a_1x + a_0 = 0$ liefert.

6.7 Folgern Sie den **Satz von Rouché** aus dem Prinzip der Umlaufzahl:

Sei G ein Gebiet, dessen Rand von der stetigen geschlossenen Kurve γ einmal mathematisch positiv durchlaufen wird. Seien p und q zwei komplexe Polynome mit

$$|p(z)| > |q(z)| \qquad \text{für alle } z \in \partial G.$$

Dann besitzt das Polynom $p+q$ im Gebiet G gleich viele Nullstellen wie p.

Literaturhinweise

Ein klassisches Buch über Nullstellen von komplexen Polynomen ist [Ma]; die Resultate werden dort sehr schön geometrisch veranschaulicht. Eine ausführliche, allerdings auch anspruchsvolle Sammlung von Aussagen über die Nullstellen von reellen und komplexen Polynomen findet man in [Mi].

Kapitel VII

Gleichmäßige Polynomapproximation

Das Hauptthema dieses Kapitels bildet die *gleichmäßige Approximation*. Ihr Ziel ist es, zu einer gegebenen stetigen Funktion f Näherungen p zu finden, deren Maximalabweichung $\max_x|f(x) - p(x)|$ möglichst gering ausfällt. Dabei ist natürlich wichtig, genau anzugeben, aus welcher Menge diese Näherungen gewählt werden müssen. Diese Menge ist bei uns der Unterraum aller Polynome vom Grad $\leq n$. Für die Approximation mit Polynomen spricht einerseits, daß sie mathematisch leicht zu handbaren sind. Andererseits lassen sich zu jeder stetigen Funktion auf einem beschränkten, abgeschlossenen Intervall beliebig gute Polynomapproximationen finden – man muß nur genügend große Polynomgrade n zulassen. Letzteres ist die fundamentale Aussage des Approximationssatzes von Weierstraß, dem wir den zweiten Abschnitt gewidmet haben.

Im ersten Abschnitt diskutieren wir, wie man Polynome konstruiert, deren Graphen durch vorgeschriebene Punkte der (x, y)-Achse verlaufen. Dieses Problem nennt man das Interpolationsproblem. Wir deuten an, wie man mit Hilfe von Interpolation eventuell gute gleichmäßige Polynomapproximationen finden könnte. Das Runge-Beispiel zeigt aber auch sehr deutlich die Grenzen dieses Ansatzes auf. An diesem leicht zu handhabenden Beispiel ist ein überraschendes Phänomen zu beobachten, auf das wir im fünften Abschnitt noch einmal zurückkommen.

Dritter und vierter Abschnitt befassen sich mit dem Problem des Auffindens einer besten gleichmäßigen Näherung unter allen Polynomen vom Grad $\leq n$. Für dieses Problem existiert zwar kein exaktes Lösungsverfahren, aber doch immerhin eine leicht zu verifizierende Bedingung, die eine beste Näherung erfüllen muß. Diese Bedingung gibt Anlaß zu einem iterativen Lösungsverfahren, das wir schließlich am Ende des vierten Abschnitts vorstellen werden.

7.1 Newtons Interpolationsformel

Wir beginnen dieses Kapitel über die gleichmäßige Polynomapproximation mit einem verwandten Problem, das allerdings einfacher zu lösen ist. Es geht darum, ein Polynom zu finden, das durch vorgegebene Punkte verläuft. Ein bekanntes Verfahren zur Lösung dieses Problems geht auf I. NEWTON (1642-1727) zurück. Die Vorstellung liegt nahe, mit dieser Methode auch gute gleichmäßige Polynomapproximationen für eine stetige Funktion f zu finden, indem man möglichst viele dicht beieinanderliegende Punkte $(x_j, f(x_j))$ wählt, durch die ein Näherungspolynom verlaufen soll. Im Mittelpunkt der folgenden Überlegungen steht also folgende

Interpolationsaufgabe *Man finde zu gegebenen Punkten*

$$(x_j, y_j) \in \mathbb{R}^2, \qquad 0 \leq j \leq n$$

ein Polynom (möglichst kleinen Grades), dessen Graph genau durch diese Punkte (x_j, y_j) verläuft. Es soll also gelten:

$$y_j \;=\; p(x_j) \qquad \text{für } i = 0, 1, \ldots, n.$$

Ein solches Polynom p heißt Interpolationspolynom und die Werte x_j heißen Stützstellen. (Ebenso, wie die Decke eines Kirchengebäudes durch Säulen gestützt wird, kann man sich das Interpolationspolynom durch die „Aufhängepunkte“ (x_j, y_j) gestützt denken.)

Ein naheliegender Einfall zur Lösung dieser Aufgabe ist, ein Polynom mit variablen Koeffizienten $a_0, a_1, \ldots, a_n$ anzusetzen:

$$p(x) \;=\; a_n x^n + \ldots + a_1 x + a_0,$$

und die Bedingungen $y_j = p(x_j)$ in Bedingungen an die Koeffizienten a_k zu übersetzen. Der Ansatz mit einem Polynom n-ten Grades rührt daher, daß in der Interpolationsaufgabe genau $n+1$ Bedingungen stecken und folglich im Ansatz $n+1$ *Freiheitsgrade* (die Wahl der Koeffizienten $a_0, \ldots, a_n$) enthalten sein sollten. Jede Gleichung übersetzt sich in $\sum_{k=0}^{n} a_k \cdot {x_j}^k = y_j$, was zu dem quadratischen Gleichungssystem

$$\underbrace{\begin{pmatrix} 1 & x_0 & {x_0}^2 & \cdots & {x_0}^n \\ 1 & x_1 & {x_1}^2 & \cdots & {x_1}^n \\ \vdots & & & & \vdots \\ 1 & x_n & {x_n}^2 & \cdots & {x_n}^n \end{pmatrix}}_{=:\, X} \begin{pmatrix} a_0 \\ a_1 \\ \vdots \\ a_n \end{pmatrix} = \begin{pmatrix} y_0 \\ y_1 \\ \vdots \\ y_n \end{pmatrix} \tag{7.1}$$

führt. Die Matrix X hat eine besondere Gestalt, und zwar besteht jede Zeile aus aufsteigenden Potenzen eines Wertes x_j. Da keine Stützstelle doppelt vorkommen soll, sind die Werte x_j paarweise verschieden. Eine quadratische Matrix, deren Zeilen die Gestalt $(1, x, x^2, \ldots, x^n)$ haben, nennt man eine *Vandermonde-Matrix* . Aufgrund ihrer speziellen Gestalt kann man mittels Induktion die Determinante von X berechnen:

$$\det X = \prod_{k>j} (x_k - x_j).$$

Wir wollen an dieser Stelle kurz einhalten und einen Punkt hervorheben, der später in Kapitel 9 noch eine Rolle spielen wird: Wir haben gesehen, daß man die Auswertung eines Polynoms an n verschiedenen Stellen auch als Matrix-Vektor-Multiplikation schreiben kann, wobei

- die Matrix eine Vandermonde-Matrix ist und
- die Vektorkomponenten gerade die Koeffizienten des Polynoms sind.

Es gilt auch eine Umkehrung dieses Sachverhalts: Besitzt eine Matrix X Vandermonde-Gestalt, so sind die Komponenten des resultierenden Vektors $X \cdot a$ die Auswertungen eines festen Polynoms.

Der Namenspatron dieser speziellen Matrixgestalt A.T. VANDERMONDE (1735-1796), ein glühender Anhänger der Französischen Revolution, beschäftigte sich hauptsächlich mit dem Lösen algebraischer Gleichungen — ein Thema, auf dessen geschichtliche Hintergründe wir im letzten Kapitel kurz eingingen. Außerdem war er neben LAPLACE (1749-1827) einer der Urheber der Idee, Determinanten induktiv zu definieren (d.h. nach Spalten oder Zeilen zu entwickeln). Die Verbindung seines Namens mit obiger Matrixgestalt beruht allerdings auf einem Irrtum.

Da die Stützstellen paarweise verschieden sind, gilt $\det X \neq 0$ und X ist invertierbar. Die Koeffizienten a_k erhält man wegen (7.1) über

$$\begin{pmatrix} a_0 \\ a_1 \\ \vdots \\ a_n \end{pmatrix} = X^{-1} \cdot \begin{pmatrix} y_0 \\ y_1 \\ \vdots \\ y_n \end{pmatrix}.$$

Wir wollen diesen Ansatz jedoch nicht weiter verfolgen, da mit ihm — salopp gesagt — weder bezüglich guter Rechenergebnisse (hinsichtlich der Rundungsfehler) noch bezüglich der Laufzeit ein Blumentopf zu gewinnen ist.

Bevor wir uns einem anderen Ansatz zuwenden, der uns zu Newtons Interpolationsformel führen wird, wollen wir uns mit der Existenz und Eindeutigkeit des Interpolationspoylnoms beschäftigen. Im letzten Kapitel wurde festgestellt, daß ein nicht verschwindendes Polynom n-ten Grades im Körper $\mathbb{C}$ genau n Nullstellen besitzt. Der Leser überlege sich durch ein „Subtraktionsargument", daß es daher **höchstens ein** Polynom n-ten Grades geben kann, das durch die Interpolationspunkte $(x_0, y_0), \ldots, (x_n, y_n)$ verläuft. Der folgende Satz garantiert darüberhinaus die Existenz eines solchen Polynoms:

Satz 7.1 (Existenz und Eindeutigkeit des Interpolationspolynoms) *Zu gegebener Interpolationsaufgabe*

$$y_j = p(x_j) \qquad \text{für } j = 0, 1, \ldots, n$$

gibt es genau ein Polynom n-ten Grades, das sie erfüllt.

Bemerkung Wenn wir hier und im folgenden von Polynomen n-ten Grades sprechen, meinen wir genau genommen immer *höchsten* n-ten Grades und weichen damit von unserer bisherigen Definition ab. Liegen z.B. alle Interpolationspunkte auf einer Geraden, können sie durch ein Polynom ersten Grades interpoliert werden. Wir werden es dennoch als Polynom vom Grade n auffassen, für dessen Koeffizienten allerdings $a_2 = \ldots = a_n = 0$ gilt.

Beweis Wie gesagt, es bleibt nur die Existenz zu zeigen. Dies erledigen wir durch Induktion über n. Für $n = 0$ wählt man das konstante Polynom $p(x) \equiv y_0$. Wir nehmen nun an, die Aussage des Satzes würde für n Stützstellen gelten. Zu gegebenen $n+1$ Interpolationspunkten $(x_0, y_0), \ldots, (x_n, y_n)$ gibt es folglich zwei Interpolationspolynome p_1 und p_2 vom Grad $n-1$, die die Bedingungen

$$\begin{aligned} p_1(x_j) &= y_j \qquad \text{für } j = 0, 1, \ldots, n-1 \\ \text{und} \quad p_2(x_j) &= y_j \qquad \text{für } j = 1, \ldots, n-1, n \end{aligned}$$

erfüllen. An dieser Stelle sei der Leser ermutigt, einmal selbst Papier und Bleistift zu zücken und den Versuch zu starten, aus p_1 und p_2 das Interpolationspolynom p für die $n+1$ Interpolationspunkten zu basteln...

Die Lösung lautet:

$$p(x) = \frac{x - x_n}{x_0 - x_n}\, p_1(x) + \frac{x - x_0}{x_n - x_0}\, p_2(x). \tag{7.2}$$

Man will natürlich haben, daß für $x = x_n$

- der Faktor vor $p_1(x)$ verschwindet und
- der Faktor vor $p_2(x)$ gleich 1 wird (da in diesem Fall p_2 „richtig“ interpoliert).

Das gleiche Argument (mit vertauschten Rollen) ist auf den Fall $x = x_0$ anwendbar. Und daß (7.2) auch für alle Stützstellen dazwischen das Richtige liefert, ist ein glücklicher Zufall. Aber warum soll man nicht auch einmal Glück haben? Mit der Konstruktion von p ist der Induktionsschluß gelungen. □

Beim praktischen Einsatz der Interpolation fallen die Interpolationspunkte (x_j, y_j) meistens nicht vom Himmel, sondern stammen von einer (zumindest) stetigen Funktion f, die etwa nur in diesen Stellen bekannt ist und interpoliert werden soll. Wir nehmen also $y_j = f(x_j)$ an. Wir legen diese Vorstellung zugrunde und definieren den folgenden Begriff, der zugegebenermaßen im Augenblick noch unmotiviert ist, sich aber bald als nützlich herausstellen wird:

Definition 7.2 *Sei $f : [a, b] \to \mathbb{K}$ eine fest gegebene stetige Funktion. Aufgrund obigen Satzes existiert zu $n + 1$ Interpolationspunkten $(x_0, f(x_0)), \ldots, (x_n, f(x_n))$ genau ein Interpolationspolynom p vom Grad n. Dessen höchsten Koeffizienten a_n nennen wir die n-te dividierte Differenz von f zu $(x_0, \ldots, x_n)$ und bezeichnen sie mit $[x_0, \ldots, x_n]_f$. Im folgenden werden auch oft anstatt $[\cdots]_f$ nur $[\cdots]$ schreiben, falls klar ist, welche Funktion dahintersteckt.*

Der Leser wird sich fragen, wie man den Ausdruck $[x_0, \ldots, x_n]_f$ konkret berechnen kann. Vorab sei erwähnt, daß aufgrund der Definition der Ausdruck $[x_0, \ldots, x_n]_f$ invariant unter Permutationen der Argumente ist, d.h. es gilt z.B.

$$[x_0, x_1, x_2, x_3]_f = [x_2, x_1, x_3, x_0]_f.$$

Die Berechung von $[x_0, \ldots, x_n]_f$ wird wunderbar einfach, wenn man den Beweis des letzten Satzes durchgeht und besonderes Augenmerk auf die Konstruktion des Interpolationspolynoms p aus p_1 und p_2 richtet. Umformen von (7.2) liefert

$$p(x) = \frac{x \cdot (p_1(x) - p_2(x)) - x_n \cdot p_1(x) + x_0 \cdot p_2(x)}{x_0 - x_n}. \qquad (7.3)$$

Der n-te Koeffizient des Interpolationspolynoms p ist nach Definition $[x_0, \ldots, x_n]_f$ und die $(n-1)$-ten Koeffizienten von p_1 und p_2 sind $[x_0, \ldots, x_{n-1}]_f$ und $[x_1, \ldots, x_n]_f$. Ein Vergleich der Koeffizienten (zu x^n) links und rechts der Gleichung (7.3) liefert:

$$[x_0, \ldots, x_n]_f = \frac{[x_0, x_{n-1}]_f - [x_1, \ldots, x_n]_f}{x_0 - x_n}. \qquad (7.4)$$

Damit sind wir bei einer Rekursion gelandet, die n-te dividierte Differenzen auf $(n-1)$-te zurückspielt u.s.w.. Ist man schließlich bei der 0-ten dividierten Differenz angelangt, folgt unmittelbar aus der Definition (das interpolierende Polynom ist in diesem Fall das konstante Polynom $p(x) \equiv f(x_0)$.):

$$[x_0]_f = f(x_0). \qquad (7.5)$$

Rekursionen lassen sich in einer Programmiersprache üblicherweise sehr gut realisieren. Wir werden darauf etwas später näher eingehen. Nachdem wir gesehen haben, daß die dividierten Differenzen rekursiv berechnet werden können, beantwortet der folgende Satz die Frage nach ihrem Nutzen:

Satz 7.3 (Newtonsche Interpolationsformel) *Das Interpolationspolynom p zu gegebenen $n+1$ Interpolationspunkten $(x_j, f(x_j))$ (mit $j = 0, \ldots, n$) hat die Gestalt:*

$$p(x) = [x_0]_f + (x - x_0)[x_0, x_1]_f + (x - x_0)(x - x_1)[x_0, x_1, x_2]_f + \cdots + (x - x_0) \cdots (x - x_{n-1})[x_0, x_1, \ldots, x_n]_f.$$

Der Fehler läßt sich mit $\varphi(x) = (x - x_0) \cdots (x - x_n)$ folgendermaßen darstellen:

$$f(x) - p(x) = \begin{cases} 0, & \text{falls} \quad x = x_0, \ldots, x_n, \\ \varphi(x) \cdot [x_0, \ldots, x_n, x]_f & \text{sonst.} \end{cases}$$

Beweis Wir bezeichnen mit p_k das Interpolationspolynom k-ten Grades, das durch die ersten $k+1$ Interpolationspunkte verläuft. p_0 ist also das konstante Polynom $f(x_0) = [x_0]$ und p_k erfüllt:

$$p_k(x_j) = f(x_j) \qquad \text{für alle } j = 0, \ldots, k.$$

Die Aussagen des Satzes sind nun direkte Konsequenzen aus folgender Identität:

$$p_{k+1}(x) - \underbrace{(x-x_0)\cdots(x-x_k)}_{\substack{\text{verschwindet in den} \\ \text{ersten } k+1 \text{ Stütz-} \\ \text{stellen}}} \cdot [x_0, x_1, \ldots, x_{k+1}] = p_k(x).$$

Zum Beweis der Identität stellen wir fest, daß die Polynomdifferenz links vom Gleichheitszeichen, die wir kurzerhand mit q bezeichnen, folgende Eigenschaften besitzt:

- q hat den Grad k, da die $(k+1)$-ten Koeffizienten der beiden Polynome, die voneinander abgezogen werden, gleich sind (nämlich den Wert $[x_0, \ldots, x_k + 1]$ haben).

- q erfüllt die ersten $k+1$ Interpolationsbedingungen, da p_{k+1} dies tut und das abzuziehende Polynom dort verschwindet.

Aufgrund der Eindeutigkeit der Interpolationspolynome muß also q mit p_k zusammenfallen und obige Identität ist gezeigt.

Umschreiben dieser Identität liefert eine **Rekursionsformel**

$$p_{k+1}(x) = p_k(x) + (x-x_0)\cdots(x-x_k) \cdot [x_0, x_1, \ldots, x_{k+1}],$$

aus der die Interpolationsformel durch wiederholtes Einsetzen unmittelbar folgt. Die Fehlerdarstellung ergibt sich durch einen kleinen Trick: Für $x = x_0, \ldots, x_n$ ergibt sich offensichtlich der Fehler 0 und es ist nichts zu zeigen. Sei also $x \notin \{x_0, \ldots, x_n\}$ beliebig gewählt. Wir betrachten nun die $n+2$ Interpolationspunkte

$$(x_0, f(x_0), \ \ldots, \ (x_n, f(x_n), \ (x, f(x)),$$

und interpretieren x als weitere Stützstelle. Um Verwirrung vorzubeugen, bekommt jetzt die Polynomvariable den Namen z. Mit der

Rekursionsformel hat das Interpolationspolynom durch diese $n+2$ Interpolationspunkte die Gestalt

$$p(z) \;+\; \varphi(z)\cdot[x_0,\ldots,x_n,x].$$

Dieses Interpolationspolynom stimmt natürlich in der Stützstelle x mit $f(z)$ überein und wir erhalten:

$$f(x) \;=\; p(x) \;+\; \varphi(x)\cdot[x_0,\ldots,x_n,x],$$

was zu zeigen war. □

Nun ist es Zeit, ein Beispiel zu betrachten:

Beispiel Wir wählen $n+1$ äquidistante Stützstellen im Intervall $[a,b]=[-5,5]$, d.h. es seien

$$\begin{aligned} x_j \;&:=\; a \;+\; \frac{b-a}{n}\cdot j \\ &=\; -5 \;+\; \frac{10}{n}\cdot j \qquad \text{für } j=0,\ldots,n. \end{aligned}$$

Interpoliert werden soll die Funktion $f(x)=\frac{1}{1+x^2}$. Dazu werden im **ersten Schritt** die dividierten Differenzen

$$[x_n],\; [x_{n-1},x_n],\; \ldots,\; [x_0,x_1,\ldots,x_n]$$

mit den Rekursionsformeln (7.4) und (7.5) berechnet. Das folgende Diagramm (dessen Bedeutung wir gleich erläutern) veranschaulicht die Abfolge der Rechnungen im Fall $n=4$:

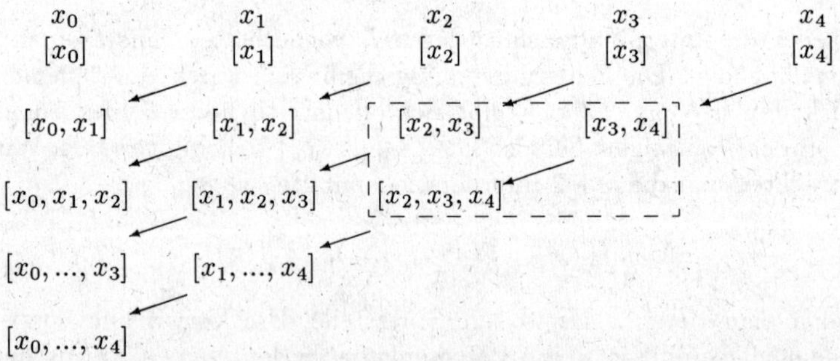

Zunächst werden in die obersten zwei Zeilen die Interpolationspunkte $\begin{pmatrix} x_j \\ [x_j] \end{pmatrix} = \begin{pmatrix} x_j \\ f(x_j) \end{pmatrix}$ eingetragen. Dann werden die dividierten Differenzen gemäß der Pfeile der Reihe nach berechnet. Jeder Pfeilfolge entspricht eine Diagonale (von rechts oben nach links unten). Die Abarbeitung erfolgt „diagonalenweise“, d.h. sind die Werte der k-ten Diagonalen berechnet, so wird die $(k+1)$-te in Angriff genommen. Jeder Pfeil steht für einen Rechenschritt, in den die beiden über dem Pfeil stehenden dividierten Differenzen und die Stützstellen eingehen. Z.B. steht der eingerahmte Pfeil für die Rechnung

$$[x_2, x_3, x_4] = \frac{[x_2, x_3] - [x_3, x_4]}{x_2 - x_4}.$$

Die für uns interessanten dividierten Differenzen

$$[x_4],\ [x_3, x_4],\ \ldots,\ [x_0, x_1, ..., x_4]$$

befinden sich in der untersten Diagonalen.

Eine wichtige Feststellung ist hier, daß beim nachträglichen Hinzufügen eines weiteren Interpolationspunktes $\begin{pmatrix} x_5 \\ [x_5] \end{pmatrix}$ die schon vorhandenen Ergebnisse sehr gut verwendet werden können. Man fügt den Punkt rechts im Schema an und berechnet aus der letzen vorhandenen Diagonale eine neue Diagonale. Beim Hinzufügen eines fünften Interpolationspunktes wären also nur fünf weitere Rechenschritte nötig. Die konkreten Werte des Schemas lauten in unserem Beispiel (wir ermuntern den Leser, einige Werte exemplarisch zu überprüfen):

−5.0	−2.5	0.0	2.5	5.0
0.0385	0.1379	1.0	0.1379	0.0385
0.0398	0.3448	−0.3448	−0.0398	
0.0610	−0.1379	0.0610		
−0.0265	0.0265			
0.0053				

Der **zweite Schritt** besteht im Auswerten des Interpolationspolynoms an den gewünschten Stellen. Um möglichst wenige Additionen und Multiplikationen zu benötigen, schreibt man das Interpolationspolynom

$$p_4(x) = [x_4] + (x - x_4)[x_3, x_4] + ... + (x - x_1) \cdots (x - x_4)[x_0, ..., x_4]$$

in verschachtelter Form:

$$\Bigg(\Big(([x_0, ..., x_4] \cdot (x - x_4) + [x_1, ..., x_4]) \cdot (x - x_3) + [x_2, x_3, x_4] \Big) \cdot (x - x_2) + [x_3, x_4] \Bigg) \cdot (x - x_1) + [x_4].$$

Im allgemeinen Fall von $n + 1$ äquidistanten Stützstellen sind bei dieser verschachtelten Polynomdarstellung genau n Multiplikionen, n Subtraktionen und n Additionen nötig. In Abb. 7.1 sind die beiden Interpolationspolynome p_4 und p_8 zusammen mit der Beispielfunktion wiedergegeben. (p_n bezeichne das Interpolationspolynom zu $n + 1$ Stützstellen.) Man beobachtet das überraschende Phänomen, daß p_8 — trotz größerer Anzahl von Stützstellen — in der Nähe der Ränder viel stärker von der Ausgangsfunktion f abweicht als p_4. Tatsächlich wird die Maximalabweichung bei wachsender Stützstellenzahl $n + 1$ katastrophal groß — es gilt nämlich:

$$\lim_{n \to \infty} \max_{-5 \leq x \leq 5} |f(x) - p_n(x)| = \infty.$$

Dieses Beispiel wurde im Jahr 1901 von C. RUNGE(1856-1927) untersucht. Es bringt die schon zu Beginn angedeutete Vorstellung zu Fall, die Folge der Interpolationspolynome jeder stetigen Funktion f schmiege sich bei immer dichteren gleichmäßig verteilten Stützstellen besser und besser an f an.

Dieses Beispiel zeigt, daß die Interpolation für das Hauptthema dieses Kapitels — die *gleichmäßige Approximation* — nicht immer brauchbare Resultate liefert. Wir werden später sehen, daß die Interpolation bezüglich einer anderen Wahl der Stützstellen (den sogenannten *Tschebyscheff-Knoten*) im Hinblick auf gleichmäßige Approximation im allgemeinen besser funktioniert. Im Jahr 1914 entdeckten jedoch Bernstein und Faber gleichzeitig, daß es gar keine feste Stützstellenfolge geben kann, die für **jede** stetige Funktion gleichmäßige Konvergenz der zugehörigen Interpolationspolynome garantiert. Aus diesen Negativresultaten sollte aber nicht der falsche Schluß gezogen werden, die Interpolation versage fast immer im Hinblick auf

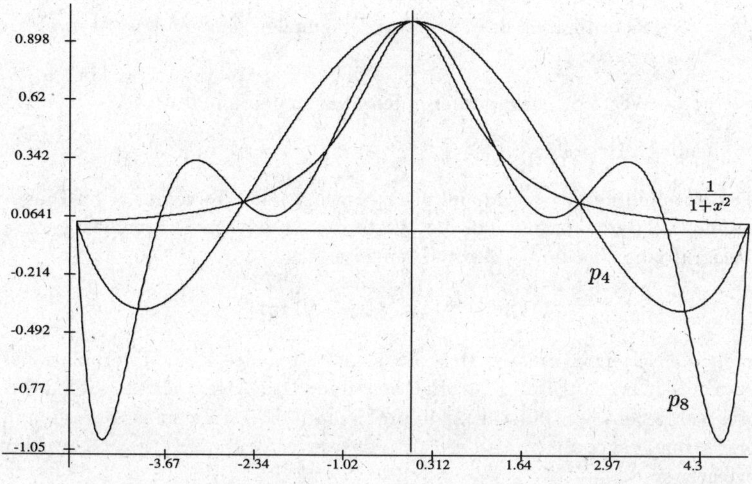

Abbildung 7.1: *Polynominterpolation mit äquidistanten Stützstellen*

gleichmäßige Approximation. In den allermeisten Fällen sind die Interpolationspolynome zu den *Tschebyscheff-Knoten* sehr gute gleichmäßige Näherungen.

Der folgende Absatz beschäftigt sich mit der Implementierung der Newtoninterpolation und kann von allen Lesern, die sich dafür nicht interessieren, unbesorgt übersprungen werden. Danach geht es mit einer wichtigen Fehlerabschätzung weiter.

Programmierung Die Interpolationspunkte seien in zwei Arrays `xlist` und `ylist` abgespeichert:

$$\begin{aligned} \texttt{xlist[j]} &= x_j, \\ \texttt{ylist[j]} &= f(x_j), \qquad \text{für } j = 0, 1, \ldots, n. \end{aligned}$$

Die Berechnung der dividierten Differenzen erfolgt nach genau dem Schema, das im vorausgehenden Beispiel eingeführt wurde. Wie dort bereits erläutert, gilt folgende Entsprechung:

Berechnung einer Diagonalen	$\cong$	Berücksichtigung eines weiteren Interpolationspunktes

Bei der Berechnung einer Diagonalen gehen nur folgende Informationen ein

- die Koordinaten des zu dieser Diagonalen gehörenden Interpolationspunktes,
- die Werte der darüberliegenden Diagonalen und
- die Stützstellen.

Die folgende Funktion `addpunkt(k)` berechnet die Werte der `k`-ten Diagonalen. Sie setzt voraus, daß die Werte der `(k-1)`-ten Diagonalen bereits bekannt sind und in den Array-Elementen

$$\texttt{ylist[0], ylist[1], ...ylist[k} - \texttt{1]}$$

stehen. Weiterhin müssen sich die Koodinaten des `k`-ten Interpolationspunktes in `xlist[k], ylist[k]` befinden. Das Array `ylist` wird dabei überschrieben, was allerdings unproblematisch ist, da nach Berechnung der k-ten Diagonalen die alten Funktionswerte $f(x_0), \ldots, f(x_k)$ nicht mehr wichtig sind:

```
void  addpunkt(int k)
  { int j;
    for ( j = k-1; j >= 0; j-- )
          ylist[j] =
          ( ylist[j] - ylist[j+1] ) / ( xlist[j] - xlist[k] );
  }
```

Jeder Interpolationspunkt gibt also Anlaß zu einem Aufruf der Funktion `addpunkt`. Sind alle Interpolationspunkte berücksichtigt, so erfolgt die Auswertung des Interpolationpolynoms an einer Stelle `x` durch:

```
double  auswert(int n, double x)
  { int j;
    double y = ylist[0];
    for ( j = 1; j <= n; j++ )
          y = y * ( x - xlist[j] ) + ylist[j];
    return y;
  }
```

Die beiden Funktionen `addpunkt` und `auswert` bilden den Kern eines Programms zur Newtoninterpolation, dessen Erstellung wir dem Leser überlassen.

Etwas unbefriedigend bei der Darstellung des Fehlers in Satz 7.3 ist das Auftauchen einer dividierten Differenz. Dividierten Differenzen haftet nämlich etwas Mysteriöses an — wir kennen zwar eine Rekursionsformel zur Berechnung, aber ihr unmittelbares Verhalten beim Variieren der Stellen $x_0, \ldots, x_n, x$ ist nicht offensichtlich. Wir stellen also die Frage, *ob es nicht eine transparentere Darstellung des Fehlers gibt.* Die folgende Herleitung wird zeigen, daß der Fehler bei einer Interpolation mit $n+1$ Stützstellen durch die $(n+1)$-te Ableitung der interpolierten Funktion f dargestellt werden kann. Der wesentliche Punkt dieser Herleitung ist das $(n+1)$-malige Anwenden des *Satzes von Rolle* .

Wir nehmen also an, die zu interpolierende Funktion f sei $n+1$ mal differenzierbar und $\tilde{p}$ sei das Interpolationspolynom vom Grad $n+1$ zu den Stützstellen

$$x_0,\ x_1,\ \ldots,\ x_{n+1}.$$

Aus der Newtonschen Interpolationsformel folgt direkt, daß $\tilde{p}$ die Gestalt

$$\tilde{p}(x) \;=\; [x_0, x_1, \ldots, x_{n+1}]_f \cdot x^{n+1} \;+\; \textit{niedrigere } x\textit{−Potenzen}$$

besitzt. Folglich gilt für die $(n+1)$-te Ableitung von $\tilde{p}$

$$\tilde{p}^{(n+1)}(x) \;=\; (n+1)! \cdot [x_0, x_1, \ldots, x_{n+1}]_f. \qquad (7.6)$$

Andererseits verschwindet die Differenz $r := f - \tilde{p}$ in allen $n+2$ Stützstellen. Wir nehmen der Einfachheit halber an, die Stützstellen x_j seien der Größe nach geordnet: $x_0 < x_1 < \ldots < x_{n+1}$. Nach dem Satz von Rolle existieren dann $n+1$ Zwischenstellen $\xi_j \in (x_j, x_{j+1})$, in denen die Ableitung $r'(= f' - \tilde{p}')$ verschwindet:

$$f'(\xi_j) \;=\; \tilde{p}'(\xi_j) \qquad \text{für } j = 0, 1, \ldots, n.$$

Erneutes Anwenden des Satzes von Rolle liefert n Nullstellen von r'' u.s.w.. Nach $(n+1)$-maligem Anwenden des Satzes von Rolle verbleibt noch die Existenz einer Nullstelle $\xi \in (x_0, x_{n+1})$ der $(n+1)$-ten Ableitung $r^{(n+1)}$:

$$f^{(n+1)}(\xi) \;=\; \tilde{p}^{(n+1)}(\xi) \;\overset{(7.6)}{=}\; (n+1)! \cdot [x_0, \ldots, x_n, x_{n+1}]_f.$$

Hieraus ergibt sich, daß sich im Fall $x \notin \{x_0, \ldots, x_n\}$ der Fehlerterm in Satz 7.3 auch als

$$f(x) - p(x) \;=\; \varphi(x) \cdot \frac{f^{(n+1)}(\xi)}{(n+1)!} \qquad (7.7)$$

mit $\min_j x_j < \xi < \max_j x_j$ schreiben läßt. Dies gilt auch im Fall $x \in \{x_0, \ldots, x_n\}$, da dann $\varphi(x) = 0$ ist und somit ξ beliebig gewählt werden kann.

Nun führen wir einen Normbegriff ein, der für die gleichmäßige Approximation eine zentrale Rolle spielt. Da man stetige Funktionen auf einem Intervall $[a, b]$ miteinander addieren und mit reellen Zahlen multiplizieren kann, bilden sie einen reellen Vektorraum, den wir mit $C([a, b])$ bezeichnen. Für eine Funktion $f \in C([a, b])$ definieren wir:

$$\|f\|_\infty := \max_{a \leq x \leq b} |f(x)|.$$

(Es sei erwähnt, daß eine stetige Funktion auf einer beschränkten abgeschlossenen Menge immer ein Maximum besitzt.) $\|\cdot\|_\infty$ nennt man die *Maximumsnorm* , und wir empfehlen dem Leser, die Normaxiome selbst zu überprüfen, falls er diese Norm noch nicht kennt.[1] Bildet man in (7.7) beiderseits die Norm und verwendet die Regel

$$|g(x)h(y)| \leq \|g\|_\infty \cdot \|h\|_\infty,$$

so erhält man folgende Abschätzung der Maximalabweichung:

Satz 7.4 *Sei f eine $n+1$ mal differenzierbare Funktion und p das Interpolationspolynom zu den Stützstellen $x_0, \ldots, x_n \in [a, b]$. Dann gilt:*

$$\boxed{\|f - p\|_\infty \leq \frac{1}{(n+1)!} \|f^{(n+1)}\|_\infty \cdot \|\varphi\|_\infty.}$$

Die Fehlerabschätzung in Satz 7.4 liefert einen Anhaltspunkt, wie man mit Interpolation gute **gleichmäßige** Polynomnäherungen erhalten könnte: An der $(n+1)$-ten Ableitung der Funktion f kann man nicht

---

[1] Eine Norm $\|\cdot\|$ muß folgenden Axiomen genügen:

- $\|x\| \geq 0$ und Gleichheit nur für $x = 0$,
- $\|\lambda x\| = |\lambda| \cdot \|x\|$,
- $\|x + y\| \leq \|x\| + \|y\|$ „Dreiecksungleichung“.

rütteln, da sie der Interpolation zugrundeliegt und vorgegeben ist — wohl aber an der Funktion φ:

$$\varphi(x) = (x - x_0)(x - x_1) \cdots (x - x_n).$$

In diese Funktion gehen nur die Stützstellen ein. Um mittels Interpolation gute Kandidaten für die gleichmäßige Approximation zu erhalten, liegt es also nahe, die Stützstellen so zu wählen, daß der Ausdruck $\|\varphi\|_\infty$ möglichst klein wird. Das ist gerade bei der Wahl äquidistanter Stützstellen nicht der Fall. Wir werden sehen, daß man die Stützstellen, für die $\|\varphi\|_\infty$ minimal wird, explizit angeben kann: das sind die sogenannten *Tschebyscheff-Knoten*. Damit beenden wir diesen kleinen Vorgriff.

Schließlich wollen wir noch einen kleinen Ausflug in die *Funktionentheorie* machen und erläutern, wie man die dividierten Differenzen auch noch darstellen kann. Leser ohne Kenntnisse in Funktionentheorie können diesen Teil unbesorgt überspringen.

Sei f eine auf dem Gebiet G holomorphe Funktion. Seien $n+1$ nicht notwendig verschiedene Punkte $x_0, \ldots, x_n \in G$ gegeben und γ eine geschlossene Kurve in G, die einmal mathematisch positiv (d.h. gegen den Uhrzeigersinn) um diese Punkte herumläuft. Wir definieren:

$$[x_0, \ldots, x_n]_f := \frac{1}{2\pi i} \oint_\gamma \frac{f(z)}{(z - x_0) \cdots (z - x_n)} dz.$$

Die Unabhängigkeit dieser Definition von der Wahl der Kurve folgt aus dem *Residuensatz.*

Sind die Stellen $x_0, \ldots, x_n$ reell und paarweise verschieden, so liefert diese Definition genau die dividierten Differenzen. Zum Beweis müssen wir nur die Rekursionsregeln (7.4) und (7.5) überprüfen:

- Die *Cauchysche Integralformel* liefert:

$$[x_0]_f = \frac{1}{2\pi i} \oint_\gamma \frac{f(z)}{z - x_0} dz = f(x_0).$$

- Aus der offensichtlichen Identität

$$\frac{x_0 - x_n}{(z - x_0)(z - x_n)} = \frac{1}{z - x_0} - \frac{1}{z - x_n}$$

folgt für $x_0 \neq x_n$:

$$[x_0, \ldots, x_n]_f =$$

$$= \frac{1}{2\pi i} \oint_\gamma \frac{f(z)}{(z-x_1)\cdots(z-x_{n-1})} \frac{1}{x_0-x_n} \frac{x_0-x_n}{(z-x_0)(z-x_n)} dz$$

$$= \frac{\frac{1}{2\pi i} \oint_\gamma \frac{f(z)}{(z-x_0)\cdots(z-x_{n-1})} - \frac{f(z)}{(z-x_1)\cdots(z-x_n)} dz}{x_0-x_n}$$

$$= \frac{[x_0,\ldots,x_{n-1}]_f - [x_1,\ldots,x_n]_f}{x_0-x_n}$$

Ein Vorteil dieser Darstellung gegenüber unserer Rekursionsformel ist, daß die Punkte $x_0,\ldots,x_n$ auch teilweise zusammenfallen können. Dem Zusammenfallen von $k+1$ Stützstellen

$$x_0 = x_1 = \cdots = x_k$$

entspricht folgende Verallgemeinerung der Interpolationsaufgabe: Das Interpolationspolynom p stimme in x_0 bis zur k-ten Ableitung mit der zugrundeliegenden Funktion f überein:

$$p^{(j)}(x_0) = f^{(j)}(x_0) \qquad \text{für } j = 0,\ldots,k.$$

Enthält eine Interpolationsaufgabe auch Bedingungen an die Ableitungen, so spricht man von einer *Hermite-Interpolation* . Wir betrachten abschließend den Spezialfall, in dem alle Punkte zusammenfallen. Mit den *Cauchyschen Integralformeln für Ableitungen* folgt:

$$[\underbrace{x_0, x_0, \ldots, x_0}_{n+1 \text{ mal}}]_f = \frac{1}{2\pi i} \oint_\gamma \frac{f(z)}{(z-x_0)^{n+1}} dz = \frac{f^{(n+1)}(x_0)}{(n+1)!}.$$

Einsetzen in die Newtonsche Interpolationsformel (Satz 7.3) liefert:

$$p(x) = \sum_{k=0}^{n} \frac{f^{(k)}(x_0)}{k!} (x-x_0)^k.$$

Dies ist gerade die n-te Partialsumme der zu f gehörenden *Taylorreihe.*

7.2 Der Approximationssatz von Weierstraß

Wir kommen nun zu einem fundamentalen Satz, der weit über die Grenzen der Approximationstheorie hinaus in der Mathematik eine wichtige Rolle spielt. Er gewährleistet, daß zu jeder stetigen Funktion und jedem $\epsilon > 0$ ein Polynom existiert, das von der stetigen Funktion an jeder Stelle um höchstens ϵ abweicht. Dazu muß das zugrundeliegende Intervall allerdings beschränkt und abgeschlossen sein (man nennt ein solches Intervall auch *kompakt*).

Satz 7.5 (Weierstraßscher Approximationssatz) *Sei $[a, b]$ ein beschränktes, abgeschlossenes Intervall und $f \in C([a, b])$. Dann existiert zu jedem $\epsilon > 0$ ein Polynom p mit*

$$\|f - p\|_\infty < \epsilon.$$

Die Beschränktheits- und Abgeschlossenheitsforderung an das Intervall $[a, b]$ ist wesentlich. Es ist eine gute Übung zu überlegen, warum bei folgenden Funktionen die gleichmäßige Approximation für alle $\epsilon > 0$ nicht klappt:

Gegenbeispiel 1: Sei $f : \mathbb{R} \to \mathbb{R}$ eine stetige Funktion mit $f(0) > 0$, die außerhalb eines beschränkten Intervalls $[-K, K]$ verschwindet. Es ist nicht möglich, diese Funktion auf der ganzen reellen Zahlenachse mit Polynomen beliebig gut gleichmäßig zu approximieren.

Gegenbeispiel 2: Die Funktion $f(x) = \frac{1}{x}$ kann für keinen ϵ-Wert auf dem Intervall $(0, 1)$ gleichmäßig durch Polynome approximiert werden.

Dieser aus dem Jahr 1885 stammende Approximationssatz wurde 1937 von M.H. Stone wesentlich verallgemeinert. Wir werden auf diese wichtige Verallgemeinerung später (in Kleindruck) noch kurz zu sprechen kommen. Mittlerweile gibt es eine ganze Reihe unterschiedlicher Beweise dieses Satzes. Wir wählen einen klassischen und konstruktiven Beweis mit Hilfe von *Bernstein-Polynomen*. Wir wollen an dieser Stelle eine kurze Begründung liefern, warum der Approximationsatz von Weierstraß in der Mathematik so bedeutsam ist: Häufig will man eine bestimmte Aussage beweisen, die für alle stetigen (oder differenzierbaren oder integrierbaren) Funktionen gelten soll. Die Polynome bilden eine sehr spezielle Klasse gut handhabbarer stetiger Funktionen, für die diese Aussage vielleicht einfach zu beweisen ist. Trotz ihrer sehr speziellen Gestalt sind die Polynome aber schon „dicht“ im Raum aller stetigen (oder differenzierbaren oder integrierbaren) Funktionen — daher kann man versuchen, die Aussage von den Polynomen durch einen Grenzprozeß auf alle diese Funktionen auszuweiten.

Bevor wir uns dem Beweis zuwenden, schicken wir folgende fundamentale Feststellung voraus: jede stetige Funktion f auf einem beschränkten, abgeschlossenen Intervall $[a, b]$ ist sogar **gleichmäßig stetig**, d.h. zu jedem $\epsilon > 0$ gibt es ein $\delta > 0$ **für das ganze Intervall**, so daß gilt:

$$|f(y) - f(x)| < \epsilon \qquad \text{für alle } |y - x| < \delta. \tag{7.8}$$

Wir verzichten auf den etwas technischen Beweis dieses Sachverhalts und verweisen auf einschlägige Analysisbücher (z.B. [EL1, Abschnitt 2.9] oder [H, Kap. V].) Der Leser mache sich aber unbedingt den Unterschied zur gewöhnlichen Stetigkeit klar: Bei normaler Stetigkeit existiert zu jedem $\epsilon > 0$ und jeder festen Stelle x ein $\delta > 0$, so daß obige Abschätzung (7.8) gilt. Dieses δ hängt dort aber insbesondere auch von der gewählten Stelle x ab. (Die Funktion im ersten Gegenbeispiel ist z.B. auf ganz $\mathbb{R}$ gleichmäßig stetig, die Funktion im zweiten Gegenbeispiel auf dem Intervall $(0, 1)$ jedoch nicht.)

Der Vorteil der gleichmäßigen Stetigkeit besteht in folgender Garantie: *Verrutscht eine beliebige Auswertungsstelle x um weniger als δ, so weicht das Resultat $f(y)$ mit Sicherheit um weniger als ϵ vom richtigen Wert $f(x)$ ab.*

Die gleichmäßige Stetigkeit spielt im Beweis des Weierstraßschen Satzes eine zentrale Rolle. Wir werden sie allerdings erst etwas später benötigen, da zunächst einige Vorarbeit geleistet werden muß. Wir betrachten die spezielle Situation $[a, b] = [0, 1]$. (Die Zurückführung den Fall eines allgemeinen Intervalls $[a, b]$ auf diese Situation durch Nachschalten einer linearen Transformation

$$\varphi(x) := a + (b - a)x$$

überlassen wir dem Leser als sehr einfache Übung.) Die schon oben erwähnten *Bernstein-Polynome* bastelt man aus folgenden Polynomen einfacher Bauart:

$$\psi_{n,j}(x) := \binom{n}{j} x^j (1 - x)^{n-j}. \tag{7.9}$$

Eine einfache Kurvendiskussion zeigt, daß diese Funktionen im Bereich $[0, \frac{j}{n}]$ monoton wachsen, im Punkt $x_{n,j} := \frac{j}{n}$ ihr Maximum annehmen, und im anschließenden Bereich $[\frac{j}{n}, 1]$ wieder monoton fallen.

Eine einfache Konsequenz aus dem *Binomischen Lehrsatz* (4.11), der uns schon in Abschnitt 4.5 begegnete, ist folgende Summationseigenschaft der Funktionen $\psi_{n,j}$:

$$\sum_{j=0}^{n} \psi_{n,j}(x) = \sum_{j=0}^{n} \binom{n}{j} x^j (1-x)^{n-j} = \big(x + (1-x)\big)^n = 1.$$

(Eine Funktionenfamilie

$$\{\psi_j : [a,b] \to \mathbb{R} \mid 0 \leq j \leq n\}$$

mit $\psi_j \geq 0$ und $\sum_j \psi_j \equiv 1$ nennt man übrigens eine *Zerlegung der Eins* auf dem Intervall $[a,b]$.)

Das *n-te Bernstein-Polynom der Funktion f* ist die folgende Linearkombination der Funktionen $\psi_{n,j}$:

$$p_n(x) = \sum_{j=0}^{n} \psi_{n,j}(x)\, f(x_{n,j}) = \sum_{j=0}^{n} \binom{n}{j} x^j\, (1-x)^{n-j}\, f(\frac{j}{n}).$$

Unser Ziel ist der Nachweis, daß die *Bernstein-Polynome* (für große n-Werte) die Ungleichung im Weierstraßschen Satz erfüllen. Zunächst zeigen wir eine weitere Eigenschaft der Funktionen (7.9):

Lemma 7.6 *Zu jedem Paar $\epsilon, \delta > 0$ existiert ein $n_0 = n_0(\epsilon, \delta)$*[2]*, so daß für alle $n \geq n_0$ und alle $x \in [0,1]$ gilt:*

$$\sum_{\substack{0 \leq j \leq n \\ |x - x_{n,j}| \geq \delta}} \psi_{n,j}(x) < \epsilon.$$

Etwas anders formuliert besagt dieses Lemma:
Untersucht man (für große n-Werte) in der Summe $\sum_j \psi_{n,j}(x) = 1$ (an einer beliebigen Stelle x) die Beiträge derjenigen Funktionen $\psi_{n,j}$, deren Maxima $x_{n,j}$ außerhalb $(x - \delta, x + \delta)$ liegen, so sind diese Beiträge vernachlässigbar gering — sie summieren sich zu einem Wert kleiner als ϵ.

Es folgt der Beweis dieses Lemmas:

[2] diese Notation besagt: n_0 ist von ϵ und δ abhängig

Beweis Wir beginnen mit der Identität

$$\sum_{j=0}^{n} \binom{n}{j} x^j (1-x)^{n-j} = 1.$$

Nach Ableiten erhält man:

$$-\binom{n}{0} n(1-x)^{n-1} + \binom{n}{n} n x^{n-1} +$$

$$\sum_{j=1}^{n-1} \binom{n}{j} x^{j-1}(1-x)^{n-j-1} \underbrace{\left[j(1-x) - (n-j)x\right]}_{= j - nx} = 0.$$

Multiplikation beider Seiten mit $x(1-x)$ ergibt:

$$\sum_{j=0}^{n} \binom{n}{j} x^j (1-x)^{n-j} \, (j - nx) = 0.$$

Dieses Spiel wird noch einmal wiederholt. Ableiten und anschließende Multiplikation mit $x(1-x)$ liefert:

$$\sum_{j=0}^{n} \binom{n}{j} x^j (1-x)^{n-j} \, (j-nx)^2 +$$

$$x(1-x) \cdot \underbrace{\sum_{j=0}^{n} \binom{n}{j} x^j (1-x)^{n-j}}_{=1} \cdot \underbrace{(j-nx)'}_{=-n} = 0.$$

Hieraus folgt mit den eingeführten Bezeichnungen:

$$\sum_{j=0}^{n} \psi_{n,j}(x) \, (x - x_{n,j})^2 = \frac{x(1-x)}{n^2}.$$

Die Parabel $x(1-x)$ hat im Intervall $[0,1]$ bei $x = \frac{1}{2}$ ihren Maximalwert $\frac{1}{4}$. Verringert man außerdem die Summe linkerhand auf diejenigen Summanden, für die $|x - x_{n,j}| \geq \delta$ gilt, so erhält man schließlich die Abschätzung:

$$\sum_{\substack{0 \leq j \leq n \\ |x - x_{n,j}| \geq \delta}} \psi_{n,j}(x) \, \delta^2 \leq$$

$$\sum_{\substack{0 \leq j \leq n \\ |x - x_{n,j}| \geq \delta}} \psi_{n,j}(x) \, (x - x_{n,j})^2 \leq \frac{1}{4n^2}.$$

Damit ergibt sich offensichtlich die Behauptung für alle $n^2 > (4\epsilon\delta^2)^{-1}$.

□

In folgendem Lemma vergessen wir die spezielle Gestalt (7.9) der Funktionen $\psi_{n,j}$ und weisen die gewünschte Approximationseigenschaft der Ausdrücke

$$p_n = \sum_{j=0}^{n} \psi_{n,j} \, f(\frac{j}{n})$$

ganz allgemein nach, wobei nur einige wenige Voraussetzungen an die Funktionen $\psi_{n,j}$ gestellt werden.

Lemma 7.7 *Zu jeder natürlichen Zahl n gebe es $n+1$ Funktionen $\psi_{n,j} : [0,1] \to \mathbb{R}$ mit folgenden Eigenschaften:*

- *für alle $n \in \mathbb{N}$ gelte $\psi_{n,j} \geq 0$ und $\sum_{j=0}^{n} \psi_{n,j} \equiv 1$,*
- *zu jedem Paar $\epsilon, \delta > 0$ existiere ein $n_0 = n_0(\epsilon, \delta)$ mit*

$$\sum_{|x-\frac{j}{n}|\geq\delta} \psi_{n,j}(x) < \epsilon \qquad \text{für alle } n \geq n_0 \text{ und } x \in [0,1].$$

Dann besitzen die Ausdrücke

$$p_n(x) := \sum_{j=0}^{n} \psi_{n,j}(x) \, f(\frac{j}{n})$$

einer beliebigen stetigen Funktion $f : [0,1] \to \mathbb{R}$ folgende Approximationseigenschaft: zu jedem $\epsilon > 0$ existiert ein $n_1 = n_1(\epsilon)$ mit

$$\|f - p_n\|_\infty < \epsilon \qquad \text{für alle } n \geq n_1.$$

Der Leser mache sich klar, daß mit dem Beweis dieses Lemmas auch die postulierte Approximationseigenschaft der *Bernstein-Polynome* gezeigt ist.

Beweis Die Differenz $f - p_n$ schreibt sich mit der Summationseigenschaft auch als

$$f(x) - p_n(x) = \sum_{j=0}^{n} \psi_{n,j}(x) \left(f(x) - f(\frac{j}{n})\right). \tag{7.10}$$

Aufgrund der gleichmäßigen Stetigkeit von f auf dem Intervall $[0,1]$ existiert zu jedem $\epsilon > 0$ ein $\delta > 0$ mit

$$|f(x) - f(y)| < \frac{\epsilon}{2} \quad \text{für alle } |x-y| < \delta.$$

Wir zerlegen die Summe rechterhand in (7.10) und erhalten:

$$\begin{aligned} &|f(x) - p_n(x)| \\ &\le \sum_{|x-\frac{j}{n}|<\delta} \psi_{n,j}(x)\ \underbrace{|f(x) - f(\tfrac{j}{n})|}_{<\epsilon/2} + \sum_{|x-\frac{j}{n}|\ge\delta} \psi_{n,j}(x)\ \underbrace{|f(x) - f(\tfrac{j}{n})|}_{\le 2\,\|f\|_\infty} \\ &< \frac{\epsilon}{2} + 2\,\|f\|_\infty \sum_{|x-\frac{j}{n}|\ge\delta} \psi_{n,j}(x). \end{aligned}$$

Aufgrund der zweiten Eigenschaft im Lemma kann man ein n_1 finden mit:

$$\sum_{|x-\frac{j}{n}|\ge\delta} \psi_{n,j}(x) < \frac{\epsilon}{4\|f\|_\infty} \quad \text{für alle } n \ge n_1 \text{ und } x \in [0,1].$$

Insgesamt ergibt sich also für alle $n \ge n_1$:

$$\|f - p_n\|_\infty < \frac{\epsilon}{2} + 2\|f\|_\infty \frac{\epsilon}{4\|f\|_\infty} = \epsilon.$$

□

Eine andere Formulierung dieses Lemmas ist, *daß der von den Funktionen*

$$\{\ \psi_{n,j} \mid n \in \mathbb{N} \text{ und } 0 \le j \le n\ \}$$

aufgespannte Vektorraum im Raum $C([0,1])$ *dicht liegt*: D.h. zu jedem $f \in C([0,1])$ und jedem $\epsilon > 0$ existiert ein $n \in \mathbb{N}$ und eine Linearkombination $\sum \alpha_j\ \psi_{n,j}$ mit

$$\|\ f - \sum \alpha_j\ \psi_{n,j}\ \|_\infty < \epsilon.$$

Wir werden in Aufgabe 7.2 mit Lemma 7.7 beweisen, daß auch der Vektorraum der *Treppenfunktionen* in $C([0,1])$ dicht ist. (Diese Aufgabe soll die universelle Anwendbarkeit von Lemma 7.7 auf verschiedene Situationen verdeutlichen.) Dazu müssen wir kurz erläutern, was eine Treppenfunktion überhaupt ist:

Die *charakteristische Funktion* χ_M einer beliebigen Menge $M \in \mathbb{R}$ ist definiert durch

$$\chi_M(x) = \begin{cases} 1 & \text{für } x \in M, \\ 0 & \text{sonst.} \end{cases}$$

Sie nimmt also nur die beiden Werte 0 und 1 an — und zwar den Wert 1 genau auf der Menge M. Wählt man für M ein offenes, halboffenes oder abgeschlossenes beschränktes Intervall I, also

$$I = [a,b] \quad \text{oder } [a,b) \quad \text{oder } (a,b] \quad \text{oder } (a,b),$$

so nennt man χ_I die *elementare Treppenfunktion* des Intervalls I. Bildet man nun in folgender Weise endliche Summen:

$$t(x) = \sum_{k=0}^{n} c_k \, \chi_{I_k}, \qquad \text{mit reellen Zahlen } c_k,$$

so erhält man Funktionen, die nur endliche viele Werte annehmen und deren Graphen eine Treppengestalt haben, wobei die „Stufen" in ihrer Breite und Richtung (auf oder ab) im allgemeinen stark variieren. Diese Funktionen heißen *Treppenfunktionen* und bilden einen Vektorraum.

Obiger Beweis des Approximationssatzes beinhaltet eine Methode, zu jeder stetigen Funktion beliebig gut gleichmäßig approximierende Polynome zu finden — eben die *Bernstein-Polynome.* Über sie ist einiges anzumerken:

Die Approximationseigenschaft der Bernstein-Polynome ist etwas überraschend, da für ihre Konstruktion nur die Funktionswerte an äquidistanten Stellen eingehen — der gleiche Informationsgehalt genügt bei der Interpolation nicht, wie uns das Runge-Beispiel drastisch vor Augen führte. Andererseits sind die Bernstein-Polynome für die Praxis keineswegs gute gleichmäßige Polynomapproximationen: Um innerhalb einer geringe Fehlertoleranz $\epsilon > 0$ zu bleiben, müssen im allgemeinen Bernstein-Polynome mit sehr hohen Graden gewählt werden — meistens gibt es andere Polynome niedrigeren Grades, die die Ausgangsfunktion viel besser gleichmäßig approximieren.

Schließlich wollen wir noch auf eine bemerkenswerte Eigenschaft der Bernstein-Polynome hinweisen: Bei einer k-mal stetig differenzierbaren Ausgangsfunktion f approximieren die Bernstein-Polynome diese Funktion sogar gleichmäßig bis zur k-ten Ableitung: *zu* $\epsilon > 0$ *existiert also ein* $n_1 = n_1(\epsilon)$, *so daß*

$$\| f^{(j)} - p_n{}^{(j)} \|_\infty < \epsilon \qquad \text{für alle } 0 \leq j \leq k \text{ und } n \geq n_0$$

gilt. Da diese interessante Tatsache gar nicht schwer zu beweisen und außerdem eine gute Übung zur *gleichmäßigen Stetigkeit* ist, haben wir ihren Beweis (für die erste Ableitung) als Aufgabe gestellt (Aufgabe 7.3). Einen zweiten konstruktiven Beweis des Approximationssatzes, der auf E. LANDAU (1877-1938) zurückgeht, besprechen wir in den Aufgaben 7.6 und 7.7.

Um zu der eingangs erwähnten Verallgemeinerung von M.H. Stone zu gelangen, richten wir unser Augenmerk auf eine weitere Struktur des Vektorraums der Polynome, die wir bisher nicht berücksichtigt haben: *Polynome lassen sich multiplizieren und man erhält dabei wieder Polynome.* Ein Vektorraum, dessen Elemente auch noch miteinander multipliziert werden können, nennen die Mathematiker eine *Algebra.*[3] Wir wollen uns überlegen, was sich aus der Kenntnis folgern läßt, eine Teilmenge $\mathcal{A}$ der stetigen Funktionen $C([a, b])$ sei eine *Algebra*: für ein beliebiges Element f aus $\mathcal{A}$ liegen dann auch alle Potenzen

$$f^k := \underbrace{f \cdot f \cdots f}_{\text{k-mal}}$$

in $\mathcal{A}$ und somit auch alle polynomialen Ausdrücke folgender Gestalt:

$$c_n f^n + c_{n-1} f^{n-1} + \ldots + c_1 f \qquad \text{mit } c_j \in \mathbb{R}.$$

Um $p(f) \in \mathcal{A}$ für alle reellen Polynome p folgern zu können, muß $\mathcal{A}$ allerdings auch noch eine konstante Funktion $\not\equiv 0$ enthalten. (WARUM?)

[3]Für Freunde der Axiomatik hier die genaue Definition einer *(kommutativen) Algebra* $\mathcal{A}$:

- $\mathcal{A}$ ist ein reeller Vektorraum,
- $f \cdot g = g \cdot f$,
- $(f \cdot g) \cdot h = f \cdot (g \cdot h)$,
- $f \cdot (g + h) = f \cdot g + f \cdot h$,
- $c \cdot (f \cdot g) = (cf) \cdot g$ für alle reellen Zahlen c.

Diese Überlegung zeigt, daß die Algebra-Eigenschaft weitreichende Konsequenzen besitzt: Eine Algebra $\mathcal{A} \subset C([a,b])$, die die Funktionen $f(x) = 1$ und $g(x) = x$ enthält, muß bereits alle Polynome

$$p(x) = c_n x^n + c_{n-1} x^{n-1} + \ldots + c_0$$

umfassen. Nach diesen Vorüberlegungen formulieren wir nun die Stonesche Verallgemeinerung des Weierstraßschen Approximationssatzes:

Satz 7.8 (Approximationssatz von Stone-Weierstraß) *Sei $C(D)$ der Raum der stetigen reellen Funktionen über einer abgeschlossenen und beschränkten Menge $D \subset \mathbb{R}^n$. Dann ist jede Algebra $\mathcal{A} \subset C(D)$ mit folgenden zwei Eigenschaften bereits dicht in $C(D)$:*

- *$\mathcal{A}$ enthält eine konstante Funktion $\not\equiv 0$,*
- *zu je zwei Punkten $x, y \in D$ existiert eine Funktion $f \in \mathcal{A}$ mit $f(x) \neq f(y)$.*

Mit dicht meinen wir, daß zu jeder Funktion $f \in C(D)$ und jedem $\epsilon > 0$ ein $f_0 \in \mathcal{A}$ existiert mit

$$|f(x) - f_0(x)| < \epsilon \qquad \text{für alle } x \in D.$$

Für die zweite Eigenschaft sagt man auch kurz, $\mathcal{A}$ sei *punktetrennend*. Die Verlockung ist groß, ein paar Worte über den eleganten Beweis dieses Satzes zu verlieren. Wir verweisen allerdings lieber auf die Literatur (z.B. [Kö, Kap. 16], [Da, Section 6.6], [Sim, Section 36] oder [Lo, §1.3]) und ermuntern stattdessen den Leser, sich einerseits zu überlegen, wieso in Satz (7.8) der klassische Approximationssatz (7.5) als Spezialfall enthalten ist, und andererseits mit Hilfe von Satz (7.8) zu zeigen, daß jede Algebra $\mathcal{A}$, die die Funktionen $f(x) = 1$, $g(x) = \sin x$ und $h(x) = \cos x$ enthält, bereits dicht im Raum $C([0, 2\pi])$ ist.

7.3 Tschebyscheff-Approximation

Im letzten Abschnitt stellten wir fest, daß man stetige Funktionen $f : [a,b] \to \mathbb{R}$ beliebig gut durch Polynome approximieren kann. Dies ist ein theoretisches Resultat — für den Praktiker liegt daraufhin sofort die folgende Frage nahe: *Gegeben sei eine stetige Funktion*

f. *Wie finde ich z.B. dasjenige Polynom* p *höchstens fünften Grades, dessen Maximalabweichung* $\|f - p\|_\infty$ *am geringsten ist?* Um es gleich vorwegzunehmen: Die Existenz eines solchen Polynoms ist zwar gesichert, es gibt allerdings kein Verfahren, es exakt zu bestimmen. Ganz trostlos ist die Situation jedoch auch wieder nicht: im nächsten Abschnitt werden wir ein sehr einfaches, überraschendes Kriterium kennenlernen, mit dessen Hilfe man für ein gegebenes Polynom p_0 durch Betrachten des Graphen der Funktionsdifferenz $f - p_0$ sofort entscheiden kann, ob es das Gewünschte leistet. Auf diesem Kriterium beruht auch eine iterative Methode (*Remez-Algorithmus*), immer bessere „Polynomkandidaten" zu ermitteln.

Wir beginnen damit, die Frage des Praktikers in einen allgemeineren Kontext einzubetten. Das Ergebnis dieses kleinen Abstraktionsschrittes nennt man die

Tschebyscheffsche Approximationsaufgabe *Sei* U *ein endlichdimensionaler Unterraum des Vektorraums* $C([a,b])$ *und* $f \in C([a,b])$ *eine beliebige Funktion. Gesucht ist eine Funktion* $p_{\min}$*, für die die Maximalabweichung* $\|f - p_{\min}\|_\infty$ *am geringsten ist, d.h.*

$$\|f - p_{\min}\|_\infty \leq \|f - p\|_\infty \qquad \text{für alle } p \in U.$$

Diese Funktion $p_{\min}$ *heißt dann eine Minimallösung für* f *bezüglich* U.

Durch die Wahl $U = \{\text{Polynome vom Grad} \leq 5\}$ gewinnt man offensichtlich die ursprüngliche Frage zurück. Wie schon erwähnt, ist die Existenz einer Minimallösung gesichert.[4] Wie steht es aber mit der Eindeutigkeit? Dazu betrachten wir folgendes Beispiel.

Beispiel Sei $f(x) = 1$ für alle $x \in [0,1]$ und $U = \{cx \mid c \in \mathbb{R}\}$. Da alle Funktionen in U durch den Ursprung gehen, haben wir als untere Abschätzung

$$\|f - p\|_\infty \geq 1 \qquad \text{für alle } p \in U.$$

Andererseits gilt offensichtlich für alle $0 \leq c \leq 2$:

$$|f(x) - cx| \leq 1 \qquad \text{für alle } x \in [0,1].$$

[4] Hinweis für die mathematisch Fortgeschritteneren: Dies ist eine einfache Folgerung aus der Vollständigkeit von $C([a,b])$ bezüglich der Norm $\|\cdot\|_\infty$ und $\dim U < \infty$.

Folglich sind alle Funktionen $p(x) = cx$ mit $0 \leq c \leq 2$ Minimallösungen für f bezüglich U.

Minimallösungen sind also im allgemeinen nicht eindeutig. Interessanterweise ist aber die Menge $\mathcal{M}(f)$ aller Minimällösungen für eine Funktion f *konvex*[5] : *Seien* $p_1, p_2 \in \mathcal{M}(f)$, *so gilt für alle* $\lambda \in [0,1]$:

$$\begin{aligned} \|f - \big(\lambda p_1 + (1-\lambda)p_2\big)\|_\infty &= \|\lambda(f-p_1) + (1-\lambda)(f-p_2)\|_\infty \\ &\leq \lambda \|(f-p_1)\|_\infty + (1-\lambda)\|(f-p_2)\|_\infty \\ &= \|f-p_1\|_\infty. \end{aligned}$$

Also ist auch $\lambda p_1 + (1-\lambda)p_2$ *eine Minimallösung für* f, *womit die Konvexität von* $\mathcal{M}(f)$ *gezeigt ist.*

Die Eindeutigkeit der Minimallösung muß natürlich nicht immer verletzt sein. Von A. HAAR (1885-1933) stammt eine notwendige und hinreichende Bedingung an den Unterraum U, damit alle Minimallösungen eindeutig sind:

Satz 7.9 (Satz von Haar) *Sei* n *die Dimension von* U. *Dann sind folgende Aussagen äquivalent:*

- **Haarsche Bedingung**: *jede Funktion* $p \in U$ *mit mindestens* n *Nullstellen ist bereits die Nullfunktion.*
- *zu jeder Funktion* $f \in C([a,b])$ *existiert genau eine Minimallösung.*

Wir bleiben dem Leser den Beweis hierfür schuldig und testen stattdessen die für uns eigentlich interessante Situation

$$U_k := \{\text{Polynome vom Grad } \leq k\},$$

ob sie die *Haarsche Bedingung* erfüllt. Dann befänden wir uns nämlich in der glücklichen Lage, daß zu jeder stetigen Funktion f doch genau ein Polynom existiert, das unter allen Polynomen vom Grad $\leq k$ die geringste Maximalabweichung besitzt.

[5]Eine Teilmenge $U \in \mathbb{R}^n$ heißt *konvex*, falls zu jedem Paar von Punkten $x, y \in U$ auch deren Verbindungslinie in U liegt. Alle Punkte der Verbindungslinie können offensichtlich in der Form $\lambda x + (1-\lambda)y$ mit $0 \leq \lambda \leq 1$ geschrieben werden. Diese Definition überträgt sich unverändert auf unendlich-dimensionale Vektorräume, wie z.B. den Raum $C([a,b])$.

Aus der bijektiven Abbildung

$$U_k \ni a_k x^k + \ldots + a_1 x + a_0 \mapsto (a_k, \ldots, a_1, a_0) \in \mathbb{R}^{k+1},$$

die also jedem Polynom den Koeffizientenvektor zuordnet, liest man ab, daß $\dim U_k = k+1$ sein muß. Weiterhin besitzt natürlich jedes nicht verschwindende Polynom vom Grad $\leq k$ höchstens k Nullstellen — die Haarsche Bedingung ist also erfüllt.

Zum Schluß machen wir uns noch ein paar Gedanken über die Norm $\|\cdot\|_\infty$, die im Mittelpunkt der gleichmäßigen Approximation steht: bei Normen ist es immer gut zu wissen, ob sie *von einem Skalarprodukt*[6] *induziert* werden. Was ist damit gemeint? Einem Skalarprodukt kann man über die Setzung

$$\|f\| := \sqrt{(f,f)}$$

eine Norm zuordnen, die man die *vom Skalarprodukt* $(\cdot,\cdot)$ *induzierte Norm* nennt. Das allereinfachste Beispiel einer *induzierten Norm* ist der *Betrag* der reellen Zahlen (als Skalarprodukt wählen wir die gewöhnliche Multiplikation), denn offensichtlich gilt:

$$|x| = \sqrt{x \cdot x} \qquad \text{für alle } x \in \mathbb{R}.$$

Der Maximumsnorm $\|\cdot\|_\infty$ liegt kein Skalarprodukt zugrunde, das diese Norm induziert — dies macht das Auffinden einer Minimallösung auch gerade so schwer. Wäre es anders, so fiele die Tschebyscheffsche Approximationsaufgabe mit der *Minimierungsaufgabe* von Abschnitt 8.3 zusammen, zu der es den expliziten Lösungsalgorithmus 8.2 gibt. Daß die Maximumsnorm von keinem Skalarprodukt induziert wird, zeigen wir in Aufgabe 7.4.

[6]Zur Auffrischung kurz noch einmal die Axiome für reelle Skalarprodukte $(\cdot,\cdot)$:

- $(f,g) = (g,f)$,
- $(\alpha f, g) = \alpha (f,g)$ für $\alpha \in \mathbb{R}$,
- $(f_1 + f_2, g) = (f_1, g) + (f_2, g)$.

Bei komplexen Vektorräumen wird das erste Axiom üblicherweise durch

$$(f,g) = \overline{(g,f)}$$

ersetzt.

7.4 Alternanten und Tschebyscheff–Polynome

Bevor wir den zentralen Begriff dieses Abschnitts definieren — die *Alternante* — schicken wir etwas ausgedehntere Überlegungen voraus, die allerdings nichts Schwierigeres enthalten und sicherlich leicht nachvollzogen werden können. Dabei handeln wir nach dem Grundsatz, daß Beispiele oft die besten Lehrmeister sind. Wir betrachten zunächst die besonders einfache Situation der gleichmäßigen Approximation einer konvexen Funktion mittels Geraden.

Beispiel Sei $f : [a,b] \to \mathbb{R}$ eine zweimal differenzierbare *konvexe* Funktion. Unter *konvex* versteht man — anschaulich gesprochen — daß der Graph der Funktion von oben gesehen „bauchig" ist. Mathematisch formuliert muß für je zwei Punkte $x, y \in [a,b]$ und jeden Zwischenpunkt $z = \lambda x + (1-\lambda)y$ mit $\lambda \in [0,1]$ der Funktionswert $f(z)$ unterhalb der Geraden liegen, die durch die Randpunkte $(x, f(x))$ und $(y, f(y))$ verläuft. Diese Gerade hat am Zwischenpunkt z den Wert $\lambda f(x) + (1-\lambda) f(y)$. Es muß also für alle $x; y \in [a,b]$ und alle $\lambda \in [0,1]$ gelten:

$$f(\lambda x + (1-\lambda)y)) \;\leq\; \lambda f(x) \;+\; (1-\lambda) f(y).$$

Wir empfehlen Lesern, denen dieser Begriff noch nicht vertraut ist, sich diesen Sachverhalt durch ein Bild zu veranschaulichen. Ist f zweimal differenzierbar, so kann man die Konvexität auch kurz durch die Bedingung

$$f''(x) \;\leq\; 0 \quad \text{für alle } x \in (a,b)$$

ausdrücken, d.h. der Graph stellt bei Zunahme von x eine „Linkskurve" dar, was dessen bauchige Gestalt bewirkt. Nebenbei bemerkt sind *konvexe* Funktionen auch gute Hilfsmittel, um einige zentrale Ungleichungen der Analysis zu beweisen (siehe z.B. [H, Abschnitt 59].

Wir suchen nun diejenige Gerade $p(x) = \alpha x + \beta$, für die $\|f - p\|_\infty$ minimal wird. Dieses Minimum sei $\epsilon > 0$. Dann muß die Lösungsgerade offensichtlich folgende Ungleichung erfüllen:

$$f(x) \;\leq\; p(x) + \epsilon \;\leq\; f(x) + 2\epsilon. \tag{7.11}$$

Bezeichnet man für jedes $\epsilon > 0$ den von den Graphen von $f(x)$ und $f(x) + 2\epsilon$ berandeten „Streifen" mit

$$S_\epsilon \;:=\; \{(x,y) \mid x \in [a,b],\; f(x) \leq y \leq f(x) + 2\epsilon\},$$

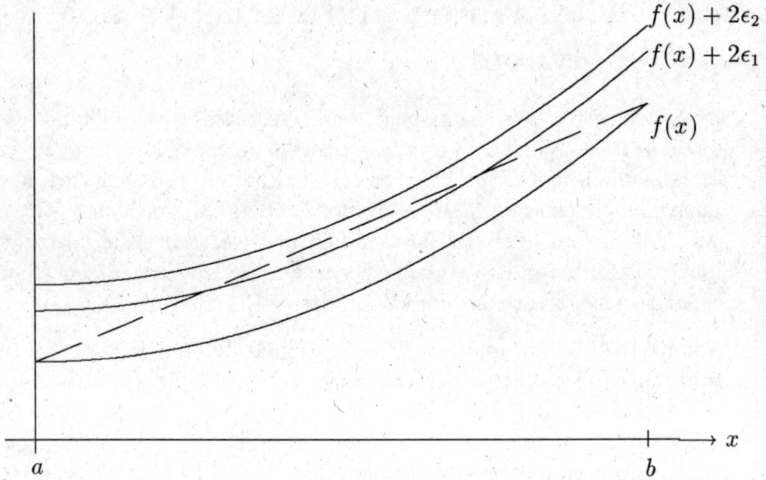

Abbildung 7.2: *Approximation einer konvexen Funktion mit einer Geraden*

so können wir die ursprüngliche Approximationsaufgabe folgendermaßen umformulieren: *Gesucht ist ein möglichst kleiner Wert $\epsilon > 0$, so daß durch das Innere des Streifens S_ϵ noch eine Gerade gelegt werden kann. Diese Gerade ist dann $p(x) + \epsilon$, d.h. die um ϵ verschobene Minimallösung.* In Abb. 7.2 ist ϵ_1 zu klein (jede Gerade oberhalb des Graphen von $f(x)$ verläßt offensichtlich den Streifen S_{ϵ_1}) und ϵ_2 etwas zu groß. Das Bild liefert zudem die Idee, wie man das kleinste ϵ und die richtige Gerade $p(x)$ finden kann: Aufgrund der Konvexität liegt jede über dem Graphen von $f(x)$ liegende Gerade auch oberhalb der gestrichelten Geraden. Der Streifen S_ϵ wird (in seiner senkrechten Breite) optimal dünn, wenn der Graph von $f(x) + 2\epsilon$ die gestrichelte Gerade berührt. Wegen (7.11) ist die gestrichelte Gerade also genau der Graph der Funktion $p(x) + \epsilon$. Der Rest ist eine einfache *Kurvendiskussion*: Die gestrichelte Gerade hat offensichtlich die Gestalt:

$$p(x) + \epsilon \;=\; f(a) \;+\; \frac{f(b) - f(a)}{b - a}(x - a).$$

Für die Stelle x_0 des Berührens muß einerseits

$$f'(x_0) \;=\; \frac{f(b) - f(a)}{b - a} \tag{7.12}$$

und andererseits

$$p(x_0) + \epsilon \;=\; f(x_0) + 2\epsilon$$

gelten. Aus diesen Informationen gelangt man durch einfaches Nachrechnen zu folgender Lösung: *Man bestimme zunächst eine Stelle* x_0, *die* (7.12) *erfüllt. Dann gilt:*

$$\begin{aligned} p(x) &= \frac{f(a)+f(x_0)}{2} + \frac{f(b)-f(a)}{b-a}\Big(x - \frac{a+x_0}{2}\Big), \\ \epsilon &= \frac{f(a)-f(x_0)}{2} - \frac{f(b)-f(a)}{b-a}\,\frac{a-x_0}{2}. \end{aligned} \tag{7.13}$$

An diesem Beispiel können wir folgenden wichtigen Sachverhalt beobachten: Sei $p(x)$ eine Minimallösung gemäß (7.13). Wir betrachten die Differenz $f(x) - p(x)$ an den drei ausgewählten Stellen a, x_0 und b und erhalten beim Einsetzen:

$$\begin{aligned} f(a) - p(a) &= +\epsilon, \\ f(x_0) - p(x_0) &= -\epsilon, \\ f(b) - p(b) &= +\epsilon. \end{aligned}$$

Offensichtlich existieren also drei aufeinanderfolgende Stellen a, x_0 und b mit der Eigenschaft, daß in ihnen die Differenz $f(x) - p(x)$ den Maximalwert $\epsilon = \|f-p\|_\infty$ annimmt — und zwar **mit abwechselnden Vorzeichen**. Ein zweites Beispiel, dessen Herleitung wir in Aufgabe 7.5 behandeln, zeigt auf, daß hinter dieser Feststellung eine tiefere Gesetzmäßigkeit steckt:

Zweites Beispiel Wir betrachten die Funktion $f(x) = x^4$ auf dem Intervall $[-1, 1]$ und den Unterrraum

$$U \;:=\; \{\text{Polynome vom Grad } \leq 3\}.$$

Die Minimallösung für f bezüglich U hat die Gestalt:

$$p(x) \;:=\; x^2 - \frac{1}{8}.$$

In Abb. 7.3 ist die Differenz $f(x) - p(x)$ an den fünf Stellen

$$x_1 = -1,\; x_2 = -\frac{\sqrt{2}}{2},\; x_3 = 0,\; x_4 = \frac{\sqrt{2}}{2},\; x_5 = 1$$

markiert. In ihnen nimmt die Differenz den Maximalwert $\|g - f\|_\infty = \frac{1}{8}$ an, und zwar wiederum mit abwechselnden Vorzeichen.

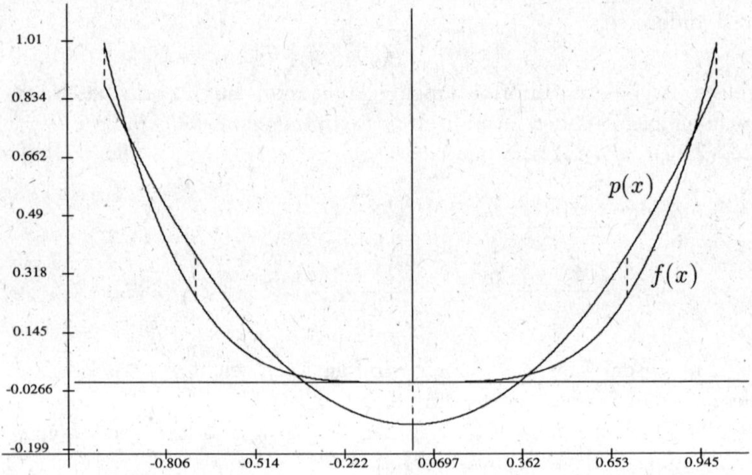

Abbildung 7.3: *Beste Approximation von* $f(x) = x^4$ *durch ein Polynom vom Grad* ≤ 3

Eine solche Auswahl von Stellen x_j nennt man eine *Alternante.* Sie liefert ein sehr schönes Kriterium für Minimallösungen. Ihre genaue Definition lautet folgendermaßen:

Definition 7.10 *Sei d eine beliebige Funktion in* $C([a, b])$. *Eine aufsteigende Folge von k Stellen*

$$(a \leq) \quad x_1 < x_2 < \cdots < x_k \quad (\leq b)$$

heißt Alternante vom Umfang k zu d , falls $d(x)$ *in diesem Stellen die Extremwerte* $\pm \|d\|_\infty$ *annimmt, und zwar mit abwechselnden Vorzeichen — also für alle* $j \in \{1, \ldots, k-1\}$:

$$d(x_j) = -d(x_{j+1}) \in \{ \pm \| d \|_\infty \}.$$

Auf diesem Begriff beruht folgende zentrale Aussage der Tschebyscheff-Approximation:

Satz 7.11 (Tschebyscheffscher Alternantensatz) *Sei* $U \subset C([a, b])$ *ein Unterraum der Dimension* $n < \infty$, *der die Haarsche Bedingung erfüllt und* $f \in C([a, b])$ *beliebig. Eine Funktion* $p \in U$ *ist* **genau dann** *eine Minimallösung für f, falls zu* $f - p$ *eine Alternante vom Umfang* $n + 1$ *existiert.*

Wichtig in obigem Satz ist der geforderte **Umfang der Alternante**: bei einer Minimallösung muß er die Dimension des Unterraums U um mindestens 1 übersteigen. Es leuchtet ein, daß man dieses Kriterium bei einem „Bewerber“ p_0 leicht überprüfen kann: Man stellt zuerst die Maximalabweichung $\|f - p_0\|_\infty$ fest und kann dann anhand des Graphen der Differenz $f - p_0$ inspizieren, wo die Stellen für eine Alternante liegen müssen. Wird dabei z.B. zweimal aufeinanderfolgend der positive Maximalwert angenommen, kann man davon nur eine Stelle für die Alternante gebrauchen, da sich — wie es der Name schon sagt — die Vorzeichen abwechseln müssen. Bevor wir zum Beweis dieses Satzes für den uns interessierenden Spezialfall $U_k = \{\text{Polynome vom Grad } \leq k\}$ kommen, ein paar Worte über dessen Namenspatron mit den für unsere Ohren recht lustig klingenden Vornamen: PAFNUTII LVOVITSCH TSCHEBYSCHEFF (1821-1894) wirkte — nach Promotion und Assistenzeit in Moskau — seit 1857 als Professor in St. Petersburg. Im Jahr 1859 wurde er Mitglied der Petersburger Akademie der Wissenschaften. Neben dem hier erläuterten Beitrag in der Approximationstheorie stammt von ihm die *Tschebyscheff-Ungleichung* aus der *Wahrscheinlichkeitstheorie* (eine Abschätzung für die Wahrscheinlichkeit, daß eine Zufallsvariable einen bestimmten Wert übersteigt), und er bewies auch — passend zum Thema des ersten Buchteiles — daß Zahlen $c, C > 0$ existieren, so daß für genügend große N-Werte die Ungleichung

$$c\frac{N}{\log N} < \Big(\text{Anzahl der Primzahlen} \leq N\Big) < C\frac{N}{\log N}$$

gilt.[7] Diese Kostproben zeigen eindrucksvoll etwas von der Universalität dieses großen russischen Mathematikers.

---

[7] Man muß dieses Resultat im Zusammenhang mit dem *Primzahlsatz* sehen, der die stärkere Aussage

$$\frac{\text{Anzahl der Primzahlen} \leq N}{\left(\frac{N}{\log N}\right)} \longrightarrow 1 \qquad \text{für } N \to \infty$$

macht und bereits von dem damals fünfzehnjährigen C.F. GAUSS (1777-1855) aufgrund von selbst erstellten Primzahltabellen vermutet wurde. Einen ersten Beweis dieses zentralen Satzes der *analytischen Zahlentheorie* gaben unabhängig voreinander im Jahre 1896 J. HADAMARD (1865-1962) und CH. DE LA VALLÉE-POUSSIN (1866-1962) mit *funktionentheoretischen* Hilfsmitteln. Dieser Satz galt lange Zeit als eine Aussage, die man nicht mit elementaren Mitteln, d.h. ohne tiefere Theorie, beweisen kann. Dieses Dogma brachten 1949 P. ERDÖS und A.

Beweis Der Unterraum $U_{n-1} = \{\text{Polynome vom Grad } \leq n-1\}$ besitzt die Dimension n. Die zwei Richtungen der „'genau dann"-Aussage werden getrennt behandelt.

(i) Sei $p \in U_{n-1}$ und $f - p$ besitze eine Alternante $x_1, \ldots, x_{n+1}$ vom Umfang $n+1$. Wir führen die Annahme, ein anderes Polynom $p_0 (\neq p)$ wäre die Minimallösung für f, zum Widerspruch: Diese Annahme impliziert nämlich $\|f - p_0\|_\infty < \|f - p\|_\infty$, also insbesondere

$$|f(x_j) - p_0(x_j)| < |f(x_j) - p(x_j)|,$$

und folglich:

$$\begin{aligned}\operatorname{sgn}\Big(p_0(x_{j+1}) &- p(x_{j+1})\Big) \\ &= \operatorname{sgn}\Big((f(x_{j+1} - p(x_{j+1}) - (f(x_{j+1}) - p_0(x_{j+1}))\Big) \\ &= \operatorname{sgn}\Big(f(x_{j+1}) - p(x_{j+1})\Big).\end{aligned}$$

(Wir erinnern daran, daß die Funktion sgn einer Zahl ihr Vorzeichen zuordnet.) Das Polynom $p_0 - p$ ändert dann $n+1$ mal das Vorzeichen und besitzt zwischen jedem Vorzeichenwechsel mindestens eine Nullstelle (*Zwischenwertsatz*). Da $p - p_0$ somit n Nullstellen besitzt und vom Grad $n-1$ ist, muß $p_0 - p \equiv 0$ gelten. WIDERSPRUCH!

(ii) Sei umgekehrt $p \in U_{n-1}$ eine Minimallösung für f. Angenommen, der maximale Umfang aller Alternanten zu $d := f - p$ habe den Wert $k \leq n$. Die Stellen einer „maximalen" Alternante seien $x_1, x_2, \ldots, x_k$. Dann existiert stets eine Zerlegung des Intervalls $[a, b]$ in

$$[a, b] = [\xi_0, \xi_1] \cup [\xi_1, \xi_2] \cup \ldots [\xi_{k-1}, \xi_k] \quad (a = \xi, b = \xi_k)$$

mit folgenden Eigenschaften:

- $x_j \in (\xi_{j-1}, \xi_j)$ für alle $1 \leq j \leq n-1$,
- auf dem Intervall $[\xi_{j-1}, \xi_j]$ ist natürlich $d(x_j)$ ein Extremum. Für die weiteren Extremstellen x dieses Intervalls mit $\operatorname{sgn}(d(x)) \neq \operatorname{sgn}(d(x_j))$ soll gelten:
$$|d(x)| < \|d\|_\infty.$$

Eine solche Aufteilung ist in Abb. 7.4 wiedergegeben. Der Graph von d ist zwar nicht eingezeichnet, aber alle Punkte, an denen $d(x)$ in $[a, b]$

SELBERG zu Fall, indem sie unabhängig voneinander einen elementaren Beweis lieferten.

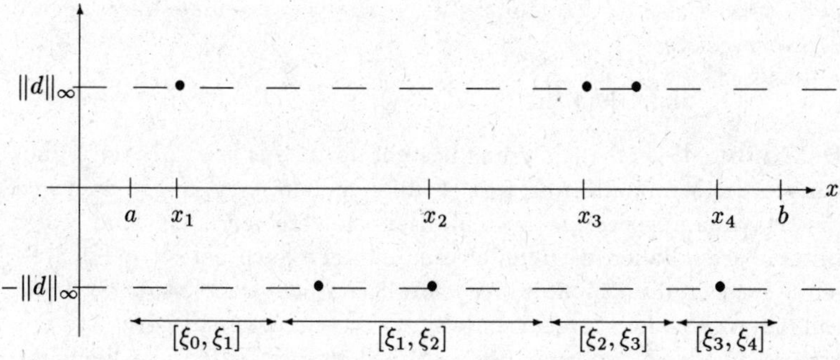

Abbildung 7.4: *Geeignete Zerlegung der Intervalls* $[a, b]$

betragsmäßig sein Maximum annimmt, sind mit einem • markiert. Die Aufteilung ist so getroffen, daß $d(x)$ auf dem Intervall $[\xi_0, \xi_1]$ einen echten Abstand von der unteren gestrichelten Linie hält, auf dem Intervall $[\xi_1, \xi_2]$ einen echten Abstand von der oberen gestrichelten Linie u.s.w.. Wir setzen nun

$$q(x) := \prod_{j=1}^{k-1}(x - \xi_j) \in U_{n-1}.$$

Dieses Polynom besitzt offensichtlich auf den Intervallen (ξ_j, ξ_{j+1}) konstantes Vorzeichen und wechselt das Vorzeichen genau an den Stellen ξ_j. Wir wählen außerdem $\mu \in \{-1, 1\}$ so, daß in allen Alternantenpunkten x_j die beiden Funktionen $\mu q(x)$ und $d(x)$ immer zueinander verschiedene Vorzeichen besitzen. Wir betrachten nun den Ausdruck $d + \delta\mu q$, indem wir δ von 0 langsam anwachsen lassen. Aufgrund der Konstruktion muß dabei der Wert der Norm $\|d + \delta\mu q\|_\infty$ schrumpfen — zumindest solange δ noch hinreichend klein bleibt. Da $p - \delta\mu q \in U_{n-1}$ für alle δ gilt, konnte also p keine Minimallösung für f gewesen sein. □

Von CH. DE LA VALLÉE POUSSIN (1866-1962) stammt die folgende Abschätzung (für einen Beweis siehe [HH]), deren Bedeutung wir im Anschluß erläutern:

Satz 7.12 *Sei* $f \in C([a, b])$ *und* U *ein Unterraum der Dimension* $n < \infty$, *der die Haarsche Bedingung erfüllt. Zu* $p \in U$ *und* $d := f - p$ *mögen* $n + 1$ *Punkte* $x_1 < x_2, \ldots, x_{n+1}$ *mit*

$$\operatorname{sgn}(d(x_{j+1})) = -\operatorname{sgn}(d(x_j)) \qquad \text{für alle } j \in \{1, \ldots, n\}$$

existieren. Dann gilt für alle $\tilde{p} \in U$ *— also insbesondere auch für die Minimallösung:*

$$\min\{\ |d(x_1)|, \ldots, |d(x_{n+1})|\ \} \ \leq\ \|f - \tilde{p}\|_\infty.$$

Der Nutzen dieser Abschätzung besteht darin, aus brauchbaren Näherungen der Minimallösung bereits ablesen zu können, um wieviel sich die Maximalabweichung bestenfalls noch verringern läßt: bei einer brauchbaren Näherung p findet man nämlich auch bereits $n+1$ Stellen, an denen die Differenz $f - p$ lauter ähnlich große lokale Extrema mit alternierenden Vorzeichen besitzt. Das betragsmäßig kleinste Extremum liefert dann eine untere Abschätzung dafür, wie klein die Maximalabweichung der Minimallösung werden kann.

Nun kommen wir zu den Tschebyscheff-Polynomen . Ihrer Definition sieht man zunächst nicht an, daß es wirklich Polynome sind.

Definition 7.13 *Die Funktionen*

$$T_n(x) \ =\ \cos(n\ \arccos x) \qquad \text{für } n = 0, 1, 2, \ldots \qquad (7.14)$$

auf dem Intervall $[-1, 1]$ *heißen Tschebyscheff-Polynome (erster Art).*

Offensichtlich gilt für $n = 0$ und $n = 1$:

$$T_0(x) \ =\ 1 \quad \text{und} \quad T_1(x) \ =\ x.$$

Bei $n \geq 2$ ist schon gar nicht mehr klar, ob sich hinter dem Ausdruck (7.14) ein Polynom versteckt. Das *Ei des Kolumbus* lautet hier: Aufstellen einer Rekursionsformel.[8] Das Additionstheorem für den Cosinus impliziert:

$$\begin{aligned} \cos(nu + u) &= \cos(nu)\cos u \ -\ \sin(nu)\sin u, \\ \cos(nu - u) &= \cos(nu)\cos u \ +\ \sin(nu)\sin u, \end{aligned}$$

[8]Dies ist auch der Schlüssel zum Nachweis der Ganzzahligkeit der *Binomialkoeffizienten.* Was der urspünglichen Definition

$$\binom{n}{k} \ :=\ \frac{n!}{k!\ (n-k)!}$$

keinerwegs anzusehen ist — die Ganzzahligkeit — folgt leicht aus der Rekursionsformel:

$$\binom{n+1}{k+1} = \binom{n}{k} + \binom{n}{k+1}.$$

(Vgl. Beweis von Lemma 4.25)

also mit $u = \arccos x$:

$$T_{n+1}(x) + T_{n-1}(x) = 2T_n(x)T_1(x).$$

Hieraus ergibt sich für alle $n \geq 1$ die Rekursionsformel:

$$\boxed{T_{n+1}(x) = 2xT_n(x) - T_{n-1}(x), \quad T_1(x) = x, \; T_0(x) = 1.} \tag{7.15}$$

Die ersten 6 *Tschebyscheff-Polynome* lauten also:

$$\begin{aligned} T_0(x) &= 1 \quad, & T_3(x) &= 4x^3 - 3x, \\ T_1(x) &= x \quad, & T_4(x) &= 8x^4 - 8x^2 + 1, \\ T_2(x) &= 2x^2 - 1, & T_5(x) &= 16x^5 - 20x^3 + 5x. \end{aligned}$$

Mit beiden Darstellungen (7.14) und (7.15) dieser Polynome zusammen verfügt man über sehr viele Informationen. Z.B. erfährt man unmittelbar (eine leichte Übung für den Leser), daß

- $T_n(x)$ ein Polynom vom Grad n mit dem höchsten Koeffizienten 2^{n-1} ist,
- alle Nullstellen von $T_n(x)$ durch die Formel

$$\xi_k = \cos\Big(\frac{(2k-1)\pi}{2n}\Big) \qquad \text{für } k = 1, 2, \ldots, n \tag{7.16}$$

  gegeben sind,
- alle Extremstellen von $T_n(x)$ durch die Formel

$$x_k = \cos\Big(\frac{k\pi}{n}\Big) \qquad \text{für } k = 0, 1, \ldots, n \tag{7.17}$$

  gegeben sind; dabei wechseln sich Minima und Maxima mit den Werten -1 und $+1$ fortlaufend ab.

Mit den Tschebyscheff-Polynomen und dem Kriterium 7.11 löst man nun folgende zwei Probleme im Handumdrehen:

Problem 1 *Sei* $f(x) = x^n$ *und* $U :=$ {Polynome vom Grad $\leq n-1$}. *Man finde die Minimallösung für* f *bezüglich* U.

Problem 2 *Man finde n Stellen*

$$(a \leq) \quad \xi_1 \leq \xi_2 \leq \ldots \leq \xi_n \quad (\leq b),$$

so daß die Norm $\|\varphi\|_\infty$ *der Funktion*

$$\varphi(x) = \prod_{j=0}^{n}(x - \xi_j)$$

minimal wird.

Zur Lösung des ersten Problems wähle man

$$p(x) := x^n - \frac{1}{2^{n-1}} T_n(x) \in U.$$

Die Differenz $x^n - p = \frac{1}{2^{n-1}} T_n$ besitzt offensichtlich die Stellen (7.17) als *Alternante*. Folglich ist p die Minimallösung für x^n.

Mit der Lösung des zweiten Problems beantworten wir eine offene Frage des ersten Abschnitts: Gesucht waren Stützstellen, bezüglich der die Fehlerabschätzung in Satz 7.4 minimal wird — das zugehörige *Interpolationspolynom* ist dann im allgemeinen eine ganz gute gleichmäßige Approximation. Wir wählen zunächst $[a, b] = [-1, 1]$. Man macht sich leicht die folgende Korrespondenz klar: p_0 *minimiert unter allen normierten Polynomen* p *vom Grad* n *die Norm* $\|p\|_\infty$ *genau dann, falls* $x^n - p_0(x)$ *die Minimallösung für* x^n *bezüglich* $U = \{$*Polynome vom Grad* $\leq n - 1\}$ *ist.* Damit haben wir Problem 2 auf Problem 1 zurückgeführt. Das gesuchte Polynom φ ist also $\frac{1}{2^{n-1}} T_n$. Mit den ξ_j aus (7.16) besitzt es folgende Zerlegung:

$$\frac{1}{2^{n+1}} T_n = \prod_{j=1}^{n}(x - \xi_j),$$

womit auch die Stützstellen gefunden sind: es sind die Nullstellen des n-ten Tschebyscheff-Polynoms. Bei einem allgemeinen Intervall $[a, b] \neq [-1, 1]$ werden diese Stellen auf das vorgegebene Intervall durch eine lineare Transformation übertragen. Diese Stellen nennt man die *Tschebyscheff-Knoten* . Sie liegen in den Randbereichen des Intervalls $[a, b]$ offensichtlich dichter als in dessen Innenbereich.

Nun besprechen wir Verfahren, mit denen man die *Tschebyscheffsche Approximationsaufgabe* zumindest näherungsweise lösen könnte.

Verfahren 1 Man löse die Interpolationsaufgabe

$$f(\xi_j) = p(\xi_j) \qquad \text{für } j = 1, 2, \ldots, n$$

mit den auf das Intervall $[a, b]$ angepaßten *Tschebyscheff-Knoten* von (7.16).

Falls die Ableitungen der zu approximierenden Funktion f in der Norm nicht zu groß werden, erzielt man damit aufgrund von Satz 7.4 ganz brauchbare Approximationen. Wegen $\varphi = \frac{1}{2^{n-1}} T_n$ halbiert sich die Norm $\|\varphi\|_\infty$, falls man die Stützstellenzahl um Eins erhöht. Nachteil dieses Verfahrens ist, daß das erhaltene Polynom aber nicht mehr „nachgebessert" wird und man sich mit dieser ersten erhaltenen Approximation zufrieden geben muß. Eine iterative Verbesserung der Kandidaten für die Minimallösung steckt im zweiten viel besseren Verfahren, das auf E.JA. REMEZ (1896) zurückgeht:

Verfahren 2 (Remez-Einzelaustauschung) Dieser Algorithmus beruht auf dem Ansatz, $n + 1$ aufsteigende Stellen $x_0, x_1, \ldots, x_n$ im Intervall $[a, b]$ iterativ solange zu korrigieren, bis sie schließlich eine Alternante bilden. Kernstück jedes Iterationsschritts ist die folgende

Aufgabe: *Man finde zu gegebenen Stellen $x_0, \ldots, x_n$ ein Polynom $p(x)$ höchstens $(n-1)$-ten Grades und ein $\lambda \in \mathbb{R}$ mit folgenden Eigenschaften:*

$$p(x_j) + (-1)^j \lambda = f(x_j) \qquad \text{für alle } j = 0, 1, \ldots, n.$$

Gälte nun für die Differenz $d = f - p$ die Gleichheit:

$$\|d\|_\infty = |\lambda|,$$

so hätten wir die Minimallösung nach dem *Tschebyscheffschen Alternantensatz* bereits gefunden und wären fertig. Üblicherweise ist aber die Maximalabweichung $\|d\|_\infty$ größer als der errechnete $|\lambda|$-Wert. Die Idee besteht nun darin, eine Stelle $x \in [a, b]$ zu finden, für die

$$|f(x) - p(x)| > |\lambda| \tag{7.18}$$

gilt, und anschließend eine der Stellen x_j durch diese neue Stelle x zu ersetzen. Damit ist dann ein Iterationsschritt abgeschlossen und man stellt sich mit dieser neuen Wahl von Stellen erneut die obige

Aufgabe. Das Ganze wird solange wiederholt, bis die errechnete Folge von $|\lambda|$-Werten, die streng monoton wächst (der Beweis der Monotonie erfordert allerdings etwas Rechnen), schließlich numerisch konstant bleibt.

Das Kernstück, die obige Aufgabe, entpuppt sich mit dem Ansatz

$$p(x) = a_{n-1}x^{n-1} + a_{n-2}x^{n-2} + \ldots + a_1 x + a_0$$

als das folgende lineare Gleichungssystem:

$$\begin{pmatrix} 1 & 1 & x_0 & {x_0}^2 & \ldots & {x_0}^{n-1} \\ -1 & 1 & x_1 & {x_1}^2 & \ldots & {x_1}^{n-1} \\ \vdots & & & & & \vdots \\ (-1)^n & 1 & x_n & {x_n}^2 & \ldots & {x_n}^{n-1} \end{pmatrix} \begin{pmatrix} \lambda \\ a_0 \\ \vdots \\ a_{n-1} \end{pmatrix} = \begin{pmatrix} f(x_0) \\ f(x_1) \\ \vdots \\ f(x_n) \end{pmatrix},$$

das eine eindeutige Lösung $(\lambda, a_0, \ldots, a_{n-1})$ besitzt.

Bei der Ersetzung von x_j durch x halte man sich an folgende Regeln (nach der Ersetzung sind die Stellen wieder ihrer Größe nach zu sortieren):

Voraussetzung	Ersetze ... durch x
$a \leq x < x_0$ und $\operatorname{sgn}(d(x)) = \operatorname{sgn}(d(x_1))$	x_0
$a \leq x < x_0$ und $\operatorname{sgn}(d(x)) \neq \operatorname{sgn}(d(x_1))$	x_n
$x_j < x < x_{j+1}$ und $\operatorname{sgn}(d(x)) = \operatorname{sgn}(d(x_j))$	x_j
$x_j < x < x_{j+1}$ und $\operatorname{sgn}(d(x)) \neq \operatorname{sgn}(d(x_j))$	x_{j+1}
$x_n < x \leq b$ und $\operatorname{sgn}(d(x)) = \operatorname{sgn}(d(x_n))$	x_n
$x_n < x \leq b$ und $\operatorname{sgn}(d(x)) \neq \operatorname{sgn}(d(x_n))$	x_1

Bei der Durchführung des *Remez-Algorithmus* treten zwei konkrete Schwierigkeiten auf:

- die geeignete Wahl von Startpunkten $x_0, x_1, \ldots, x_n$,
- das Auffinden einer Stelle x, die (7.18) erfüllt.

Bei der Wahl der Startpunkte ist man im allgemeinen mit den auf das Intervall $[a, b]$ angepaßten Extremstellen (7.17) des n-ten *Tschebyscheff-Polynoms* ganz gut beraten.

Bei einer zweimal stetig differenzierbaren Funktion f bietet sich zur Bewältigung der zweiten Schwierigkeit an, auf d' das *Newton-Verfahren* (6.5) anzuwenden, wobei mit einer der Stellen x_j gestartet wird. Dabei nähert man sich **hoffentlich** einer Nullstelle von d', die zugleich eine Extremstelle von d ist, und erhöht dabei die alte Abweichung $|\lambda| = |d(x_j)|$.

Mit diesen Überlegungen beenden wir diesen Abschnitt und überlassen die Implementation und Austestung der beiden vorgestellten Verfahren dem Leser. Einen theoretischen Konvergenzbeweis für den *Remez-Algorithmus* findet der Leser in [Mrd].

7.5 *Zweiter Blick auf das Beispiel von Runge

Wir kehren in diesem Abschnitt zum *Runge-Beispiel* zurück, das die Interpolation als ein geeignetes Mittel zur gleichmäßigen Approximation ins Wanken brachte. Ziel dieses Abschnitts ist der Beweis, daß nach Verkleinerung des Grundintervalls $[a, b] = [-5, 5]$ das katastrophale Approximationsverhalten der Interpolationspolynome zur Funktion

$$f(x) \;=\; \frac{1}{1+x^2}$$

(bei äquidistanten Stützstellen) nicht mehr auftreten kann — genauer konvergiert für jedes verkleinerte Intervall $[a, b]$ der Länge

$$b - a \leq e \approx 2.7182$$

(bei äquidistanter Anordnung der Stützstellen) die zugehörige Folge von Interpolationspolynomen p_n punktweise gegen f. Das einzige Hilfsmittel, das wir „von außen“ hinzuziehen müssen, ist die sogenannte *Stirlingsche Formel*, die das asymptotische Verhalten (für $n \to \infty$) der Fakultät $n!$ beschreibt, und die wir in diesem Buch nicht beweisen.

Natürlich liegt den Überlegungen die Abschätzung der Maximalabweichung zwischen f und den Interpolationspolynomen p_n durch die $(n+1)$-te Ableitung von f zugrunde. Im Spezialfall äquidistanter Stützstellen erhielten wir (siehe Aufgabe 7.1):

$$\|f - p_n\|_\infty \;\leq\; \frac{1}{4(n+1)} \left(\frac{b-a}{n}\right)^{n+1} \|f^{(n+1)}\|_\infty. \tag{7.19}$$

Soll also an irgendeiner Stelle **keine** Konvergenz der Interpolationspolynome gegen f vorliegen, darf die rechte Seite der Abschätzung (7.19) für $n \to \infty$ nicht gegen 0 konvergieren. Wegen

$$\lim_{n\to\infty} \frac{1}{4(n+1)} \left(\frac{b-a}{n}\right)^{n+1} = 0$$

muß dazu der Maximalwert der $(n+1)$-ten Ableitungen von f für $n \to \infty$ genügend schnell wachsen. Dies ist wegen

$$|f^{(2l)}(0)| = (2l)! \quad \text{für alle } l \in \mathbb{N}_0 \tag{7.20}$$

für gerade Ableitungen in der Tat der Fall ($n!$ ist ein beachtliches Wachstum.). Zum Beweis hierfür verwenden wir die leicht verifizierbare Identität:

$$(1+x^2)\cdot(1-x^2+x^4-x^6+\cdots+(-1)^{2l}x^{2l}) = 1+(-1)^{2l}x^{2l+2}.$$

Hieraus folgert man

$$1-x^2+x^4-x^6+\cdots+(-1)^l x^{2l} = (1+(-1)^l x^{2l+2})f(x).$$

$2l$-faches Ableiten beiderseits und Einsetzen von $x=0$ liefert schließlich:

$$(-1)^l\,(2l)! = f^{(2l)}(0).$$

Dabei ist zu erwähnen, daß sich die $2l$-fache Ableitung rechts vom Gleichheitszeichen zunächst auf beide Faktoren des Produkts verteilt; für $1 \le j \le 2l$ und $x=0$ verschwinden allerdings alle j-ten Ableitungen des ersten Faktors $1+(-1)^l x^{2l+2}$. (Stände uns der *Potenzreihenkalkül* zur Verfügung, wäre es natürlich, diesen für obigen Beweis einzusetzen. Stattdessen imitierten wir das entsprechende Potenzreihenargument mit Hilfe einer abbrechenden Reihe.)

Das folgende Lemma gibt eine obere Schranke für den Maximalwert der k-ten Ableitung von f. Für gerade Ableitungen folgt mit (7.20), daß diese Schranke sogar **bestmöglich** ist. Für dieses Lemma werden wir zwei Beweise angeben — einen mit elementaren Mitteln und einen mit Hilfe der Fouriertransformation am Ende dieses Abschnitts. (Letzterer illustriert sehr schön, daß sich die Fouriertransformation nicht nur in der Anwendung sondern auch in der Theorie als nützliches Werkzeug entpuppt. Daher empfehlen wir dem Leser — nach Lektüre von Kapitel 8 oder bei schon verhandenen Kenntnissen über die Fouriertransformation — auch den zweiten Beweis anzuschauen.)

Lemma 7.14 *Für die k-te Ableitung von $f(x) = (1+x^2)^{-1}$ gilt:*

$$|f^{(k)}(x)| \leq k! \quad \text{für alle } x \in \mathbb{R}.$$

Beweis Wir wählen eine andere Darstellung der Funktion f, indem wir komplexe Zahlen zulassen:

$$f(x) = \frac{1}{1+x^2} = \frac{1}{2i}\Big(\frac{1}{x-i} - \frac{1}{x+i}\Big).$$

(Für die mathematisch fortgeschritteneren Leser weisen wir darauf hin, daß man diese Darstellung durch eine *komplexe Partialbruchzerlegung* erhält.) Die k-te Ableitung hat dann für $x \in \mathbb{R}$ die Gestalt:

$$\begin{aligned} f^{(k)}(x) &= \frac{(-1)^k\, k!}{2i}\Big(\frac{1}{(x-i)^{k+1}} - \frac{1}{(x+i)^{k+1}}\Big) \\ &= (-1)^k\, k!\ \operatorname{Im}\Big(\frac{1}{(x-i)^{k+1}}\Big). \end{aligned}$$

Wegen $|\operatorname{Im}(z)| \leq |z|$ folgt hieraus:

$$|f^{(k)}(x)| \leq k!\, \frac{1}{|x-i|^{k+1}} \leq k!,$$

da $|x-i| \geq 1$ für alle reellen x-Werte gilt. □

Wir setzen die Abschätzung dieses Lemmas in (7.19) ein und erhalten:

$$\|f - p_n\|_\infty \leq \frac{1}{4(n+1)}\Big(\frac{b-a}{n}\Big)^{n+1}(n+1)!.$$

Nun kommt die angekündigte *Stirlingsche Formel* zum Einsatz. Sie lautet:

$$\lim_{k\to\infty} \frac{k!}{\sqrt{2\pi}\, k^{(k+1/2)}\, e^{-k}} = 1.$$

Hieraus folgt (für jedes $\epsilon > 0$) für genügend große n-Werte:

$$\begin{aligned} \|f - p_n\|_\infty &\leq (1+\epsilon)\, \frac{\sqrt{2\pi}}{4(n+1)}\Big(\frac{b-a}{n}\Big)^{n+1}(n+1)^{(n+3/2)}\, e^{-(n+1)} \\ &= (1+\epsilon)\, \underbrace{\frac{\sqrt{2\pi}}{4\sqrt{n+1}}}_{\to 0}\Big(\frac{b-a}{e}\Big)^{n+1} \underbrace{\Big(1+\frac{1}{n}\Big)^{n+1}}_{\to e}. \end{aligned}$$

Offensichtlich schlägt das Konvergenzverhalten der rechten Seite dieser Ungleichung genau bei der Intervallbreite $b-a=e$ um. Für eine Intervallbreite $\leq e$ liegt Konvergenz gegen 0 vor. Dies bedeutet aber, daß punktweise Konvergenz der Interpolationspolynome p_n gegen f vorliegt (genau genommen sogar gleichmäßige Konvergenz). Voilá, das wollten wir beweisen.

Zum Abschluß der angekündigte Beweis von Lemma 7.14 mit Hilfe der Fouriertransformation : Ein Blick auf Tabellen zur Fouriertransformation zeigt

$$\pi e^{-|x|} \circ\!\!-\!\!\bullet \; f(\gamma) = \frac{1}{1+\gamma^2}.$$

Hieraus ergibt sich mit Regel (4) der Fouriertransformation

$$(-i)^k x^k \pi e^{-|x|} \circ\!\!-\!\!\bullet \; f^{(k)}(\gamma),$$

d.h.

$$f^{(k)}(\gamma) = \frac{(-i)^k}{2} \int_{-\infty}^{\infty} y^k \, e^{-|y|} \, e^{-i\gamma y} \, dy.$$

Bildet man beiderseits den Betrag und wendet anschließend k-mal *partielle Integration* an, so erhält man:

$$\begin{aligned} |f^{(k)}(\gamma)| &\leq \int_0^{\infty} y^k \, e^{-y} \, dy \\ &= k! \int_0^{\infty} e^{-y} \, dy = k!. \end{aligned}$$

□

7.6 Aufgaben

7.1 In dieser Aufgabe geht es um eine Fehlerabschätzung des Interpolationspolynoms im Fall äquidistanter Stützstellen. Seien also $x_0, x_1, \ldots, x_n \in [a,b]$ äquidistant gewählt, d.h.

$$x_j = a + \frac{b-a}{n} \cdot j = a + h \cdot j \qquad \text{mit } h = \frac{b-a}{n}.$$

(i) Zeigen Sie für $x \in [x_j, x_{j+1}]$:

$$|(x-x_j)\cdot(x-x_{j+1})| \leq \frac{h^2}{4}.$$

(ii) Folgern Sie aus (i) die Abschätzung:

$$\Big|\prod_{j=0}^{n}(x - x_j)\Big| \leq \frac{h^{n+1}}{4} \cdot n!.$$

(iii) Folgern Sie aus Satz 7.4 und (ii) die Fehlerabschätzung:

$$\|f - p\|_\infty \leq \frac{h^{n+1}}{4(n+1)} \|f^{(n+1)}\|_\infty.$$

7.2 Hier soll die Dichtheit der Treppenfunktionen im Raum $C([0,1])$ auf zweierlei Weise gezeigt werden.

(a) Wählen Sie die *elementaren Treppenfunktionen*

$$\psi_{n,j} := \chi_{[y_{2j-1}, y_{2j+1})}$$

mit $y_k = \frac{k}{2n}$ und wenden Sie Lemma 7.7 an.

(a) Sei $f \in C([0,1])$ eine beliebige Funktion. Geben Sie einen direkten Beweis mit Hilfe der gleichmäßigen Stetigkeit von f, daß diese Funktion beliebig gut gleichmäßig durch Treppenfunktionen approximiert werden kann.

7.3 Wir zeigen, daß für eine Funktion $f : [0,1] \to \mathbb{R}$ mit stetiger Ableitung f' gilt, daß auch die **Ableitungen der Bernsteinpolynome** p_n' gleichmäßig gegen f' konvergieren.

(i) Zeigen Sie, daß die Ableitung des n-ten Bernstein-Polynoms von f folgendermaßen dargestellt werden kann:

$$p_n'(x) = \sum_{j=0}^{n-1} \binom{n-1}{j} x^j (1-x)^{n-1-j} \frac{f((j+1)h_n) - f(jh_n)}{h_n},$$

wobei $h_n = \frac{1}{n}$ sei.

(ii) Folgern Sie aus der gleichmäßigen Stetigkeit von f' auf $[0,1]$ und dem Mittelwertsatz: Zu jedem $\epsilon > 0$ existiert ein $n_0 = n_0(\epsilon)$ mit:

$$\Big| \frac{f((j+1)h_n) - f(jh_n)}{h_n} - f'(jh_n) \Big| < \epsilon$$

für alle $n \geq n_0$ und $0 \leq j \leq n-1$.

(iii) Zeigen Sie Mit Hilfe von (i), (ii) und der Approximationseigenschaft der zur Ableitung f' gehörenden Bernstein-Polynome folgende Aussage: Für alle $\epsilon > 0$ existiert ein $n_1 = n_1(\epsilon)$ mit:

$$| f'(x) - p_n'(x) | < \epsilon \qquad \text{für alle } n \geq n_1.$$

7.4 In dieser Aufgabe zeigen wir, daß die **Maximumsnorm von keinem Skalarprodukt induziert** werden kann.

(i) Sei $\|\cdot\|$ die von einem reellen Skalarprodukt $(\cdot,\cdot)$ induzierte Norm. Zeigen Sie, daß dann die sogenannte *Parallelogramm-Gleichung* erfüllt sein muß:

$$\|v+w\|^2 + \|v-w\|^2 = 2\big(\|v\| + \|w\|\big).$$

(Es gilt sogar die Umkehrung dieser Aussage: Erfüllt eine Norm, die Parallelogramm-Gleichung, so existiert ein Skalarprodukt, das sie induziert. Knobeln Sie einmal, wie man dieses Skalarprodukt mit Hilfe der Norm ausdrücken könnte.)

(ii) Finden Sie geeignete stetige Funktionen in $C([a,b])$, für die die Maximumsnorm der Parallelogramm-Gleichung nicht genügt.

7.5 Ziel dieser Aufgabe ist der Nachweis, daß die beste Approximation von x^4 auf $[-1,1]$ mittels Polynome vom Grad ≤ 3 durch die Funktion

$$p(x) = x^2 - \frac{1}{8}$$

gegeben ist.

(i) Folgern Sie aus der Eindeutigkeit der Minimallösung, daß die beste Approximation von x^4 auf $[-1,1]$ eine *gerade* Funktion sein muß, d.h. $p(x) = p(-x)$. Damit reduzieren Sie die Vielfalt der Polynomkandidaten vom Grad ≤ 3 auf

$$p(x) = \alpha x^2 + \beta.$$

(ii) Zeigen Sie die Äquivalenz folgender Aussagen:

- $p(x) = \alpha_0 x^2 + \beta_0$ ist beste Approximation von x^4 auf $[-1,1]$ bezüglich $U = \{\alpha x^2 + \beta \mid \alpha, \beta \in \mathbb{R}\}$.

- $p_0(x) = \alpha_0 x + \beta_0$ ist beste Approximation von x^2 auf $[0,1]$ bezüglich $U_0 = \{\alpha x + \beta \mid \alpha, \beta \in \mathbb{R}\}$.

(iii) Finden Sie gemäß (7.13) die bestapproximierende Gerade zu x^2 auf $[0,1]$ und führen Sie damit den angestrebten Nachweis zu Ende.

Bemerkung Die folgenden beiden Aufgaben sind einem zweiten Beweis des Weierstraßschen Approximationssatzes gewidmet, den Landau im Jahre 1908 veröffentlichte (siehe [L2]). Er ist ebenfalls konstruktiv und kann gewissermaßen als kontinuierliches Pendant zum Beweis mit Bernstein-Polynomen angesehen werden.

7.6 In dieser Aufgabe besprechen wir die Struktur des Landau-Beweises für den Approximationssatz:

(i) Zunächst beweisen wir ein **kontinuierliches Pendant des Lemmas 7.7**. Dazu müssen Sie den Beweis von Lemma 7.7 im wesentlichen nur übertragen. Dabei sind Summen durch Integrale und der Index j duch die reelle Variable y zu ersetzen. Zudem ist die erste Eigenschaft hier etwas komplizierter, da auch noch Funktionen μ_n im Spiel sind. Zeigen Sie also: *Sei* $0 < a < b < 1$ *und* $K_n(x,y)$ *für alle* $0 \le x, y \le 1$ *definiert und stetig. Außerdem besitze* K_n *die folgenden zwei Eigenschaften:*

- *für alle* $n \in \mathbb{N}$ *gelte* $K_n \ge 0$ *und*

$$\int_0^1 K_N(x,y)dy \;=\; 1 + \mu_n(x) \quad \text{für alle } x \in [0,1],$$

wobei $\|\mu_n\|_\infty = \max_{0\le x\le 1}|\mu(x)|$ *für* $n \to \infty$ *gegen* 0 *konvergiere.*

- *zu jedem Paar* $\epsilon, \delta > 0$ *(mit* $\delta \le \min(a, 1-b)$*) existiere ein* $n_0 = n_0(\epsilon,\delta)$ *mit*

$$\int_0^{x-\delta} K_n(x,y)dy + \int_{x+\delta}^1 K_n(x,y)dy \;<\; \epsilon$$

für alle $n \ge n_0$ *und* $x \in [a,b]$.

Dann besitzen die Ausdrücke

$$f_n(x) \;:=\; \int_0^1 K_n(x,y)f(y)dy \tag{7.21}$$

einer beliebigen stetigen Funktion $f : [0,1] \to \mathbb{R}$ *folgende Approximationseigenschaft: zu jedem* $\epsilon > 0$ *existiert ein* $n_1 = n_1(\epsilon)$ *mit*

$$|f(x) - f_n(x)| \;<\; \epsilon \quad \text{für alle } n \ge n_1 \text{ und } x \in [a,b].$$

(ii) Seien $K_n(x,y)$ **endliche** Summen der Gestalt

$$K_n(x,y) \;=\; \sum_{j\ge 0} c_j(y)\, x^j, \tag{7.22}$$

die die beiden Bedingungen in (i) erfüllen. Machen Sie sich klar, daß dann die Ausdrücke (7.21) Polynome darstellten und somit der Weierstraßsche Approximationssatz bewiesen wäre. Landau wählte

$$K_n(x,y) := c_n \left(1 - (y-x)^2\right)^n, \quad \text{mit } c_n := \left(\int_{-1}^{1} (1-u^2)^n du\right)^{-1}.$$

Diese Funktionen können offensichtlich in die Gestalt (7.22) gebracht werden (Anwenden des *Binomischen Lehrsatzes*). Mit dem Beweis, daß diese Funktionen obige zwei Eigenschaften besitzen, beschäftigt sich die folgende Aufgabe.

7.7 Diese Aufgabe setzt die vorige Aufgabe fort. Neben den Bezeichnungen der vorigen Aufgabe definieren wir $k_n(x,y) := (1-(y-x)^2)^n$. Dann ist also $K_n(x,y) = c_n\, k_n(x,y)$. In (i) und (ii) beweisen wir zunächst zwei Zwischenresultate, aus denen wir in (iii) und (iv) die erwünschten Eigenschaften von K_n ableiten:

(i) Zeigen Sie: Für alle $x \in [a,b]$ gilt:

$$\int_{-a}^{1-b} (1-u^2)^n\, du \;\le\; \int_0^1 k_n(x,y)\, dy \;\le\; \int_{-1}^{1} (1-u^2)^n\, du.$$

(ii) Ziel dieser Teilaufgabe ist der Nachweis von

$$c_n \int_c^d (1-u^2)^n du \overset{n\to\infty}{\longrightarrow} \begin{cases} 0 & \text{falls } 0 \notin [c,d], \\ 1 & \text{falls } 0 \in (c,d), \end{cases} \tag{7.23}$$

für alle $-1 \le c \le d \le 1$. Es genügt, die Aussage für den Fall $0 \notin [c,d]$ zu zeigen (Warum?), und wir können ohne Einschränkung $0 < c \le d \le 1$ annehmen. Zeigen Sie

$$\int_c^d (1-u^2)^n\, du \;\le\; (d-c)\,(1-c^2)^n$$

$$\int_{-1}^{1} (1-u^2)^n\, du \;\le\; \frac{2}{n+1} \quad (\text{mit Hilfe von } 0 \le 1-u^2 \le 1-|u|).$$

Folgern Sie hieraus:

$$c_n \int_c^d (1-u^2)^n\, du \;\le\; \frac{d-c}{2(1-c^2)}\,(n+1)\underbrace{(1-c^2)}_{<1}{}^{n+1},$$

und unter Verwendung der wohlbekannten Tatsache $n\alpha^n \to 0$ für $|\alpha| < 1$ das Konvergenzverhalten (7.23).

(iii) Folgern Sie aus (ii):

$$\gamma_n := c_n \int_{-a}^{1-b} (1-u^2)^n \, du - 1 \to 0,$$

und aus (i):

$$\|\mu_n(x)\|_\infty \leq \gamma_n.$$

Weisen Sie damit die erste erforderliche Eigenschaft von K_n nach.

(iv) Weisen Sie mit (ii) die zweite erforderliche Eigenschaft von K_n nach.

Literaturhinweise

Ein sehr gut verständliches ausführliches Buch über Interpolation und Approximation ist [Da]. Ein außergewöhnliches Buch über verschiedene Anwendungsmöglichkeiten der Bernstein-Polynome ist [Lo]. Der Beweis des Satzes von Stone-Weierstraß kann in [Sim] nachgelesen werden. Detaillierte Erläuterungen über den Alternantensatz und den Remez-Algorithmus findet der Leser in [HH] oder in dem klassischen Buch [Mrd].

Kapitel VIII

Fourierreihen

Die *Theorie der Fourierreihen* basiert auf dem Ansatz, eine beliebige periodische Funktion als eine Reihe mit Sinus- und Kosinusfunktionen

$$\frac{a_0}{2} + \sum_{k=0}^{\infty}(a_k \cos kx + b_k \sin kx)$$

darzustellen. Beschreibt diese Funktion den zeitlichen Verlauf eines periodischen Signals, so beinhalten die Koeffizienten a_k, b_k Informationen über die im Signal enthaltenen Frequenzanteile. Auf diese Sachverhalte gehen wir in den ersten beiden Abschnitten dieses Kapitels ein. Außerdem zeigen wir am Beispiel des Ohres, daß die Frequenzanalyse nicht nur ein abstraktes Gedankenspiel ist, sondern auch in der Natur entdeckt werden kann. Im dritten Abschnitt beschäftigen wir uns mit der Rolle der Funktionen $\sin kx$ und $\cos kx$ für alle k im Vektorraum der integrierbaren Funktionen. Sie bilden bezüglich eines geeigneten Skalarprodukts ein *Orthonormalsystem.* Vierter und fünfter Abschnitt beschäftigen sich mit dem Konvergenzverhalten der Fourierreihe in der Nähe von Unstetigkeitsstellen.

Der Einsatz von Fourierreihen ist immer dann von Nutzen, wenn periodische Funktionen im Spiel sind. Es gibt allerdings eine ähnliche Theorie für nicht periodische Funktionen. Im siebten Abschnitt geben wir einen kleinen Überblick über diese Theorie — Vorbereitungen dazu finden sich im kurzen sechsten Abschnitt. Ein zentraler Begriff der Fouriertheorie nicht periodischer Funktionen ist die *Fouriertransformierte.*

8.1 Einführende Bemerkungen

Wir alle kennen Beispiele zeitlicher und räumlicher Periodizität aus unserer täglichen Erfahrung (Wechsel von Ebbe und Flut, ein ungedämpftes Pendel, Bienenwaben, das sich wiederholende Muster einer Tapete ...). Die mathematische Fassung dieses Begriffs für Funk-

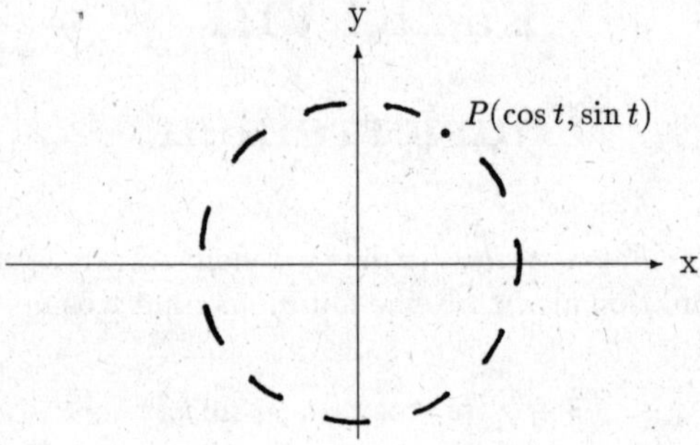

Abbildung 8.1: *Gleichförmige Bewegung eines Punktes auf dem Einheitskreis*

tionen lautet: f ist *T-periodisch*, wenn ein positives T existiert mit

$$f(x) = f(x+T) = f(x+2T) = f(x+3T) = \dots \quad \text{für alle } x \in \mathbb{R}.$$

Der kleinste positive T-Wert mit dieser Eigenschaft nennt man die *Periode* von f. Ausgangspunkt der folgenden Überlegungen sind T-periodische Funktionen, wobei wir ohne Einschränkung $T = 2\pi$ wählen, was man immer durch Änderung des Maßstabs auf der x-Achse erreichen kann. Es ist offensichtlich, daß eine 2π-periodische Funktion bereits vollständig durch ihren Graphen im Intervall $[0, 2\pi]$ festgelegt ist.

Umgekehrt kann eine auf $[0, 2\pi]$ definierte Funktion f zu einer periodischen Funktion auf ganz $\mathbb{R}$ fortgesetzt werden, indem man auf den Intervallen $[2\pi, 4\pi)$, $[4\pi, 6\pi), \dots$ und ebenso auf $\dots, [-4\pi, -2\pi)$, $[-2\pi, 0)$ den gleichen Funktionsverlauf wie auf $[0, 2\pi)$ vorschreibt. Den ursprünglichen Wert von f im Punkt 2π berücksichtigen wir beim periodischen Fortsetzen nicht. Häufig wird es zweckmäßig sein, anstatt $[0, 2\pi]$ das Intervall $[-\pi, \pi]$ zugrundezulegen. Der Leser sollte sich dadurch nicht irritieren lassen.

Das wohl einfachste und schönste Beispiel eines periodischen Vorgangs ist die gleichförmige Bewegung eines Punktes P auf einer Kreislinie. Die Koordinaten von P bringen ganz natürlich die Sinus- und die Kosinusfunktion ins Spiel (Abb. 8.1). Daher sind die trigonometrischen Funktionen $\sin kx$ und $\cos kx$ (für ganzzahlige k) gut geeignete

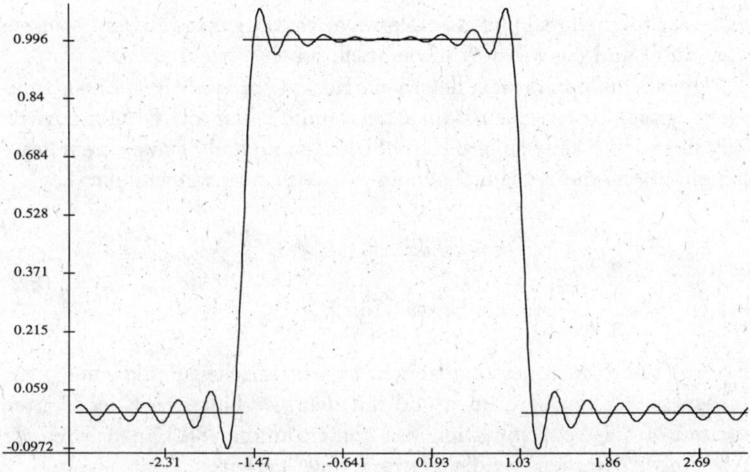

Abbildung 8.2: *Approximation einer einfachen Treppenfunktion*

Bausteine, aus denen sich beliebige 2π-periodische Funktionen gemäß

$$s(x) = \frac{a_0}{2} + \sum_{k=1}^{N}(a_k \cos kx + b_k \sin kx) \tag{8.1}$$

zusammensetzen lassen. Selbst unstetige Funktionen, wie z.B. die einfache Treppenfunktion in Abb. 8.2 können mit Ausdrücken der Form (8.1) angenähert werden. Häufig ergeben sich mit wachsender Summationsgrenze N immer bessere Approximationen. Läßt man schließlich unendliche trigonometrische Summen (also $N = \infty$) zu, so erhält man oft bei geeigneter Wahl der Koeffizienten a_k und b_k vollständige Übereinstimmung. Es sei aber hier schon erwähnt, daß dies nicht immer der Fall ist. Es gibt sogar stetige Funktionen, bei denen die trigonometrische Approximation vollkommen versagt. Diese Funktionen sind allerdings speziell dafür konstruiert — die stetigen Funktionen unserer Anschauung gehören in der Regel nicht dazu.

Die Summe (8.1) nennt man ein *trigonometrisches Polynom vom Grad N*. Die Bezeichnung „Polynom" ist deshalb gerechtfertigt, da aufgrund der Formel von DE MOIVRE (1667-1754)

$$\cos kx \pm i \sin kx = (\cos x \pm i \sin x)^k = e^{\pm ikx}$$

gilt, und folglich (8.1) im Komplexen auch mit ganzzahligen Potenzen von $\sin x$- und $\cos x$-Ausdrücken geschrieben werden kann.

Die folgenden Formeln liefern ein Rezept zum richtigen Einsatz unseres „trigonometrischen Baukastens" und gehen auf EULER zurück. Mit ihrer Hilfe kann man die Koeffizienten a_k und b_k aus einem gegebenen trigonometrischen Polynom s wieder zurückgewinnen:

$$\begin{aligned} a_k &= \frac{1}{\pi}\int_0^{2\pi} s(x)\cos kx\,dx \quad \text{für } k \geq 0, \\ b_k &= \frac{1}{\pi}\int_0^{2\pi} s(x)\sin kx\,dx \quad \text{für } k \geq 1. \end{aligned} \tag{8.2}$$

Es liegt nahe, auch bei allgemeinen 2π-periodischen Funktionen f die Integrale (8.2) zu berechnen und mit den so erhaltenen Koeffizienten a_k und b_k als Approximation von f die Summe (8.1) anzusetzen. In Abschnitt 3 werden wir die Formeln (8.2) herleiten.

Durch Fourier bekam die trigonometrische Approximation ihre große Bedeutung und trägt daher heute seinen Namen. Der Beitrag JOSEPH FOURIERS (1768-1830) auf diesem Feld begann im Jahr 1807, als er seine erste Arbeit über die mathematische Behandlung der Wärmeleitunsgleichung

$$\frac{\partial u}{\partial t} = c^2\,\frac{\partial^2 u}{\partial x^2} \tag{8.3}$$

verfaßte. Zur Lösung dieser Gleichung setzte er trigonometrische Reihen (d.h. $N = \infty$ in Gleichung (8.1)) ein und schuf damit ein leistungsstarkes Werkzeug in der allgemeinen Theorie der *partiellen Differentialgleichungen* mit vorgegebenen *Randbedingungen.*[1] Diese Methode bekam einen unanfechtbaren Platz in der mathematischen Physik. Sein Buch „Théorie analytique de la Chaleur" (analytische Theorie der Wärme) aus dem Jahr 1822 erlangte große Berühmtheit. In seinen Untersuchungen behandelte er außerdem die Frage, ob beliebi-

[1](8.3) ist ein Beispiel einer *partiellen Differentialgleichung*, die z.B. den Wärmefluß in einem Stab beschreibt, den wir durch ein Intervall $[a, b]$ modellieren. $u(t, x)$ gibt die Temperatur zum Zeitpunkt t an der Stelle x des Stabes an. Wird der Stab z.B. an den Enden auf der Temperatur 0 gehalten, also $u(t, a) = u(t, b) = 0$ für alle positiven Zeiten t, so ist dies ein Beispiel einer typischen *Randbedingung*. Eine weitere *Randbedingung* ist z.B. die Vorgabe einer Anfangstemperaturverteilung durch eine Funktion f: $u(0, x) = f(x)$; da es sich allerdings um einen Randpunkt der Zeitkoordinate handelt, spricht man besser von einer *Anfangswertbedingung.*

ge 2π-periodische Funktionen als trigonometrische Reihen darstellbar sind.

Definition 8.1 (Fourierreihe und Fourierkoeffizient) *Sei f eine beliebig vorgebene Funktion auf $[0, 2\pi]$, für die die Integrale in* (8.2) *existieren. Die so berechneten Werte a_k und b_k nennen wir die Fourierkoeffizienten von f und die Reihe*

$$\frac{a_0}{2} + \sum_{k=1}^{\infty}(a_k \cos kx + b_k \sin kx) \tag{8.4}$$

die Fourierreihe von f. Für uns werden oft auch die Partialsummen

$$s_N(x) := \frac{a_0}{2} + \sum_{k=1}^{N}(a_k \cos kx + b_k \sin kx)$$

der Fourierreihe von Interesse sein.

Es sei hier noch einmal erwähnt, daß eine Funktion mit ihrer Fourierreihe nicht übereinstimmen muß — auch wenn sie es in vielen Fällen tut. So existieren z.B. stetige Funktionen, deren Fourierreihen in unendlich vielen Punkten divergieren.

Bevor wir uns ein konkretes Beispiel einer Fourierreihe anschauen, wollen wir kurz ein wenig über das ereignisreiche Leben von Jean-Baptiste-Joseph Fourier erzählen. Er zählt nämlich keineswegs zu der Sorte von Mathematikern, die sich — zurückgezogen in ihrem Kämmerchen — nur für mathematische Probleme interessiert haben (ein Vorurteil, das auch für die Autoren dieses Buches nicht zutrifft):

In Auxerre als Sohn eines Schneiders geboren wurde er mit 8 Jahren Vollwaise. Auf Veranlassung des Bischofs kam er in eine von Benediktinern geleitete Kadettenschule. Die Ideale der 1789 ausbrechenden *Französischen Revolution* begeisterten ihn sehr, als jedoch die Gewalttätigkeit alle Grenzen überstieg, übte er offen dagegen Protest. In der 1795 gegründeten *École Normale* wurde Fourier Lehrer für Mathematik. Seine erfolgreiche Lehrtätigkeit setzte er wenig später auf der *École Polytechnique* fort. Die anschließende Aktivität Fouriers führte ihn ins ferne Ägypten: Der durch die Revolution zum General aufgestiegene jugendliche Feldherr NAPOLEON (1769-1821) war von der Idee beseelt, die Ägypter mit den Errungenschaften der europäischen Kultur zu beglücken. Begeisterte Mitstreiter fand er in den Gelehrten G. MONGE (1746-1818), der die *Darstellende Geometrie* begründete, dem Chemiker C.L. BERTHOLLET und FOURIER. Tatenfreudig setzte Napoleon mit einer Flotte und 165 Gelehrten im Gefolge nach Ägypten über. Mit dem Sieg in der *Schlacht an den Pyramiden* waren alle Voraussetzungen geschaffen, Napoleons Traum zu verwirklichen. Fourier, Monge und Berthollet begannen in dem neugegründeten *Ägyptischen Institut* in Kairo mit großem Elan ihre Lehrtätigkeit. Der Begeisterungsgrad der einheimischen Zuhörer läßt sich aus der Tatsache ermessen, daß einer beträchtlichen Anzahl „Eroberer" Ägyptens die Kehlen durchgeschnitten wurden und die Gelehrten diesem Massaker nur knapp entgingen. Fourier kehrte im Jahre 1801 nach Frankreich zurück und erhielt in Grenoble den Posten eines Präfekten. Als Präfekt kümmerte er sich um die Trockenlegung großer Malariasümpfe und den Bau einer Straße nach Turin (auf französischer Seite). Nebenbei schrieb er seine Theorie der Wärme nieder und reichte sie im Jahr 1811 bei der Pariser Akademie ein. Die Arbeit stieß allerdings auf Kritik von Seiten der Gutachter, zu denen Laplace, Lagrange und Legendre zählten. Sie zeichneten die Arbeit zwar mit einem Preis aus, bemängelten aber die fehlende mathematische Strenge. Diese Einwände trugen das ihre dazu bei, daß die vollständige Theorie Fouriers erst im Jahr 1822 im oben erwähnten berühmten Buch veröffentlicht wurde. Andererseits erwiesen sich auch die politischen Veränderungen für Fourier als recht gefährlich. Als ehemaliger Mitstreiter Napoleons erforderte es einiges diplomatisches Geschick, sowohl bei Napoleons Verbannung nach Elba als auch bei seiner Rückkehr politisch zu überleben. Die letzten fünfzehn Jahre seines Lebens verbrachte Fourier schließlich in Paris, wo er sich ganz der Wissenschaft hingab und im Jahre 1830 starb. Sein besonderes Verhältnis zur Wärme äußerte sich auch darin, daß er in seiner Wohnung immer kräftig einheizte, was die meisten Besucher als unerträglich empfanden.

Nach diesem kurzen Streifzug durch das Leben Fouriers wollen wir diesen Abschnitt mit der Berechnung der Fourierreihe der Sägezahnfunktion

$$f(x) := \begin{cases} \frac{-\pi-x}{2} & -\pi \leq x \leq 0 \\ \frac{\pi-x}{2} & 0 < x \leq \pi \end{cases} \tag{8.5}$$

beschließen. Mit Hilfe der Formeln (8.2) ergibt sich (die Integration erfolgt hier über den Definitionsbereich von f, also $[-\pi, \pi]$:

$$\begin{aligned} b_k &= \frac{1}{2\pi}\Big(\int_{-\pi}^{0}(-\pi - x)\sin(kx)dx \;+\; \int_0^{\pi}(\pi - x)\sin(kx)dx\Big) \\ &= \frac{1}{2\pi}\Big(\underbrace{\int_{\pi}^{2\pi}(\pi - y)\sin(ky)dy}_{\text{Substitution: } y=x+2\pi} \;+\; \int_0^{\pi}(\pi - x)\sin(kx)dx\Big) \\ &= -\frac{1}{2\pi}\int_0^{2\pi} x\sin(kx)dx \qquad (\text{da } \textstyle\int_0^{2\pi}\pi\sin(kx)dx = 0) \\ &= \frac{1}{2\pi}\Big[x\frac{\cos(kx)}{k}\Big]_0^{2\pi} - \underbrace{\frac{1}{2\pi}\int_0^{2\pi}\frac{\cos(kx)}{k}dx}_{=0} \;=\; \frac{1}{k}, \end{aligned}$$

und ebenso erhält man $a_k = 0$. Die Fourierreihe der Sägezahnfunktion hat also die Gestalt

$$\sum_{k=1}^{\infty}\frac{1}{k}\sin(kx).$$

Das folgende Programm zeichnet die Sägezahnfunktion zusammen mit der 5-ten Partialsumme ihrer Fourierreihe:

```
#include "fourier.h"
#include "graph.h"
double  pi = M_PI;

double  id(double x)
{ return x;
}

double  f(double x)
{ if  (x<=0)  return  (-pi-x)/2;
  else        return  ( pi-x)/2;
}

Fourier four_f(5, 0., 0., 0., 0., 0., 0.,        // a_k
                  1., 1./2, 1./3, 1./4, 1./5);  // b_k

double  f1(double x)
{ return four_f(x);
}
```

```
main()
{
  struct param_function FP[9];

  FP[1].f_horiz = id;         FP[2].f_horiz = id;
  FP(1).f_vert  = f;          FP[2].f_vert  = f1;
  FP[1].t_min   = -pi;        FP[2].t_min   = -pi;
  FP[1].t_max   = pi;         FP[2].t_max   = pi;
  FP[1].color   = RED;        FP[2].color   = BLUE;

  plot_functions (FP, 2, screen);
}
```

8.2 Das Ohr — Ort einer biologischen Frequenzanalyse

Wir wollen zunächst auf die physikalische Bedeutung der Koeffizienten a_k und b_k eingehen, die einem Signal f über (8.2) zugeordnet sind. Dazu nehmen wir den Idealfall an, daß die Fourierreihe (8.4) mit dem Signal übereinstimmt, d.h.

$$f(x) = \frac{a_0}{2} + \sum_{k=1}^{\infty}(a_k \cos kx + b_k \sin kx).$$

Dem Leser wird auffallen, daß die trigonometrischen Funktionen $\cos kx$ und $\sin kx$ in der Summe zusammengefaßt werden. Der Grund dafür ist, daß für fest gewähltes k diese beiden Funktionen (unter allen auftauchenden trigonometischen Funktionen) die einzigen mit der Periode $T = \frac{2\pi}{k}$ sind. Man bezeichnet den Kehrwert der Periodenlänge eines Signals als dessen *Frequenz*. Daher kann man sagen, daß der Ausdruck $a_k \cos kx + b_k \sin kx$ den in f enthaltenen Signalanteil zur festen Frequenz $\frac{1}{T} = \frac{k}{2\pi}$ darstellt. *Wie sieht nun ein solcher Signalanteil aus?* Mit Hilfe des *Additionstheorems für den Sinus* läßt sich dieser Signalanteil in folgender geschlossener Form schreiben:

$$C \sin(kx + \varphi) = \underbrace{C \sin\varphi}_{=a_k} \cdot \cos kx + \underbrace{C \cos\varphi}_{=b_k} \cdot \sin kx. \qquad (8.6)$$

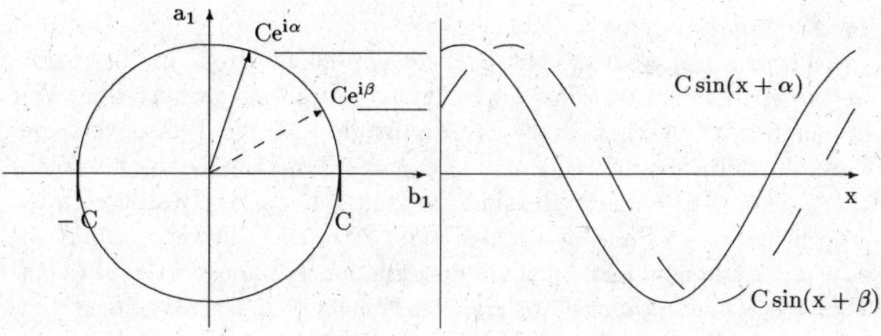

Abbildung 8.3: *Veranschaulichung der Amplitude und Phasenverschiebung*

Man stellt leicht fest, daß man zu jedem gegebenem Paar (b_k, a_k) ein C und ein φ finden kann, so daß (8.6) erfüllt ist. Anschaulich gesprochen besagt diese Gleichung: *Eine Überlagerung einer Sinus- und einer Kosinuswelle gleicher Frequenz liefert wieder eine verschobene Sinuswelle der gleichen Frequenz.* Die Maximalauslenkung C der Sinuswelle $C\sin(kx+\varphi)$ nennen wir die *Amplitude* und die Winkelverschiebung $\varphi \in (-\pi, \pi]$ bezeichnen wir als die *Phasenverschiebung* dieser Sinuswelle. Abb. 8.3 veranschaulicht die Begriffe *Amplitude* und *Phasenverschiebung* im Fall $k = 1$. Das Bild zeigt außerdem, wie man die beiden Größen C und φ auch wiederfinden kann, wenn man das Koeffizientenpaar als Vektor $(b_k, a_k) = C(\cos\varphi, \sin\varphi) \in \mathbb{R}^2$ interpretiert: *Die Amplitude dieses Frequenzanteils ist die Länge und die Phasenverschiebung die Richtung dieses Vektors.*

Wir stellen also fest: Eine Fourierreihe ist die Überlagerung unendlich vieler phasenverschobener Sinuswellen unterschiedlicher Frequenzen $\frac{k}{2\pi}$.

Die Frage liegt nahe, was mit dieser Aufspaltung eines Signals in Anteile fester Frequenzen gewonnen ist. Die Praxis zeigt, daß diese Informationen über das Signal oft nützlicher sind als dessen zeitlicher Verlauf selbst. Das belegen z.B. die Methoden der Spracherkennung und der Bildverarbeitung. Leser, die davon noch nicht überzeugt sind, bitten wir um etwas Geduld. In der zweiten Hälfte dieses Abschnitts werden wir aufzeigen, daß auch die Natur in ihrem unermeßlichen Ideenreichtum die Vorteile der Frequenzanalyse erkannt und für ihre

Zwecke nutzbar gemacht hat.

Wir beschäftigen uns als nächstes mit dem Problem, die Informationen der Fourierreihe eines Signals graphisch darzustellen. Wir haben bereits gesehen, daß die Amplitude und die Phasenverschiebung der Summanden $C_k \sin(kx + \varphi_k) = a_k \cos kx + b_k \sin kx$ natürliche Größen der Fourierreihe sind. Es liegt also nahe, die auftretenden Amplituden und Phasenverschiebungen über einer Frequenzachse abzutragen. Die resultierenden Diagramme nennt man das *Amplituden-Frequenz-Diagramm* und das *Phasen-Frequenz-Diagramm*. Zur Erläuterung ein Beispiel: Wir wählen das Sägezahnsignal aus dem letzten Abschnitt mit der Fourierreihe $\sum_{k=1}^{\infty} \frac{1}{k} \sin kx$. Der Frequenzanteil $\frac{1}{k} \sin kx$ zur Frequenz $\frac{k}{2\pi}$ hat die Amplitude $\frac{1}{k}$. Die zugehörigen Phasenverschiebungen sind alle 0. Diese Angaben stimmen mit der Länge und der Richtung der Vektoren $(b_k, a_k) = (\frac{1}{k}, 0)$ überein. Beide Diagramme zusammen nennt man die Darstellung eines Signals im *Frequenzbereich*. Demgegenüber bezeichnet man den zeitlichen Verlauf eines Signals als eine Darstellung im *Zeitbereich*. In der Signalverarbeitung faßt man *Zeitbereich* und *Frequenzbereich* als zwei verschiedene „Welten“ auf, die über eine Transformation in Verbindung stehen. Diese Transformation besteht in der einen Richtung in der Berechnung der Fourierkoeffizienten und in der anderen Richtung im Aufsummieren (*Superposition*) der gegebenen verschobenen Sinusfunktionen, um das ursprüngliche Signal zurückzugewinnen. Wir werden dieses Thema im siebten Abschnitt noch einmal ansprechen.

Nun zu dem versprochenen Beispiel aus der Natur: Unsere Wahrnehmung aller Geräusche — sei es das Rauschen eines Baches, ein Musikstück oder menschliche Sprache — beruht auf einer raffinierten Aufspaltung der Schallsignale in ihre Frequenzanteile. Dies vermutete bereits der Arzt und Physiker HERMANN VON HELMHOLTZ (1821-1894) und wurde durch die Versuche des Nobelpreisträgers GEORG VON BÉKÉSY bestätigt. Da es sich um ein Wunderwerk der Natur handelt und der zu Beginn angesprochene mathematische Bezug vorliegt, wollen wir den Vorgang des Hörens dem Leser nicht vorenthalten: Die Schallwellen erzeugen Vibrationen des *Trommelfells*, die durch die Gehörknöchelchen im Druck verstärkt und an das Innenohr weitergeleitet werden. Das Innenohr besteht aus drei senkrecht zueinander angelegten *Bogengängen*, die für den Gleichgewichtssinn verantwortlich sind, und der *Schnecke*. In der Schnecke findet schließlich die Frequenzanalyse der Schallsignale statt. *Was geschieht aber im In-*

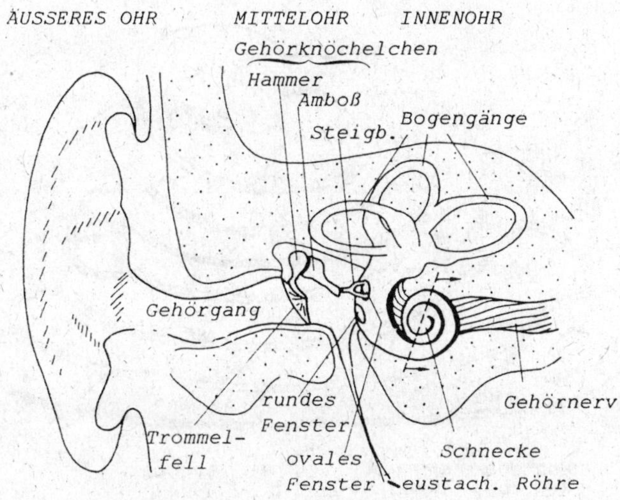

Abbildung 8.4: *Innenansicht eines Ohres*

nern der Schnecke genau? Dazu schneiden wir in unserer Vorstellung die Schnecke auf und blicken in sie hinein (Abb. 8.5). Der sich windende Innenraum der Schnecke wird durch eine horizontal gespannte Haut (*Basilarmembran*) in einen oberen und einen unteren Bereich (*Vorhoftreppe* und *Paukentreppe*) aufgeteilt. Das ganze Innere ist mit einer Flüssigkeit gefüllt. Zwischen oberem und unterem Bereich des Innnenraums besteht nur in der Schneckenspitze ein Durchgang. Die Vibrationen der Gehörknöchelchen werden über das *ovale Fenster* an die Flüssigkeit in der Schnecke weitergegeben. Da die Flüssigkeit nicht zusammenpreßbar ist, müssen die an sie weitergegebenen Stöße „am anderen Ende“ ausgeglichen werden. Wir haben bereits erwähnt, daß sich die Flüssigkeit von der Schneckenbasis zur Spitze und über den Durchgang wieder zurück zur Schneckenbasis erstreckt. Dort sorgt die elastische Membran des *runden Fensters* für ein Abfangen der Stöße. Soviel zur „Innenarchitektur“ der Schnecke.

Nun richten wir unser Interesse auf die *Basilarmembran*, die Trennwand im Innern der Schnecke. Diese Haut ist an der Schneckenbasis (dort, wo sich das ovale Fenster befindet), sehr elastisch und nimmt zur Schneckenspitze hin an Elastizität ab. Die an die Flüssigkeit wei-

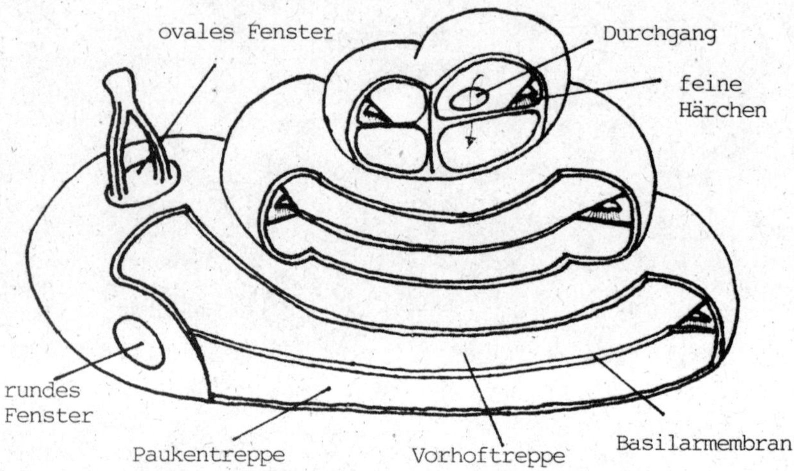

Abbildung 8.5: *Das Innere der Schnecke*

tergegebenen Stöße bewirken ein Auf- und Abwippen der Basilarmembran, das sich von der Schneckenbasis zur Schneckenspitze hin ausbreitet. Man denke zum Vergleich an ein Seil, das am einen Ende an einem Haken in einer Wand (Schneckenspitze) befestigt ist und am anderen Ende (Schneckenbasis) in vertikale Schwingung versetzt wird. Um dieses Bild der Wirklichkeit noch besser anzupassen, müßte die Elastizität des Seiles zur Wand hin abnehmen. Mit einem solchen Seil ließe sich folgende physikalische Beobachtung machen: *Vertikale Erregerschwingungen höherer Frequenz würden sich im Seil nicht sehr weit ausbreiten. Mit Abnahme der Erregerfrequenz würde die Welle im Seil zur Wand hin immer weiter „überleben". In jedem Fall bildete sich aber kurz vor dem Absterben der Welle im Seil eine Maximalvibration aus.* Da ein Bild oft hilfreicher als viele Worte ist, betrachten wir hierzu Abb. 8.6. Übertragen auf das Innenohr bedeutet das, daß hohe Töne eine Maximalschwingung der Basilarmembran nahe der Schneckenbasis und tiefe Töne eine Maximalschwingung nahe der Schneckenspitze erzeugen. Diese Maximalschwingungen werden an der Außenseite der *Basilarmembran* mit Hilfe feiner Härchen registriert und als elektrische Impulse an den *Gehörnerv* weitergegeben.

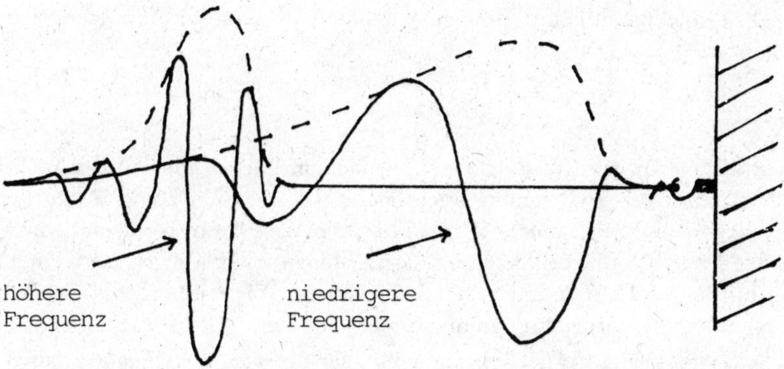

Abbildung 8.6: *Die Wanderwelle im Seil bei verschiedenen Frequenzen*

Töne, die sich aus verschiedenen Frequenzen zusammensetzen, erzeugen simultan Maximalschwingungen der *Basilarmembran* an verschiedenen Stellen. Dem Gehirn stehen zur Analyse also die Amplituden der Frequenzanteile der eintretenden Schallwellen zur Verfügung.

8.3 Das trigonometrische Orthonormalsystem

Wir beginnen diesen Abschnitt mit einigen geometrischen Überlegungen. Wir werden anschließend sehen, daß sich diese Überlegungen auf die Situation der Fourierreihen übertragen lassen. Der dazu notwendige Abstraktionsschritt stellt erfahrungsgemäß für viele Mathematikinteressierte eine Hürde dar. Hat man diese Hürde allerdings genommen, wird man mit einer neuen Sichtweise belohnt. Viele mathematische Fortschritte beruhen darauf, ein Problem von einer Seite aus zu betrachten, die lange unentdeckt blieb und sich im Nachhinein als sehr nützlich erweist.

Sei V ein Vektorraum mit einem (reellen oder hermiteschen) Skalarprodukt $(\cdot, \cdot)$. Wichtig ist, daß V nicht endlichdimensional zu sein braucht. Der zentrale Begriff dieses Abschnittes ist der des *Orthonormalsystems (ONS)*. Darunter verstehen wir eine (endliche oder abzählbar unendliche) Teilmenge $\{\varphi_1, \varphi_2, \ldots\}$ von V, die

$$(\varphi_k, \varphi_l) = \begin{cases} 1, & \text{falls } k = l \\ 0 & \text{sonst} \end{cases} \qquad \text{für alle } k, l$$

erfüllt. (Um die Notation zu vereinfachen, hätten wir auf der rechten Seite dieser Gleichung auch das sogenannte *Kronecker-Delta* δ_{kl} schreiben können: dieses Symbol hat den Wert 1 für $k = l$ und sonst den Wert 0.) Je zwei Vektoren dieser Menge sollen also Einheitslänge besitzen und aufeinander senkrecht stehen. Wir erinnern daran, daß zu einem Skalarprodukt immer auch eine Norm gehört, die man über $\|v\|_2 := \sqrt{(v, v)}$ erhält. Man nennt sie die *von dem Skalarprodukt induzierte Norm.* Um anzudeuten, daß diese Norm von einem Skalarprodukt herkommt, versehen wir sie mit einer tiefgestellten 2 als Index.

Wir beschäftigen uns zunächst mit der Lösung der folgenden

Minimierungsaufgabe *Sei U ein endlich-dimensionaler Unterraum von V und $v_0 \in V$ ein beliebiger Vektor. Man finde unter allen Vektoren $u \in U$ einen Vektor $u_{\min}$, der die Differenzlänge $\|v_0 - u\|_2$ minimiert, d.h.*

$$\|v_0 - u_{\min}\|_2 \le \|v_0 - u\|_2 \qquad \text{für alle } u \in U.$$

Dieser Vektor $u_{\min}$ heißt dann beste Approximation von v_0 im Unterraum U.

Abb. 8.7 veranschaulicht die Situation. Aus diesem Bild wird intuitiv klar, daß unter allen Vektoren $v_0 - u$ genau derjenige am kürzesten ist, der senkrecht auf U steht. Wer eine noch anschaulichere Begründung haben möchte, stelle sich U als eine Ebene vor und denke sich zwischen dem Endpunkt des Vektors v_0 und einem beliebigen Punkt P der Ebene U ein Gummi gespannt. Dem Punkt P sei erlaubt, sich frei im Unterraum U zu bewegen. Der Gummi symbolisiert den Vektor $v_0 - u$, wobei P der Endpunkt des Vektors u ist. Die Spannung des Gummis wird am geringsten, wenn er genau senkrecht aus U herausragt. $v_0 - u_{\min}$ steht genau dann senkrecht auf U, wenn für alle Vektoren $w \in U$ das folgende Skalarprodukt verschwindet:

$$(v_0 - u_{\min}, w) = 0. \tag{8.7}$$

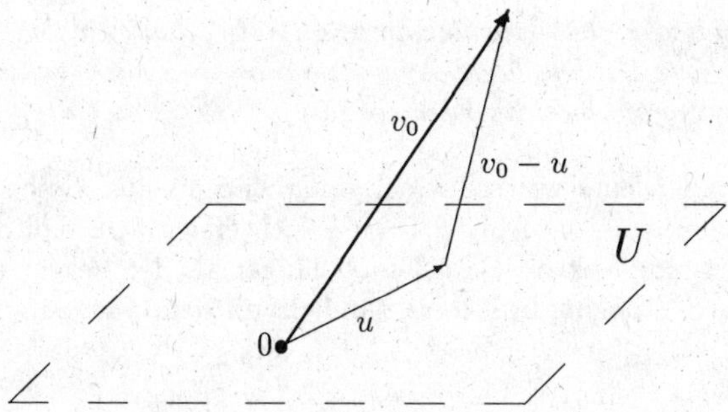

Abbildung 8.7: *Veranschaulichung der Minimierungsaufgabe*

Sei $\{\varphi_1, \ldots, \varphi_N\}$ eine Orthonormalbasis des endlichdimensionalen Vektorraums U. Da jeder Vektor $w \in U$ als eine Linearkombination dieser Basis geschrieben werden kann, ist die Bedingung (8.7) äquivalent zu

$$(v_0 - u_{\min}, \varphi_k) = 0 \qquad \text{für alle } k = 1, 2, \ldots, N. \tag{8.8}$$

Ebenso kann man $u_{\min}$ als eine Linearkombination ansetzen, d.h. $u_{\min} = \sum_{k=1}^{N} \alpha_k \varphi_k$, und man erhält mit (8.8):

$$\alpha_k = (u_{\min}, \varphi_k) = (v_0, \varphi_k).$$

Damit haben wir einen bestapproximierenden Vektor $u_{\min}$ bestimmt:

$$u_{\min} = \sum_{k=1}^{N} (v_0, \varphi_k) \cdot \varphi_k. \tag{8.9}$$

Diese Darstellung ergab sich zwingend aus der Herleitung. Daher kann es keinen zweiten bestapproxierenden Vektor geben. $u_{\min}$ ist also eindeutig bestimmt und $v_0 - u_{\min}$ steht senkrecht auf U. (Man sagt auch, $u_{\min}$ sei die *orthogonale Projektion* von v_0 auf den Unterraum U.) Unter Hinzuziehung von Aufgabe 8.7 haben wir nun einen expliziten Lösungsalgorithmus zur Hand:

Algorithmus 8.2 (Lösung des Minimierungsaufgabe) *Sei N die Dimension des Unterraums U. Man wähle N beliebige linear unabhängige Vektoren $w_1, \ldots, w_N$ in U und orthonormiere sie gemäß Aufgabe*

8.7 (Schmidtsche Orthonormalisierung). Wir erhalten dabei ein ONS $\varphi_1, \ldots, \varphi_N$ *von* U*. Die beste Approximation zu einem Vektor* v_0 *bekommt man dann über die Formel* (8.9).

Wir können eine weitere wichtige Erkenntnis aus diesen Überlegungen gewinnen: Aus Abb. 8.7 wird auch ersichtlich, daß der bestapproximierende Vektor $u_{\min}$ niemals länger als der Vektor v_0 selbst ist. Aus der Orthogonalität folgt nämlich mit dem *Satz von Pythagoras*:

$$\|u_{\min}\|_2^{\,2} + \|v_0 - u_{\min}\|_2^{\,2} = \|v_0\|_2^{\,2},$$

d.h. $\|u_{\min}\|_2^{\,2} \leq \|v_0\|_2^{\,2}$. Setzt man nun für $u_{\min}$ die Darstellung (8.9) ein, so erhält man

$$\|u_{\min}\|_2^{\,2} = \sum_{k,l=1}^{N} \Big((v_0, \varphi_k)\varphi_k, (v_0, \varphi_l)\varphi_l\Big) = \sum_{k=1}^{N} |(v_0, \varphi_k)|^2.$$

Wir sind hiermit auf eine zentrale Ungleichung in der Theorie der Orthonormalsysteme gestoßen, nämlich

Satz 8.3 (Besselsche Ungleichung) *Sei* $\{\varphi_k\}$ *ein (endliches oder abzählbar unendliches) ONS von* V*. Dann gilt für alle* $v \in V$ *die Ungleichung:*

$$\sum_k |(v, \varphi_k)|^2 \leq \|v\|_2^{\,2}. \tag{8.10}$$

Genaugenommen haben wir die Besselsche Ungleichung nur im Fall endlicher ONSe bewiesen. Die abzählbare Situation ergibt sich sehr leicht mit Hilfe eines Grenzübergangs, der jedoch nicht besonders spannend ist.

Schließlich wollen wir noch den Begriff der *Orthonormalbasis* für Vektorräume unendlicher Dimension einführen. Es stellt sich heraus, daß die folgenden beiden Eigenschaften für abzählbare ONSe $\{\varphi_k\}$ äquivalent sind, d.h. entweder besitzt ein ONS beide Eigenschaften oder keine dieser Eigenschaften:

- *Plancherelsche Gleichung*:

$$\sum_k |(v, \varphi_k)|^2 = \|v\|_2^{\,2},$$

- für jedes $v \in V$ gilt:

$$v = \sum_k (v, \varphi_k) \cdot \varphi_k. \tag{8.11}$$

Ein abzählbares ONS mit diesen Eigenschaften nennt man eine *Orthonormalbasis*, oder — da wir es nur mit Orthonormalbasen zu tun haben werden — kurz *Basis.* Wir wollen an dieser Stelle die Äquivalenz der beiden Eigenschaften kurz begründen: Wir stellen zunächst fest, daß die Plancherelsche Gleichung die „Besselsche Ungleichung bei Gleichheit" ist. Auf der anderen Seite besagt die Eigenschaft (8.11), daß die Partialsummen

$$v_N := \sum_{k=1}^{N} (v, \varphi_k) \cdot \varphi_k \tag{8.12}$$

gegen den Vektor v konvergieren, d.h. $\|v - v_N\|_2 \to 0$. Der Ausdruck $\|v - v_N\|_2{}^2$ ist aber gerade die Differenz

$$\|v\|_2{}^2 - \sum_{k=1}^{N} |(v, \varphi_k)|^2$$

der beiden Seiten der Besselschen Ungleichung für das endliche ONS $\{\varphi_1, \ldots, \varphi_N\}$. Die Plancherelsche Gleichung impliziert also, daß diese Differenz bei wachsendem N gegen 0 strebt und daß folglich auch v_N gegen v konvergiert. Umgekehrt folgt die Plancherelsche Gleichung aus (8.11) durch direktes Einsetzen.

Eine Basis besitzt außerdem folgende oft nützliche Eigenschaft:

- nur der Nullvektor steht auf allen φ_k senkrecht, d.h.

$$(v, \varphi_k) = 0 \;\text{ für alle } \varphi_k \quad \Rightarrow \quad v = 0. \tag{8.13}$$

Im Gegensatz zu den anderen beiden Eigenschaften kann ein ONS allerdings diese Eigenschaft besitzen, ohne eine Basis zu sein.[2] Die

[2] Ein Hinweis für „Insider", unter welcher Voraussetzung alle drei Eigenschaften äquivalent sind: aus der Besselschen Ungleichung folgt für jedes ONS und jedes $v \in V$, daß die Partialsummen (8.12) eine Cauchyfolge bilden. Ist nun der zugrundeliegende Vektorraum V **vollständig**, d.h. ein *Hilbertraum*, so besitzt diese Cauchyfolge einen Grenzwert w (das ist der entscheidende Punkt!). Aus der Eigenschaft (8.13) folgt dann $v - w = 0$, d.h. das ONS ist eine Basis.

Implikation (8.13) beschreibt eine *Maximalitätseigenschaft*: Ein Vektor $v \neq 0$, der auf allen φ_k senkrecht stünde, könnte nach Normierung $v/\|v\|$ zu diesem ONS hinzugefügt werden und es ergäbe sich ein „größeres" ONS. Eine Basis ist also in diesem Sinne nicht mehr ergänzbar.

Nach diesem etwas längeren Exkurs in die Theorie der Orthonormalsysteme beschäftigen wir uns wieder mit trigonometrischen Polynomen und Reihen. Die Brücke zu den vorausgegangenen geometrischen Betrachtungen bildet das folgende Skalarprodukt auf dem Vektorraum der stetigen Funktionen auf $[0, 2\pi]$:

$$(f, g) := \frac{1}{2\pi} \int_0^{2\pi} f(x)\overline{g(x)}\, dx. \tag{8.14}$$

(Die komplexe Konjugation auf dem zweiten Argument kommt nur bei komplexwertigen Funktionen zum Tragen.) Bezüglich dieses Skalarproduktes bilden die trigonometrischen Funktionen

$$\begin{aligned} \varphi_0(x) = 1,\ \varphi_1(x) = \sqrt{2}\cos x,\ \varphi_2(x) = \sqrt{2}\cos 2x, \ldots,& \\ \psi_1(x) = \sqrt{2}\sin x,\ \psi_2(x) = \sqrt{2}\sin 2x, \ldots& \end{aligned} \tag{8.15}$$

ein ONS. Diese Tatsache ist der Inhalt des folgenden Lemmas:

Lemma 8.4 *Es gilt:*

$$\begin{aligned} \int_0^{2\pi} \sin nx\ \sin mx\, dx &= \begin{cases} 0, & \textit{falls } n \neq m \\ \pi, & \textit{falls } n = m \geq 1, \end{cases} \\ \int_0^{2\pi} \sin nx\ \cos mx\, dx &= 0 \quad \text{für alle } n,\ m, \\ \int_0^{2\pi} \cos nx\ \cos mx\, dx &= \begin{cases} 0, & \textit{falls } n \neq m \\ \pi, & \textit{falls } n = m \geq 1 \\ 2\pi, & \textit{falls } n = m = 0. \end{cases} \end{aligned}$$

Den Beweis hierzu besprechen wir im Aufgabenteil. Die Herleitung der Formeln (8.2) ist jetzt sehr einfach: Für ein trigonometrisches Polynom

$$s = \frac{a_0}{2}\varphi_0 + \frac{1}{\sqrt{2}} \sum_{k=1}^{N} (a_k \varphi_k + b_k \psi_k)$$

gilt z.B.:

$$b_k = \sqrt{2}(s, \psi_k) = \frac{1}{\pi} \int_0^{2\pi} s(x) \sin kx\, dx.$$

Ebenso erhält man die entsprechende Formel für die Koeffizienten a_k. Außerdem folgt aus der Orthogonalität der trigonometrischen Funktionen leicht, daß zwei verschiedene trigonometrische Polynome niemals die gleiche Funktion darstellen können (Übung für den Leser).

Nun müssen wir uns auf eine Klasse von Funktionen festlegen, auf der wir die Fouriertheorie entwickeln. Die Klasse der stetigen Funktionen ist zu klein, da bei Fourierreihen gerade in Unstetigkeitsstellen interessante Phänomene zu beobachten sind. Wir wählen daher die Klasse der *(eigentlich Riemann-)integrierbaren* Funktionen (d.h. *Untersumme* und *Obersumme* einer solchen Funktion f konvergieren bei immer feiner werdender Zerlegung des Intervalls $[0, 2\pi]$ stets gegeneinander). Diese Funktionen f, g sind automatisch beschränkt und ihr Betrag $|f|$ sowie das Produkt $f \cdot g$ sind wieder integrierbar. Alle Funktionen dieses Kapitels seien also aus diesem Vektorraum der integrierbaren Funktionen. Ehrlichkeitshalber dürfen wir jedoch ein Problem dieses Vektorraums nicht verschweigen.

Bemerkung Wie zu Beginn erwähnt, gehört zu dem Skalarprodukt (8.14) eine Norm

$$\|g\|_2 = \sqrt{\frac{1}{2\pi} \int_0^{2\pi} |g(x)|^2 \, dx}.$$

Verschwindet diese Norm $\|g\|_2$ für ein g, so bedeutet das — im Gegensatz zum Fall der stetigen Funktionen — nicht, daß g *punktweise* mit der Nullfunktion übereinstimmt. Genau genommen ist also die wichtige Normeigenschaft „$\|f\| = 0 \Rightarrow f = 0$“ verletzt. Diese Norm „spürt“ z.B. nicht, wenn man eine Funktion an endlich vielen Stellen abändert. Die Mathematiker helfen sich hier mit einem Kunstgriff, dessen Idee wir nur andeuten wollen: *Sie fassen alle Funktionen in der folgenden Weise zu Funktionsmengen zusammen: Zwei Funktionen f und g liegen genau dann in derselben Menge, falls sie durch die Norm nicht unterscheidbar sind, d.h. falls $\|f - g\|_2 = 0$ ist. Anschließend wird jede dieser Funktionsmengen als ein neues Objekt interpretiert. Man nennt diesen Vorgang eine „Einteilung der Funktionen in Äquivalenzklassen“. Eine andere Äquivalenzklassenbildung haben wir bereits in Teil I kennengelernt, als die ganzen Zahlen in sogenannte Restklassen aufgeteilt wurden.* Dann ist natürlich klar, daß aus $\|f\| = 0$ folgt, daß f in der Äquivalenzklasse der Nullfunktion liegt und folglich das Nullobjekt darstellt. Die Normeigenschaft ist also wieder erfüllt.

Die zu Beginn dieses Abschnitts behandelte Minimierungsaufgabe liefert für den Fall

$$\begin{aligned} V &= \{\textit{eigentlich Riemann} - \textit{integrierbare Funktionen}\}, \\ U &= \{\textit{trigonometrische Polynome vom Grad } N\}, \end{aligned}$$

daß der Ausdruck

$$\| f(x) - (\frac{a_0}{2} + \sum_{k=0}^{N}(a_k \cos kx + b_k \sin kx) \|_2$$

genau dann minimal wird, wenn für a_k und b_k die Ausdrücke (8.2) gewählt werden.

Da das trigonometrische ONS (8.15) sogar eine Basis ist (wir bleiben dem Leser den Beweis hierfür schuldig), folgt aus Eigenschaft (8.11), daß zu jeder integrierbaren Funktion f die zugehörige Fourierreihe wohldefiniert ist und mit f übereinstimmt. Aufgrund obiger Bemerkung ist diese Übereinstimmung allerdings *nicht punktweise* zu verstehen, sondern nur bezüglich der Integralnorm $\| \cdot \|_2$. Mit der *punktweisen Konvergenz* der Fourierreihe werden wir uns im folgenden Abschnitt befassen.

Bemerkung Die Wahl *eigentlich Riemann-integrierbarer Funktionen* als Grundlage für die Fouriertheorie ist ein Kompromiß. Für eine abgerundete Theorie wäre der Begriff des *Lebesgue-Integrals* genau richtig. Dazu wäre jedoch eine Vorbereitung nötig, die den Rahmen dieses Buches sprengen würde. Den mit dem Lebesgue-Integral vertrauten Lesern sei gesagt, daß die Resultate dieses Abschnitts für alle Funktionen des *Hilbertraums* $L^2([0, 2\pi])$ gelten.

8.4 Die Dirichletsche Regel

In der Nachrichtentechnik gilt die Faustregel, daß zu einem gegebenen Signal $f : [-\pi, \pi] \to \mathbb{R}$ die zugehörige Fourierreihe in allen Stetigkeitsstellen $x \in [-\pi, \pi]$ gegen den Signalwert $f(x)$ konvergiert und bei Sprungstellen gegen den Mittelwert des links- und rechtsseitigen Signalwerts. Ein Beispiel für den zweiten Sachverhalt stellt das Sägezahnsignal dar, wo in der Sprungstelle von $-\frac{\pi}{2}$ nach $\frac{\pi}{2}$ bereits schon alle Partialsummen der Fourierreihe genau den Mittelwert 0 annehmen. Für alle in der Praxis auftretenden Signale ist diese Regel richtig, es gibt jedoch auch — wie schon erwähnt — exotische stetige Funktionen, deren Fouriereihen sogar in unendlich vielen Punkten divergieren. Das Mathematikerherz gibt natürlich keine Ruhe und möchte mehr Klarheit über diesen Sachverhalt gewinnen: *Für welche Funktionen ist diese Faustregel denn richtig und warum?* Wir wollen in diesem Abschnitt diesen Wissensdurst ein wenig befriedigen und führen eine beachtlich große Klasse von Funktionen ein, für die diese Faustregel gilt und beweisen dies. Die Leser, die bis zum Ende dieses Abschnitts bei der Stange bleiben, erhalten einen Einblick in einige schöne grundlegende und klassische Techniken der Analysis.

Definition 8.5 (Funktionen beschränkter Schwankung) *Eine Funktion $f : [-\pi, \pi] \to \mathbb{R}$ heißt von beschränkter Schwankung, falls eine Konstante $C > 0$ existiert, so daß für jede beliebige Anzahl n und jede Zerlegung*

$$-\pi \leq x_0 < x_2 < \ldots < x_n \leq \pi$$

die Summe der an diesen Punkten registierten Schwankungen die folgende Ungleichung erfüllt:

$$\sum_{j=1}^{n} |f(x_j) - f(x_{j-1})| \leq C.$$

Die Menge all dieser Funktionen bezeichnen wir mit $BV([-\pi, \pi])$ (BV steht für „bounded variation“, die englische Bezeichnung für „beschränkte Schwankung“). Es ist leicht einzusehen, daß die Funktionen in $BV([-\pi, \pi])$ alle beschränkt sind und einen Vektorraum bilden. Obendrein ist das Produkt zweier solcher Funktionen wieder von beschränkter Schwankung.

Offensichtlich ist jede auf $[-\pi, \pi]$ monotone Funktion f von beschränkter Schwankung, wobei man für die Konstante C in obiger Definition den Wert $|f(\pi) - f(-\pi)|$ wählt. Sehr viel weniger offensichtlich ist die „umgekehrte Tatsache“, nämlich:

Lemma 8.6 *Jede Funktion $f \in BV([-\pi, \pi])$ ist Differenz $f_1 - f_2$ zweier monoton wachsender Funktionen.*

Damit haben wir eine viel konkretere Beschreibung des Funktionenraums $BV([-\pi, \pi])$. Es sei bemerkt, daß die Differenz zweier monotoner Funktionen natürlich selbst nicht wieder monoton zu sein braucht. Daher ist dieser Sachverhalt keine Umkehrung im strengen Sinn. Einen Beweis hiervon findet der Leser in zahlreichen Analysisbüchern, z.B. in [EL2, Abschnitt 10.2]. Monotone Funktionen f haben in jedem Punkt x einseitige Grenzwerte, die wir mit

$$f(x+0) := \lim_{\substack{h\to 0\\ h>0}} f(x+h) \quad \text{und} \quad f(x-0) := \lim_{\substack{h\to 0\\ h>0}} f(x-h)$$

bezeichnen. Dies folgt unmittelbar aus der Tatsache, daß jede monotone beschränkte reelle Zahlenfolge konvergent ist. Links- und rechtsseitige Grenzwerte müssen nicht mit dem Wert von $f(x)$ übereinstimmen. Der Leser verdeutliche sich dies selbst durch Skizzieren verschiedener *nicht stetiger* monotoner Funktionen. Damit gilt die Existenz einseitiger Grenzwerte auch für Funktionen beschränkter Schwankung (als Differenz zweier monotoner Funktionen). Im Fall $f(x-0) = f(x+0)$ ist f in x stetig, andernfalls nennen wir x eine *Sprungstelle der Höhe* $f(x+0) - f(x-0)$. Die Unstetigkeitsstelle des Sägezahnsignals ist also eine Sprungstelle der Höhe π.

Ziel dieses Abschnitts ist der Beweis folgenden Sachverhaltes:

Satz 8.7 (Dirichletsche Regel) *Die Partialsummen s_N der Fourierreihe einer Funktion $f \in BV([-\pi,\pi])$ sind in allen Punkten $x \in [-\pi,\pi]$ konvergent, und es gilt:*

$$\lim_{N\to\infty} s_N(x) = \frac{1}{2}(f(x+0) + f(x-0)).$$

Insbesondere besteht also in Stetigkeitsstellen von f Übereinstimmung zwischen f und der Fourierreihe.

Der Beweis basiert auf dem geschickten Einsatz dreier Hilfsmittel: dem *zweiten Mittelwertsatz der Integralrechnung (kurz 2MdI)*, dem *Lemma von Riemann-Lebesgue* und einigen wichtigen Eigenschaften des sog. *Dirichletkerns*, die in Lemma 8.10 zusammengefaßt sind. Wir stellen zunächst diese Hilfsmittel bereit:

Satz 8.8 (Zweiter Mittelwertsatz der Integralrechnung) *Seien f und g auf dem Interval $[a,b]$ definierte reelle Funktionen. f sei darüberhinaus monoton und g stetig mit endlich vielen Vorzeichenwechseln auf $[a,b]$. Dann existiert ein $\xi \in [a,b]$ mit:*

$$\int_a^b f(x)g(x)dx = f(a)\int_a^\xi g(x)dx + f(b)\int_\xi^b g(x)dx. \qquad (8.16)$$

Beweis Wir setzen voraus, f sei sei monoton wachsend. Der Beweis besteht aus zwei Teilen:

(a) Wir nehmen zunächst $g \geq 0$ an. Die rechte Seite der Formel (8.16) ist offensichtlich eine stetige Funktion in der Integrationsgrenze $\xi \in [a,b]$, die wir mit F bezeichnen:

$$F(\xi) := f(a)\int_a^\xi g(x)dx + f(b)\int_\xi^b g(x)dx.$$

Aufgrund der Monotonie von f gilt:

$$\underbrace{f(a)\int_a^b g(x)dx}_{=F(b)} \leq \int_a^b f(x)g(x)dx \leq \underbrace{f(b)\int_a^b g(x)dx}_{=F(a)}.$$

Der Zwischenwertsatz besagt bekanntlich: „*F stetig, $F(x) \leq C \leq F(y) \Rightarrow$ es gibt ein $\xi \in [x,y]$ mit $F(\xi) = C$*“, und seine Anwendung in unserer Situation liefert ein $\xi \in [a,b]$ mit:

$$F(\xi) = \int_a^b f(x)g(x)dx.$$

Damit ist *2MdI* in diesem Fall bewiesen. Entsprechend behandelt man die Situation $g \leq 0$.

(b) *2MdI* gelte auf den Teilintervallen $[a,c]$ und $[c,b]$, d.h.

$$\begin{aligned}\int_a^b f(x)g(x)dx = f(a)\int_a^{\xi_1} g(x)dx \quad &+ \quad f(c)\Big(\int_{\xi_1}^c + \int_c^{\xi_2}\Big)g(x)dx \\ &+ \quad f(b)\int_{\xi_2}^c g(x)dx \qquad (8.17)\end{aligned}$$

mit $\xi_1 \leq c \leq \xi_2$. (Der Leser veranschauliche sich die Situation und alle auftretenden Variablen mit Hilfe einer Skizze.) Wir wollen zeigen, daß *2MdI* dann auch auf dem Gesamtintervall $[a,b]$ erfüllt ist. Dazu setzen wir wieder eine stetige Funktion an:

$$F_2(\xi) := f(a)\int_{\xi_1}^\xi g(x)dx + f(b)\int_\xi^{\xi_2} g(x)dx$$

und bringen erneut den Zwischenwertsatz zum Einsatz: Unter der Voraussetzung $\int_{\xi_1}^{\xi_2} g(x)dx \geq 0$ (der Fall ≤ 0 verläuft entsprechend) erhalten wir:

$$\underbrace{f(a)\int_{\xi_1}^{\xi_2} g(x)dx}_{=F_2(\xi_2)} \leq f(c)\int_{\xi_1}^{\xi_2} g(x)dx \leq \underbrace{f(b)\int_{\xi_1}^{\xi_2} g(x)dx}_{=F_2(\xi_1)}.$$

Also existiert ein $\xi_0 \in [\xi_1, \xi_2]$ mit $F_2(\xi_0) = f(c) \int_{\xi_1}^{\xi_2} g(x)dx$. Eingesetzt in (8.17) ergibt sich hieraus

$$\int_a^b f(x)g(x)dx = f(a)\int_a^{\xi_0} g(x)dx + f(b)\int_{\xi_0}^b g(x)dx,$$

d.h. *2MdI* gilt auch auf dem Gesamtintervall.

Nun betrachten wir die allgemeine Situation und zerteilen das Intervall $[a, b]$ in Bereiche $[a, c_1] \cup [c_1, c_2] \cup \ldots \cup [c_N, b]$, auf denen jeweils $g \geq 0$ oder $g \leq 0$ ist. Wegen (a) gilt *2MdI* auf jedem dieser Teilintervalle. Das notwendige „Zusammenstückeln" besorgt dann Beweisteil (b). □

Damit steht uns das erste Hilfsmittel zur Verfügung, und wir wenden uns gleich dem zweiten zu:

Satz 8.9 (Lemma von Riemann-Lebesgue) *Für jede auf $[a, b]$ integrierbare Funktion f gilt:*

$$\int_a^b f(x) \left\{ \begin{array}{c} \sin(nx) \\ \cos(nx) \end{array} \right\} dx \;\to\; 0 \quad \text{für } n \to \infty. \tag{8.18}$$

Beweis Wir zeigen (8.18) zunächst für stetige Funktionen f. Bei wachsendem n oszilliert $\sin(nx)$ immer häufiger im betrachteten Intervall $[a, b]$. Die Stetigkeit von f hingegen garantiert bei geringem „Wackeln" an x auch nur geringfügiges Schwanken von $f(x)$. Man erwartet daher, daß sich die positiven und negativen Flächenstücke des Produkts $f(x)\sin(nx)$ über dem Intervall $[a, b]$ bei großem n gegenseitig wegheben. Da intuitive Argumente das Verständnis zwar fördern, aber oft auch trügerisch sind, schließen wir einen exakten Beweis an:

Sei also f eine auf $[a, b]$ stetige Funktion, die wir aus technischen Gründen auf die ganze reelle Achse konstant fortsetzen:

$$\tilde{f}(x) := \begin{cases} f(a) & \text{für } x \leq a, \\ f(x) & \text{für } x \in [a, b], \\ f(b) & \text{für } x \geq b. \end{cases}$$

Mit einer geschickte Verschiebung der Integrationsvariablen ergibt sich:

$$\begin{aligned} &\int_a^b f(x)\sin nx \; dx \\ &\quad = \frac{1}{2}\Big(\int_a^b \tilde{f}(x)\sin nx \; dx \;+\; \int_{a-\frac{\pi}{n}}^{b-\frac{\pi}{n}} \tilde{f}(x+\frac{\pi}{n})\underbrace{\sin(n(x+\frac{\pi}{n}))}_{=\,-\sin nx} dx\Big) \end{aligned}$$

$$= \frac{1}{2}\Big(\int_a^{b-\frac{\pi}{n}} (\tilde{f}(x) - \tilde{f}(x+\frac{\pi}{n}))\sin nx dx \; + \\ \int_a^{a+\frac{\pi}{n}} \tilde{f}(x)\sin nx dx \; + \; \int_{b-\frac{\pi}{n}}^{b} \tilde{f}(x)\sin nx dx\Big).$$

Die drei Integrale rechterhand kann man so klein bekommen, wie man möchte, indem man nur $n \in \mathbb{N}$ genügend groß wählt. Die gleichmäßige Stetigkeit, die wir in Abschnitt 7.2 einführten, garantiert, daß zu jedem vorgegebenem $\epsilon > 0$ ein $n_0 = n_0(\epsilon)$ existiert mit:

$$|\tilde{f}(x) - \tilde{f}(x+\frac{\pi}{n})| \; < \; \epsilon \quad \text{für alle } x \in [a, b-\frac{\pi}{n}] \text{ und } n \geq n_0.$$

Hieraus ergibt sich für das erste Integral rechterhand $\frac{\epsilon\,|b-a|}{2}$ als obere Abschätzung. Für die beiden anderen Integrale wählen wir

Integrationsweg $\times$ betragsmäßiger Maximalwert des Integranden

als obere Schranke und erhalten insgesamt:

$$|\int_a^b f(x)\sin nx\; dx| \;\leq\; \frac{1}{2}\;(\;\epsilon\,|b-a| \;+\; 2\frac{\pi}{n}\;\|f\|_\infty\;).$$

Damit ist die Aussage offensichtlich für stetige Funktionen bewiesen.

Im Fall eines integrierbaren f wählt man zunächst ein stetiges f_0, das bezüglich der Integralnorm

$$\|g\|_1 \;:=\; \int_a^b |g(x)|\; dx$$

nahe genug bei f liegt: $\|f - f_0\|_1 < \epsilon$. Die Existenz einer beliebig nahe liegenden stetigen Funktion f_0 beruht auf einem Approximationssatz, den wir hier nicht beweisen werden. Daraufhin spielt man den integrierbaren Fall durch folgende Aufspaltung auf den stetigen Fall zurück:

$$\int_a^b f(x)\sin nx dx \;=\; \int_a^b (f(x) - f_0(x))\sin nx dx \;+\; \int_a^b f_0(x)\sin nx dx.$$

Die nun erforderlichen Abschätzungen liegen auf der Hand und überlassen wir dem Leser als eine gute Verständnisübung. □

Bemerkung Eine unmittelbare Folgerung des *Lemmas von Riemann-Lebesgue* ist, daß die beiden Fourierkoeffizientenfolgen $\{a_k\}$ und $\{b_k\}$ gegen 0 konvergieren.

Zum Beweis der Dirichletschen Regel — dem eigentlichen Ziel dieses Abschnitts — formen wir zunächst die Darstellung der Partialsumme s_N etwas um. Dabei kommen einfache Substitutionen und die Additionsformel $\cos k(x-y) = \cos kx \cos ky + \sin kx \sin ky$ zum Einsatz:

$$\begin{aligned} s_N(x) &= \frac{1}{2\pi}\int_{-\pi}^{\pi} f(y)dy + \sum_{k=1}^{N}\frac{1}{\pi}\int_{-\pi}^{\pi} f(y)\cos ky\; dy \cdot \cos kx \\ &+ \sum_{k=1}^{N}\frac{1}{\pi}\int_{-\pi}^{\pi} f(y)\sin ky\; dy \cdot \sin kx \\ &= \frac{1}{2\pi}\int_{-\pi}^{\pi} f(y)dy + \frac{1}{\pi}\int_{-\pi}^{\pi} f(y)\sum_{k=1}^{N}\cos k(x-y)dy \\ &= \frac{1}{2\pi}\int_{-\pi}^{\pi} f(x-y)\underbrace{(1+2\cos y+\ldots+2\cos Ny)}_{=:D_N(y)}dy. \end{aligned} \tag{8.19}$$

Die Funktion $D_N(x) = 1+2\cos x+\ldots+2\cos Nx$ heißt *Dirichletkern vom Grad N*. Das folgende Lemma faßt wichtige Eigenschaften dieser Funktion zusammen:

Lemma 8.10 *Es gilt:*

(i) $$D_N(x) = \frac{\sin(N+\frac{1}{2})x}{\sin\frac{1}{2}x},$$

(ii) $$\int_0^{\pi} D_N(x)dx = \pi,$$

(iii) $$0 \le \int_0^{a} D_N(x)dx \le 2\pi \qquad \text{für alle } 0 \le a \le \pi.$$

Beweis (ii) erhält man trivialerweise durch Integration von

$$D_N(x) = 1+2\cos x+2\cos 2x+\ldots+2\cos Nx.$$

Die geschlossene Darstellung (i) des Dirichletkerns ergibt sich mit Hilfe der geometrischen Reihe (und der Euler-Identität $e^{ix} = \cos x + i\sin x$):

$$D_N(x) = 1+(e^{ix}+e^{-ix})+(e^{2ix}+e^{-2ix})+\ldots+(e^{Nix}+e^{-Nix})$$

$$= \; e^{-Nix} \cdot (1 + e^{ix} + e^{2ix} + e^{2Nix})$$

$$= \; \frac{e^{-(N+1/2)ix}}{e^{-(1/2)ix}} \cdot \frac{1 - e^{(2N+1)ix}}{1 - e^{ix}} = \frac{e^{-(N+1/2)ix} - e^{(N+1/2)ix}}{e^{-(1/2)ix} - e^{(1/2)ix}}$$

$$= \; \frac{\sin(N + \frac{1}{2})x}{\sin \frac{1}{2}x}.$$

Zum Beweis von (iii) verwenden wir die folgende plausible Tatsache: *Ist* $A_0 \geq A_1 \geq A_2 \geq A_3 \geq \ldots \geq 0$ *eine Folge positiver Werte, so gilt für jede alternierende Teilsumme*

$$0 \;\leq\; A_0 - A_1 + A_2 - A_3 + \ldots \pm A_k \;\leq\; A_0. \tag{8.20}$$

Da in (8.20) von A_0 zunächst etwas Kleineres A_1 abgezogen wird, danach etwas noch Kleineres A_2 hinzugefügt usw., bleibt die alternierende Summe offensichtlich zwischen den Grenzen 0 und A_0. Die A_j seien die Flächeninhalte von D_N über den Intervallen

$$[0, \frac{\pi}{N+\frac{1}{2}}], \;\; [\frac{\pi}{N+\frac{1}{2}}, \frac{2\pi}{N+\frac{1}{2}}], \;\; \ldots, \;\; [\frac{k\pi}{N+\frac{1}{2}}, a] \tag{8.21}$$

für ein $a \leq \frac{(k+1)\pi}{N+1/2}$ (zur Veranschaulichung dient Abb. 8.8). Aus der Darstellung (i) des Dirichletkerns folgt unmittelbar, daß die „Nahtstellen“ $\frac{\pi}{N+1/2}, \frac{2\pi}{N+1/2}, \ldots$ der Intervallfolge (8.21) genau die Nullstellen von D_N sind und D_N genau dort das Vorzeichen wechselt. Folglich ist das Integral $\int_0^a D_N(x)dx$ genau die alternierende Summe der A_k's. Da der Nenner $\sin \frac{1}{2}x$ von D_N auf $[0, \pi]$ monoton steigend ist und der Zähler $\sin(N+1/2)x$ sich bis aufs Vorzeichen auf allen Teilintervallen periodisch wiederholt, nehmen die Flächeninhalte $A_0, A_1, \ldots$ kontinuierlich ab, und wir erhalten mit (8.20):

$$0 \;\leq\; \int_0^a D_N(x)dx \;\leq\; A_0.$$

Es muß also nur noch $A_0 \leq 2\pi$ gezeigt werden. Aus der Definition $D_N(x) = 1 + 2\cos x + 2\cos 2x + \ldots + 2\cos Nx$ des Dirichletkerns folgt einerseits

$$D_N(0) = 2N + 1$$

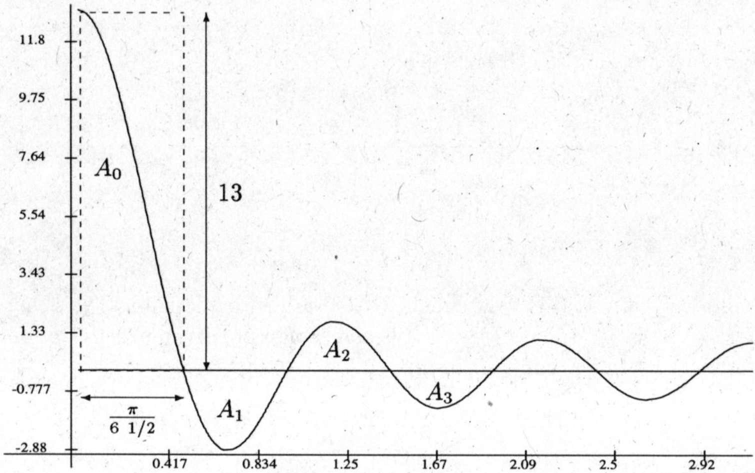

Abbildung 8.8: *Der Dirichletkern* D_6

und andererseits

$$D'_N(x) = -(2\sin(x) + 4\sin(2x) + \ldots + 2N\sin(Nx)) \leq 0$$

für $x \in [0, \frac{\pi}{N+1/2}]$, d.h. D_N ist auf diesem Intervall monoton fallend. Damit ist A_0 kleinergleich dem Flächeninhalt des Rechtecks $[0, \frac{\pi}{N+1/2}] \times [0, 2N+1]$ (siehe Abb. 8.8), womit $A_0 \leq 2\pi$ gezeigt ist.□

Wir setzen die Rechnung (8.19) fort und erhalten wegen $D_N(x) = D_N(-x)$:

$$\begin{aligned} s_N(x) &= \frac{1}{2\pi}\int_{-\pi}^{\pi} f(x-y)D_N(y)dy \\ &= \frac{1}{2\pi}\int_0^{\pi} f(x+y)D_N(y)dy + \frac{1}{2\pi}\int_0^{\pi} f(x-y)D_N(y)dy. \end{aligned} \tag{8.22}$$

Hieraus ergäbe sich die Dirichletregel unmittelbar (der Leser mache sich dies kurz klar!), wenn für Funktionen f von beschränkter Schwankung

$$\lim_{N\to\infty} \frac{1}{\pi}\int_0^{\pi} f(x \pm y)D_N(y)dy = f(x \pm 0) \tag{8.23}$$

gälte. (Wir erinnern an die Bedeutung von $f(x \pm 0)$ als rechts- bzw. linksseitigen Grenzwert von f in x.)

Die Beziehung (8.23) läßt sich nun mittels der eingeführten Hilfsmittel beweisen. Außerdem reicht der Nachweis von (8.23) für monotone Funktionen f, da jede Funktion beschränkter Schwankung die Differenz zweier monotoner Funktionen ist:

Beweis von (8.23): Wir definieren zu einer gegebenen monoton wachsenden Funktion f eine zweite monoton wachsende Funktion

$$\varphi(y) := f(x+y) - f(x+0) \geq 0$$

mit $\varphi(0+0) = \lim\limits_{\substack{y \to 0 \\ y>0}} \varphi(y) = 0$. Dann gilt mit Lemma 8.10(ii):

$$\begin{aligned} \frac{1}{\pi}\int_0^\pi f(x+y)D_N(y)dy &= \\ &= \frac{f(x+0)}{\pi}\int_0^\pi D_N(y)dy + \frac{1}{\pi}\int_0^\pi \varphi(y)D_N(y)dy \\ &= f(x+0) + \frac{1}{\pi}\int_0^\pi \varphi(y)D_N(y)dy, \end{aligned} \tag{8.24}$$

und es bleibt noch zu zeigen, daß der zweite Summand der rechten Seite von (8.24) für $N \to \infty$ verschwindet. Aufgrund der Definition von φ gibt es zu jedem $\delta > 0$ ein $\epsilon > 0$ mit $\varphi(\epsilon) < \delta$.
Wir spalten das Integral $\int_0^\pi \varphi(y)D_N(y)dy$ in zwei Integrale über $[0,\epsilon]$ und $[\epsilon,\pi]$ auf. Für das Integral über $[0,\epsilon]$ ergibt sich durch Anwenden von *2MdI* und Lemma 8.10(iii):

$$\int_0^\epsilon \varphi(y)D_N(y)dy = \underbrace{\varphi(0+0)\int_0^\xi D_N(y)dy}_{=0} + \underbrace{\varphi(\epsilon)\int_\xi^\epsilon D_N(y)dy}_{\text{betragsmäßig } < 2\pi\delta}.$$

Für das Integral über $[\epsilon,\pi]$ leistet das *Lemma von Riemann-Lebesgue* nützliche Dienste:

$$\int_\epsilon^\pi \varphi(y)D_N(y)dy = \frac{1}{2}\int_{\epsilon/2}^{\pi/2} \frac{\varphi(2z)}{\sin z}\sin((2N+1)z)dz. \tag{8.25}$$

Die Funktion $\frac{\varphi(2z)}{\sin z}$ ist über $[\epsilon/2, \pi/2]$ integrierbar (da der Nenner $\sin z$ in diesem Intervall keine Nullstellen besitzt), folglich strebt der Ausdruck (8.25) mit wachsendem N gegen 0. Für $N \to \infty$ verschwindet also der zweite Summand der rechten Seite von (8.24), und wir erhalten endgültig:

$$\frac{1}{\pi}\int_0^{\pi} f(x+y)D_N(y)dy \;\to\; f(x+0) \quad \text{für } N \to \infty.$$

Für den Integranden $f(x-y)D_N(y)$ verläuft der Beweis entsprechend. □

8.5 Die Gibbssche Erscheinung

Dieser letzte Abschnitt des Kapitels über die Fourierreihen wird zeigen, daß die Mathematik voller Überraschungen steckt. Mit der *Dirichletschen Regel* — könnte man meinen — sei das Konvergenzverhalten von Fourierreihen für Funktionen beschränkter Schwankung im wesentlichen verstanden. Daß dies keineswegs der Fall ist, stellt man bei genauerem Studium von Abb. 8.9 fest: Dort ist wieder die vertraute Sägezahnfunktion dargestellt, zusammen mit zwei Partialsummen s_N der zugehörigen Fourierreihe $\sum_{k=1}^{\infty} \frac{1}{k} \sin kx$. Die Partialsummen oszillieren um den aus zwei parallelen Geradenstücken bestehenden Graphen der Sägezahnfunktion, wobei *die Abweichungen der Oszillationen zur Unstetigkeitsstelle* $x = 0$ *hin zunehmen.* Die Stetigkeit der Partialsummen verbietet es, den Sprung in $x = 0$ mitzumachen, stattdessen wechseln sie mit einem fast senkrechten Anstieg von einem Geradenstück zum anderen. Die Vermutung liegt nahe, daß sich die Partialsummen mit wachsendem N immer dichter an die Geradenstücke anschmiegen. Abb. 8.9 bestätigt diese Vermutung jedoch nicht. Stattdessen stellt sich bei Untersuchung der Partialsummen s_N für immer größere N-Werte heraus, daß der letzte Buckel der Oszillation unmittelbar vor dem fast senkrechten Wechsel zum anderem Funktionsast zwar immer näher an die Unstetigkeitsstelle $x = 0$ heranrückt, aber nicht an Höhe verliert. Eine exakte Analyse zeigt, daß die Höhe dieses Buckels ca. 9% der Sprunghöhe ausmacht. Andererseits ist die Sägezahnfunktion in allen Werten $x \neq 0$ nahe 0 stetig, aufgrund der Dirichletschen Regel liegt dort also punktweise Konvergenz vor. Eine gute Übung für das mathematische Verständnis des Lesers ist nun die folgende Frage:

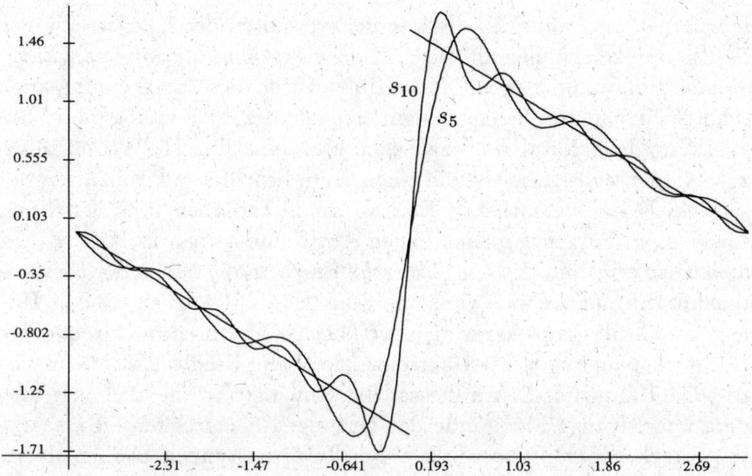

Abbildung 8.9: *Veranschaulichung der Gibbsschen Erscheinung*

> *Widerspricht dieses „Buckelverhalten" nicht der punktweisen Konvergenz in allen Punkten $x \neq 0$ nahe 0?*

Dies ist nicht der Fall, da der störende Buckel bei wachsendem N an jedem festen $x \neq 0$ vorbeirückt. Das gleiche gilt für die nachfolgenden etwas kleineren Buckel der Oszillation. Bei wachsendem N gelangen also die stärksten Schwankungen in eine immer kleiner werdende Umgebung der Unstetigkeitsstelle. Da jedes $x \neq 0$ einmal aus dieser Umgebung herausfällt, ebben bei festem x-Wert die Schwankungen schließlich ab.

Das 9%ige Überschwingen aller Partialsummen ist kein Spezifikum der Sägezahnfunktion, sondern bei allen unstetigen Funktionen zu beobachten. Durch die Auswirkungen dieses Phänomens war der Physiker A. MICHELSON (1852-1931) — der sicherlich einigen Lesern aus dem Physikunterricht durch das berühmte *Michelson-Morley-Interferometer* zum Nachweis der Konstanz der Lichtgeschwindigkeit bekannt ist — derart überrascht, daß er in einem Brief an die Zeitschrift *Nature* im Jahr 1898 anzweifelte, ob unstetige Funktionen überhaupt als unendliche Summen stetiger Funktionen (in unserem Fall Sinus- und Kosinusfunktionen) dargestellt werden können. Als Reaktion erläuterte J.W. GIBBS (1839-1905) wenig später in der selben Zeitschrift das ungewöhnliche Konvergenzverhalten der Fourierreihe nahe Unstetigkeitsstellen am Beispiel der Sägezahnfunktion quantitativ — allerdings ohne Beweis. Nach Gibbs wurde diese Erscheinung auch schließlich benannt. Streng genommen geht die Entdeckung dieser Erscheinung jedoch auf den englischen Mathematiker H. WILBRAHAM zurück, der sie bereits 1848 in einer kaum beachteten Publikation beschrieb. Einen wesentlichen Beitrag zur historischen Richtigstellung sowie einen kurzen geschichtlichen Abriß findet man in [C1]. Es sei außerdem erwähnt, daß die *Gibbssche Erscheinung* z.B. in der Elektrotechnik für manche unerwünschte Effekte verantwortlich ist. Mit Hilfe eines Oszilloskops kann man z.B. bei Generatoren hochfrequenter Rechteckspannungen das Überschwingen beim Pegelwechsel beobachten. Die Hauptursache für dieses Überschwingen ist die, daß aufgrund der kapazitiven Widerstände der Leitungen hochfrequente Signalanteile stark gedämpft werden — bei Telefonleitungen bleiben daher nur Signale mit Frequenzen unter $5kHz$ einigermaßen störungsfrei. Diese Dämpfung entspricht mathematisch ungefähr dem Sachverhalt, anstatt des Signals eine hohe Partialsumme der zugehörigen Fourierreihe zu übertragen, was das Auftreten der Gibbschen Erscheinung ermöglicht.

Zum Abschluß wollen wir der *Gibbsschen Erscheinung* im Spezialfall der Sägezahnfunktion mathematisch zu Leibe rücken. Die Vorgehensweise ist einfach:

1. Wir berechnen mit Hilfe einer *Kurvendiskussion* die x-Koordinate des größten (rechts der Unstetigkeitsstelle liegenden) Buckels der Partialsumme s_N und setzen sie in die Partialsumme ein.

2. Wir vergleichen das Verhalten der so gewonnenen Werte für $N \to \infty$ mit dem rechtsseitigen Grenzwert der Sägezahnfunktion in der Unstetigkeitsstelle $x = 0$.

Mit Hilfe des Dirichletkerns $D_N(x) = 1 + 2\cos x + \ldots + 2\cos Nx$ schreibt sich die Ableitung der Partialsumme $s_N(x) = \sum_{k=1}^{N} \frac{1}{k} \sin kx$ wie folgt:

$$s'_N(x) = \sum_{K=1}^{N} \cos kx = \frac{1}{2}(D_N(x) - 1).$$

Mit Lemma 8.10(i) ergibt sich hieraus:

$$s'_N(x) = \frac{\sin \frac{2N+1}{2} x - \sin \frac{1}{2} x}{2 \sin \frac{1}{2} x}.$$

Die inneren Extremstellen von s_N im Intervall $(0, \pi)$ („Buckel der Oszillation") sind also genau die Lösungen von $\sin \frac{2N+1}{2} x = \sin \frac{1}{2} x$. Unter Berücksichtigung von

$$\sin v = \sin w \quad \Leftrightarrow \quad v = w + 2k\pi \ \text{ oder } \ v = (2k+1)\pi - w$$

ergeben sich hieraus die Lösungen $x = \frac{2k\pi}{N}$ und $x = \frac{(2k+1)\pi}{N+1}$. Die erste innere Extremstelle im Intervall $(0, \pi)$ liegt also bei $x_N = \frac{\pi}{N+1}$, und wir erhalten

$$s_N(x_N) \; = \; \sum_{k=1}^{N} \frac{1}{k} \sin(\frac{k\pi}{N+1}). \tag{8.26}$$

Nun kann man (8.26) auch als eine *Riemannsche Summe* auffassen: Aus

$$s_N(x_N) \; = \; \frac{\pi}{N+1} \sum_{k=1}^{N} \frac{\sin(\frac{k\pi}{N+1})}{\frac{k\pi}{N+1}}$$

folgt nämlich mit $F(t) = \frac{\sin t}{t}$ und $t_k = \frac{k\pi}{N+1}$ für $0 \leq k \leq N$:

$$s_N(x_N) \; = \; \sum_{k=1}^{N} \underbrace{(t_k - t_{k-1})}_{\pi/(N+1)} \cdot F(t_k).$$

Da für wachsendes N die Zerlegung $\mathcal{Z} = \{t_0, t_1, \ldots, t_N\}$ des Intervalls $(0, \pi)$ immer feiner wird, konvergiert (8.26) gegen das folgende Riemann-Integral:

$$\lim_{N \to \infty} s_N(x_N) \; = \; \int_0^{\pi} \frac{\sin t}{t} dt.$$

Der rechtsseitige Grenzwert der Sägezahnfunktion im Punkt $x = 0$ ist $\frac{\pi}{2}$ und die Sprunghöhe ist π. Zur Überprüfung der Hypothese, *das Überschwingen betrage etwa* 9% *der Sprunghöhe,* interessieren wir uns also für die Größe der Konstanten C in dem Ansatz

$$\int_0^{\pi} \frac{\sin t}{t} dt \; = \; \frac{\pi}{2} + C \cdot \pi.$$

Mit der Identität $\int_0^{\infty} \frac{\sin t}{t} dt = \frac{\pi}{2}$ (siehe Aufgab 8.10) erhält man

$$C \; = \; -\frac{1}{\pi} \int_{\pi}^{\infty} \frac{\sin t}{t} dt.$$

Eine numerische Integration ergibt $C \approx 0.0895$, womit die Hypothese für diesen Spezialfall bestätigt wird.

8.6 Verallgemeinerungen

Natürlich lassen sich Fourierreihen auch für komplexwertige Funktionen aufstellen und auch die bisher fest gewählte Periodenlänge $T = 2\pi$ läßt sich variieren. Wir verzichteten bisher auf diese Aspekte, um eine anschauliche und möglichst einfache Darstellung zu ermöglichen. Nachdem wir allerdings die Grundlagen der Fourierreihen, die uns im Rahmen dieses Buches wichtig erschienen, dargestellt haben, wenden wir uns nun diesen Verallgemeinerungen zu.

Als erstes nehmen wir die komplexe Situation ins Visier. Dort ist es zweckmäßig, anstatt der Sinus- und Kosinusfunktion eine andere Orthonormalbasis zu wählen. Die bisherigen Resultate gelten dann aber ganz genauso. Wir geben einen kurzen Überblick über die neuen Bezeichnungen:

Jede komplexe Funktion $f : [0, 2\pi] \to \mathbb{C}$ besitzt eine Zerlegung $f = \mathrm{Re}f + i \cdot \mathrm{Im}f$. Integriert wird komponentenweise:

$$\int_0^{2\pi} f(x)dx = \int_0^{2\pi} \mathrm{Re}f(x)dx + i \cdot \int_0^{2\pi} \mathrm{Im}f(x)dx.$$

Eine Orthonormalbasis bezüglich des Skalarprodukts (8.14) ist die Funktionenfolge

$$e_k(x) := e^{ikx} = \cos kx + i \sin kx \quad \text{für } k \in \mathbb{Z}.$$

Das Konjugationszeichen über der zweiten Funktion im Skalarprodukt ist jetzt — im Gegensatz zu früher — von Bedeutung. An Stelle der beiden Koeffizientenfamilien $\{a_0, a_1, a_2, \ldots\}$ und $\{b_1, b_2, \ldots\}$ tritt eine einzige Koeffizientenfamilie:

$$\hat{f}(k) := (f, e_k) = \frac{1}{2\pi} \int_0^{2\pi} f(x) e^{-ikx} dx \quad \text{für } k \in \mathbb{Z}. \tag{8.27}$$

Die Werte $\hat{f}(k)$ heißen *(komplexe) Fourierkoeffizienten* von f. Für eine reelle Funktion f gelten folgende Identitäten:

$$\begin{aligned} a_0 &= 2\,\hat{f}(0), \\ a_k &= \hat{f}(k) + \hat{f}(-k) \quad \text{und} \quad b_k = i \cdot (\hat{f}(k) - \hat{f}(-k)) \quad \text{für } k \geq 1. \end{aligned}$$

Die Fourierreihe einer integrierbaren Funktion $f : [0, 2\pi] \to \mathbb{C}$ schreibt sich mit diesen Bezeichnungen als $\sum_{k=-\infty}^{\infty} \hat{f}(k) e_k(x)$. Das *Lemma von*

Riemann-Lebesgue besagt im komplexen Fall, daß die Werte $\hat{f}(k)$ sowohl für $k \to \infty$ als auch für $k \to -\infty$ gegen 0 konvergieren.

Damit wäre der erste Verallgemeinerungsschritt bereits vollbracht. Die Variation der Periodenlänge ist für den nächsten Abschnitt von Bedeutung, in dem uns ein kurzer Streifzug durch die Fouriertheorie für nicht periodische Funktionen erwartet. Mit diesem Ziel im Auge ist es vorteilhafter, anstatt des Intervalls $[0, T]$ das symmetrischere Intervall $[-\frac{T}{2}, \frac{T}{2}]$ zugrundezulegen. Die Fourierreihe einer Funktion f schreibt sich dann wie folgt:

$$\frac{1}{T} \sum_{k=-\infty}^{\infty} \Big(\int_{-T/2}^{T/2} f(y) e^{-ik\omega y} dy \Big) e^{ik\omega x} \quad \text{mit } \omega := \frac{2\pi}{T}, \tag{8.28}$$

was man mit einer linearen Transformation des Maßstabs aus dem Spezialfall $T = 2\pi$ sehr leicht herleitet.

8.7 Nicht periodische Funktionen und die Fouriertransformation

Fourier studierte unter anderem die Frage der Wärmeausbreitung in einem metallischen Ring (z.B. einem Ankerring, an dem die Ankerkette eines Schiffes befestigt ist), der an bestimmten Stellen erhitzt wird. Der Ankerring hat eine geschlossene Form und entspricht idealisiert einer Kreislinie. Daher muß die Temperaturverteilung $u(t, x)$ (t sei die Zeitvariable und x die Ortsvariable) zu jedem Zeitpunkt t räumlich periodisch sein:

$$u(t, x + T) = u(t, x),$$

wobei T den Umfang des Ringes bezeichne. Es liegt nahe, die Funktion $u(t, x)$ als eine Fourierreihe in der x-Variablen anzusetzen:

$$u(t, x) = \sum_{k=infty}^{\infty} c_k(t) \cdot e^{ik\omega x} \quad \text{mit } \omega := \frac{2\pi}{T}.$$

Dieser Ansatz zusammen mit der Differentialgleichung (8.3), die die Dynamik der Wärmeausbreitung beschreibt, führt schließlich zur

Lösung des „Ankerringproblems". Wir wollen dies nicht weiterverfolgen. Interessierte Leser seien auf [DM, Kap. 1.8] verwiesen. Stattdessen überlegen wir uns, was sich ergibt, wenn man (im Geiste) den Umfang des Ankerrings größer und größer werden läßt. Als Grenzsituation erhält man einen unendlichen langen Eisenstab, der idealisiert der reellen Zahlenachse entspricht. Mathematisch ausgedrückt vollziehen wir einen kontinuierlichen Übergang vom periodischen zum nicht periodischen Fall, indem wir die Periode T unendlich groß werden lassen und dabei nicht periodische Funktionen als **Funktionen mit der Periode Unendlich** interpretieren. Interessanterweise stoßen wir auch in diesem Fall auf Fourierkoeffizienten $\hat{f}(\gamma)$, deren Parameter γ allerdings nicht mehr $\mathbb{Z}$ durchläuft, sondern die ganze reelle Achse. Daher kann man $\hat{f}(\cdot)$ — genauso wie f — als eine Funktion auf der reellen Zahlenachse auffassen. Mit dieser Bemerkung nehmen wir vorweg, wohin uns der Ansatz $T \to \infty$ nach einer kurzen Rechnung führen wird. Diese Rechnung wollen wir als erstes ausführen:

Sei also f eine auf der reellen Zahlenachse definierte komplexwertige Funktion. Wir betrachten den besonders angenehmen Fall, in dem die Funktion f auf jedem endlichen Teilintervall $[-T/2, T/2]$ mit ihrer Fourierreihe übereinstimmt:

$$f(x) = \frac{1}{T} \sum_{k=-\infty}^{\infty} \Big(\int_{-T/2}^{T/2} f(y) e^{-ik\omega y} dy \Big) e^{ik\omega x}.$$

Dies trifft nach der *Dirichletschen Regel* z.B. dann zu, wenn f stetig ist und auf allen endlichen Teilintervallen beschränkte Variation besitzt. Mit der Bezeichnung

$$G_T(\gamma) = \int_{-T/2}^{T/2} f(y) e^{-i\gamma y} dy \; e^{i\gamma x}$$

vereinfacht sich dies zu

$$f(x) = \frac{1}{2\pi} \cdot \omega \sum_{k=-\infty}^{\infty} G_T(k\omega).$$

Bei dieser Schreibweise bietet es sich an, den Ausdruck rechterhand als Riemann-Summe aufzufassen. Es liegt also nahe, für $T \to \infty$ bzw. $\omega \to 0$

$$\omega \sum_{k=-\infty}^{\infty} G_T(k\omega) \longrightarrow \int_{-\infty}^{\infty} G_\infty(\gamma) d\gamma$$

mit $G_\infty(\gamma) := \int_{-\infty}^{\infty} f(y)e^{-i\gamma y}dy\; e^{i\gamma x}$ zu erwarten. (Zu beachten ist bei diesem Grenzübergang allerdings, daß auch der Integrand G_T von dem Parameter T abhängt.) Damit wird plausibel, daß unter geeigneten Bedingungen die *Umkehrformel*

$$\begin{aligned} f(x) &= \frac{1}{2\pi}\int_{-\infty}^{\infty} G_\infty(\gamma)d\gamma \\ &= \int_{-\infty}^{\infty}\Big(\frac{1}{2\pi}\int_{-\infty}^{\infty} f(y)e^{-i\gamma y}dy\Big)e^{i\gamma x}d\gamma \end{aligned}$$

gelten sollte. Es sei betont, daß diese Herleitung nicht als strenger Beweis aufzufassen ist (das Ergebnis des Grenzübergangs wurde nur intuitiv begründet). Den Ausdruck

$$\hat{f}(\gamma) := \frac{1}{2\pi}\int_{-\infty}^{\infty} f(y)e^{-i\gamma y}dy \tag{8.29}$$

nennt man die *Fouriertransformierte zu f*. (Mit einem Begriff aus der *Wahrscheinlichkeitstheorie* kann man $\hat{f}$ als eine *Dichte* auffassen, die die kontinuierliche Zusammensetzung der Frequenzen in der Ausgangsfunktion f beschreibt.)

Satz 8.11 *Für eine Funktion f gelte*

$$C := \int_{-\infty}^{\infty} |f(x)|dx < \infty. \tag{8.30}$$

Dann ist $\hat{f}$ eine stetige, beschränkte Funktion (mit $|\hat{f}(\gamma)| \le \frac{C}{2\pi}$) und es gilt:

$$\lim_{\gamma\to\pm\infty} \hat{f}(\gamma) = 0. \tag{8.31}$$

Ist f auf jedem Intervall $[-T, T]$ von beschränkter Schwankung, so gilt:

$$\frac{f(x+0)+f(x-0)}{2} = \int_{-\infty}^{\infty} \hat{f}(\gamma)e^{i\gamma x}d\gamma. \tag{8.32}$$

Bemerkungen

1. Die Formeln (8.31) und (8.32) entsprechen im Fall der Fourierreihen dem *Lemma von Riemann-Lebesgue* und der *Dirichletschen Regel.* Die Situation ist hier symmetrischer als im Fall der Fourierreihen, da dort in der einen Transformationsrichtung Integrale (Berechnung der Fourierkoeffizienten) und in der anderen Summen (Aufstellen der Fourierreihen) auftreten.

2. Wenn wir im weiteren davon sprechen, *f erfülle die Umkehrformel*, so meinen wir, daß sowohl f als auch $\hat{f}$ der Bedingung (8.30) genügen und daß außerdem

$$f(x) = \int_{-\infty}^{\infty} \hat{f}(\gamma) e^{i\gamma x} d\gamma \tag{8.33}$$

gilt.

Natürlich haben fleißige Mathematiker viele Funktionen zusammen mit ihren Fouriertransformierten tabelliert. Man findet diese Tabellen in den einschlägigen Mathematik-Handbüchern (z.B. [BS]). Oft kann man aber die Fouriertransformierte einer aus elementaren Funktionen (wie z.B. sin, cos, exp, ...) zusammengesetzten Funktion nicht explizit angeben, da zu ihrer Berechnung integriert werden muß. Für die Gegenüberstellung von Funktionen und ihren Fouriertransformierten verwenden wir im folgenden die Schreibweise:

$$f(x) \circ\!\!-\!\!\bullet\ \hat{f}(\gamma).$$

Linkerhand des Symbols steht also die Ausgangsfunktion und rechterhand die Transformierte. Für eine *gerade* Funktion f (d.h. $f(x) = f(-x)$), die die Umkehrformel erfüllt, folgt aus der Analogie der Formeln (8.29) und (8.33):

$$\hat{f}(x) \circ\!\!-\!\!\bullet\ \frac{1}{2\pi} f(\gamma).$$

Wir betrachten zwei Beispiele.

Beispiele Die *elementare Treppenfunktion* (die Begriffe *Treppenfunktion* und *charakteristische Funktion* erläuterten wir in Abschnitt 7.2)

$$f(x) = \chi_{[-T,T]}(x) = \begin{cases} 1 & \text{für } -T \le x \le T, \\ 0 & \text{sonst,} \end{cases}$$

transformiert sich für $\gamma \neq 0$ zu:

$$\hat{f}(\gamma) = \frac{1}{2\pi} \int_{-T}^{T} e^{-i\gamma x} dx = \frac{1}{2\pi} \frac{e^{i\gamma T} - e^{-i\gamma T}}{i\gamma} = \frac{\sin \gamma T}{\gamma \pi}.$$

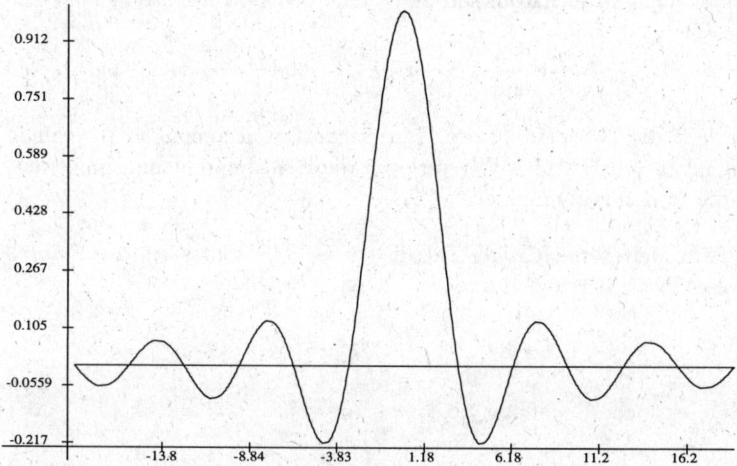

Abbildung 8.10: *Die Funktion* sinc(y)

Im Fall $\gamma = 0$ ergibt sich: $\hat{f}(0) = \frac{T}{\pi}$. Bis auf Anpassung der Argumente ist also die im Nullpunkt stetig fortgesetzte Funktion $\frac{\sin y}{y}$ die Fouriertransformierte der elementaren Treppenfunktion. Diese Funktion begegnete uns bereits im fünften Abschnitt und erhält die Bezeichnung sinc(y):

$$\chi_{[-T,T]}(x) \circ\!\!-\!\!\bullet \; \frac{T}{\pi} \cdot \operatorname{sinc}(\gamma T).$$

Ein anderes interessantes Beispiel basiert auf der Frage, *ob eine Funktion existiert, die bis auf einen multiplikativen Faktor ihre eigene Fouriertransformierte ist.* (Faßt man die Fouriertransformation als eine lineare Abbildung $\mathcal{F}$ zwischen geeigneten Funktionenräumen auf, so ist das die Frage nach *Eigenfunktionen* von $\mathcal{F}$.) Eine Antwort bekommt der Leser beim Zücken eines 10DM-Scheins — keine Angst, Sie müssen ihn den Autoren nicht schicken! Dieser Geldschein enthält das Konterfei des *„Princeps Mathematicorum"* CARL FRIEDRICH GAUSS (1777-1855), zu dessen Linken die *Gaußsche Glockenkurve* abgebildet ist. Sie spielt in der Wahrscheinlichkeitstheorie eine große Rolle und leistet nach Größenadjustierung ($c = 1$) das Gewünschte:

$$\exp(\frac{-x^2}{2c^2}) \circ\!\!-\!\!\bullet \ \frac{c}{\sqrt{2\pi}} \cdot \exp(\frac{-c^2\gamma^2}{2}).$$

Hier ist die Berechnung der Fouriertransformierten nicht so einfach wie im ersten Beispiel. Wir verlegen die Berechnung (mit Hinweisen) daher in den Aufgabenteil.

Ein weiterer wichtiger Begriff dieses Abschnitts ist die *Faltung* zweier Funktionen f und g:

$$f * g(x) \ = \ \int_{-\infty}^{\infty} f(x-y)g(y)dy.$$

Eine einfache Rechnung zeigt:

$$\int_{-\infty}^{\infty} |f * g(x)|dx \leq \int_{-\infty}^{\infty} |f(x)|dx \cdot \int_{-\infty}^{\infty} |g(x)|dx. \qquad (8.34)$$

(Erfüllen also f und g die Bedingung (8.30) von Satz 8.11, so auch ihre Faltung.) Die Faltung ist *kommutativ* ($f * g = g * f$) und *assoziativ* ($f * (g * h) = (f * g) * h$) und besitzt die folgende geometrische Interpretation: *Man verschiebe den Graphen der Funktion f horizontal um den Wert x, spiegle sie an der durch x verlaufenden vertikalen Achse, und multipliziere die so erhaltene Funktion mit der Funktion g. Dann ist $f * g(x)$ genau der Flächeninhalt unter dem so erhaltenen Graphen.* Wir empfehlen dem Leser, sich diese Interpretation selbst bildlich klarzumachen.

Beispiel Sei f eine nicht negative reelle Funktion, die außerhalb eines kleinen Intervalls $[-\epsilon, \epsilon]$ verschwindet und für die $\int_{-\epsilon}^{\epsilon} f(x)dx = 1$ gilt. Die Faltung mit einer solchen Funktion f

$$f * g(x) = \int_{-\epsilon}^{\epsilon} f(-y)g(x+y)dy,$$

interpretieren wir als eine *Mittelung der Funktion g über das Intervall $[x-\epsilon, x+\epsilon]$ mit der Gewichtung f.* Mit der besonders einfachen Funktion

$$f(x) \ := \ \begin{cases} \frac{1}{2\epsilon} & \text{für } |x| < \epsilon, \\ 0 & \text{sonst} \end{cases}$$

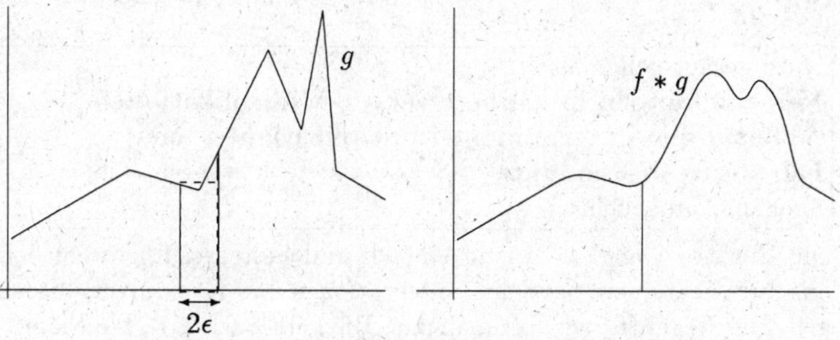

Abbildung 8.11: *Glättung einer Funktion g*

gilt z.B.:

$$f * g(x) = \frac{1}{2\epsilon} \int_{-\epsilon}^{\epsilon} g(x+y))dy.$$

Abb. 8.11 veranschaulicht die glättende Wirkung der Faltung mit dieser Treppenfunktion f. Das punktierte Rechteck dort hat den gleichen Flächeninhalt wie der 2ϵ breite Streifen unter dem Graphen von g. Die Höhe des Rechtecks liefert den Funktionswert der Faltung $f * g$.

Im folgenden sind die wichtigsten Rechenregeln der Fouriertransformation aufgelistet. Wir setzen generell voraus, daß alle Funktionen, deren Fouriertransformierte ins Spiel kommen, die Voraussetzung (8.30) von Satz 8.11 erfüllen. Manche der Regeln erfordern weitere Voraussetzungen, die wir in Fußnoten angeben.

(1) $$\overline{f(x)} \circ\!\!-\!\!\bullet \overline{\hat{f}(-\gamma)},$$

(2) $$f(x-a) \circ\!\!-\!\!\bullet e^{-i\gamma a}\hat{f}(\gamma) \quad \text{und} \quad e^{ix\mu}f(x) \circ\!\!-\!\!\bullet \hat{f}(\gamma-\mu),$$

(3) $$f(cx) \circ\!\!-\!\!\bullet \frac{1}{|c|}\hat{f}(\frac{\gamma}{c}) \quad \text{für } c \neq 0,$$

(4) $$f'(x) \circ\!\!-\!\!\bullet i\gamma\hat{f}(\gamma) \quad \text{und} \quad xf(x) \circ\!\!-\!\!\bullet i\hat{f}'(\gamma),$$

(5) $$f * g(x) \circ\!\!-\!\!\bullet 2\pi\hat{f}(\gamma)\hat{g}(\gamma) \quad \text{und} \quad f(x)g(x) \circ\!\!-\!\!\bullet \hat{f} * \hat{g}(\gamma)^3,$$

[3]Nur für die zweite Regel von **(5)**: f und g erfüllen die Umkehrformel (8.33)

$$\text{(6)} \quad \frac{1}{2\pi}\int_{-\infty}^{\infty}|f(x)|^2dx = \int_{-\infty}^{\infty}|\hat{f}(\gamma)|^2d\gamma \quad \text{(Plancherelsche Gleichung)}^4.$$

Kurz gesagt gehen also
Verschiebungen in Einheitsvektor-Multiplikationen,
Ableitungen in Argument-Multiplikationen und
Faltungen in Produkte
über und umgekehrt.

Die Beweise von (1)-(5) sind einfach und bestehen im wesentlichen aus Substitutionen, partiellen Integrationen und Integralvertauschungen. Die Regel (6) wird in manchen Büchern auch als „Theorem von Rayleigh" bezeichnet. Beide Namensgebungen haben ihre historische Berechtigung: Lord Rayleigh verwendete diese Regel schon im Jahr 1889, Plancherel bewies sie im Jahr 1910. Den Beweis dieser Regel wollen wir kurz skizzieren, da er einige der anderen Rechenregeln geschickt ausnützt:
Mit der Setzung $g(x) = \overline{f(-x)}$ können wir die linke Seite der Gleichung als Faltung darstellen:

$$\frac{1}{2\pi}\int_{-\infty}^{\infty}|f(x)|^2dx = \frac{1}{2\pi}\int_{-\infty}^{\infty}f(x)g(-x)dx = \frac{1}{2\pi}f*g(0).$$

Die folgende Abschätzung zeigt, daß $f*g$ auf ganz $\mathbb{R}$ (und nicht nur im Nullpunkt) eine wohldefinierte Funktion ist:

$$\begin{aligned}
|f*g(y)| &\leq \int_{-\infty}^{\infty}|f(x)|\cdot|f(x-y)|dx \\
&\leq \frac{1}{2}\int_{-\infty}^{\infty}\left(|f(x)|^2+|f(x-y)|^2\right)dx \\
&= \int_{-\infty}^{\infty}|f(x)|^2dx < \infty.
\end{aligned}$$

Aus (8.34) folgt, daß $f*g$ die Bedingung (8.30) von Satz 8.11 erfüllt. Da wir nur die Idee vermitteln wollen, nehmen wir der Einfachheit halber an, $f*g$ erfülle sogar die Umkehrformel:

$$\begin{aligned}
\frac{1}{2\pi}f*g(0) &= \frac{1}{2\pi}\int_{-\infty}^{\infty}\widehat{f*g}(\gamma)\underbrace{e^{i\gamma 0}}_{=1}d\gamma \\
&= \int_{-\infty}^{\infty}\hat{f}(\gamma)\hat{g}(\gamma)d\gamma \\
&= \int_{-\infty}^{\infty}|\hat{f}(\gamma)|^2d\gamma.
\end{aligned}$$

[4]auch f^2 erfülle die Bedingung (8.30).

In der zweiten Gleichung ging Regel (5) ein und in der dritten die Regeln (1) und (3). □

Mit Blick auf die Rechenregeln der Fouriertransformation, die verschiedene Operationen auf den Funktionen miteinander in Verbindung bringt, bekommt die im zweiten Abschnitt angesprochene *Philosophie der zwei Welten* (*Zeit-* und *Frequenzbereich*) sicherlich mehr Gewicht. Jede Funktion f besitzt gewissermaßen einen „Schatten" $\hat{f}$, und eine Manipulation von f zieht eine korrespondierende Änderung von $\hat{f}$ in der „Schattenwelt" nach sich. Manche Aufgaben sind in der ursprünglichen Welt besser zu lösen, bei anderen ist es nützlicher, in die Schattenwelt überzuwechseln, dort die nötigen Operationen durchzuführen und anschließend wieder in die ursprüngliche Welt zurückzukehren. Wir betrachten ein Beispiel: *Das Lösen einer linearen Differentialgleichung mit konstanten Koeffizienten*, z.B.

$$a_2 f''(x) + a_1 f'(x) + a_0 f(x) = g(x).$$

Überführung dieser Gleichung in die Schattenwelt liefert mit Regel (4) die Beziehung

$$\hat{f}(\gamma) = \frac{1}{-a_2\gamma^2 + ia_1\gamma + a_0} \cdot \hat{g}(\gamma).$$

Mit Regel (5) erhalten wir hieraus die Lösung $f = \frac{1}{2\pi}\, h * g$, wobei h die Funktion mit

$$h(x) \circ\!\!-\!\!\bullet \frac{1}{-a_2\gamma^2 + ia_1\gamma + a_0}$$

ist. Nun muß man nur noch in den Tabellen zur Fouriertransformation nachschlagen und anschließend die Faltung ausrechnen.

(Ein zweites Beispiel dieses Vorgehens werden wir bei der diskreten Fouriertransformation kennenlernen: Die Faltung zweier Signalvektoren der Länge n (Aufwand: n^2 Multiplikationen) erledigt man viel effektiver in der Schattenwelt, in der sie sich als komponentenweise Multiplikation entpuppt (Aufwand: n Multiplikationen).)

An dieser Stelle sei ein Rückverweis auf das Ende von Abschnitt 7.5 erlaubt, wo sich (kleingedruckt) eine hübsche Anwendung der Fouriertransformationsregeln befindet. Es lohnt sich, dorthin zurückzublättern.

Beispiel (Delta-Distribution) Im letzten Beispiel betrachteten wir Funktionen $f \geq 0$ mit normiertem Integralwert $\int_{-\infty}^{\infty} f(x)dx = 1$, die außerhalb des Intervalls $[-\epsilon, \epsilon]$ verschwinden. Die Faltung mit ihnen wirkte glättend. Als Signale stellen diese Funktionen kurze Einheitsimpulse dar. Wir untersuchen folgende Frage: *Was geschieht, wenn die „Lebensdauer" 2ϵ dieser Impulse zu 0 zusammenschrumpft?* Wir erwarten als Grenzfall einen „Punktimpuls" $\delta \geq 0$ mit den Eigenschaften

$$\begin{aligned} \delta(x) &= 0 \quad \text{für alle } x \neq 0 \\ \text{und } \int_{-\infty}^{\infty} \delta(x)dx &= 1. \end{aligned} \tag{8.35}$$

Bei der Faltung mit δ sollte sich die feinstmögliche Glättung ergeben, nämlich die Identität:

$$f * \delta = f.$$

δ wäre also das *neutrale Element* der Faltung. Diese Überlegungen haben allerdings den Haken, daß sich die Eigenschaften (8.35) widersprechen: eine Funktion, die in fast allen Punkten verschwindet, hat notwendigerweise das Integral 0. Die Physiker, die damit sehr elegant idealisierte Begriffe wie z.B. „Punktmassen" oder „Punktladungen" definieren können, wissen zwar von diesem Widerspruch, verwenden die δ-Funktion aber unbesorgt und sehr erfolgreich bei ihrem Überlegungen. Das Symbol δ geht übrigens auf den Physiker P.A.M. DIRAC (1902-1984) zurück, der es in die Quantenmechanik einführte. Den Mathematiker hingegen bereitete dieser Widerspruch schweres Kopfzerbrechen. Wie im Fall der Nichtlösbarkeit der Gleichung $x^2 + 1 = 0$ in den reellen Zahlen behoben sie schließlich das Problem durch eine **Erweiterung** — in diesem Fall durch die Erweiterung des Funktionenbegriffs. Das war die Geburtsstunde der *Theorie der Distributionen*, die in den Jahren 1950/51 von L. SCHWARTZ(1915)systematisch entwickelt wurde. (Kurze Einführungen in diese Theorie der *Distributionen* (ein auch häufig verwendetes Synonym ist der Begriff der *verallgemeinerte Funktionen*) findet man in vielen Büchern über die *Funktionalanalysis* und am Anfang des Buches [Ter].) L. Schwartz erhielt für diese Leistung die *Fields-Medaille*, eine Auszeichnung, die ungefähr dem *Nobelpreis* in anderen Disziplinen entspricht.[5] Wir wollen

[5]Um die Frage, warum es — im Gegensatz zur Physik und Chemie — keinen

im weiteren mit heuristischen Argumenten die Fouriertransformierte der δ-Distribution herleiten. Dabei verzichten wir auf mathematische Strenge und legen den Schwerpunkt auf das Vermitteln der Ideen. Wie gesagt — die Legitimation der Begriffe und der intuitiv gewonnenen Resultate verdanken wir hauptsächlich L. Schwartz. Wir fassen die δ-Distribution als den Grenzwert der Funktionen $\frac{1}{2\epsilon}\chi_{[-\epsilon,\epsilon]}$ für $\epsilon \to 0$ auf (es sei noch einmal an die Bezeichnung χ als *charakteristische Funktion* erinnert). Wir wissen bereits:

$$\frac{1}{2\epsilon}\,\chi_{[-\epsilon,\epsilon]}(x) \;\circ\!\!-\!\!\bullet\; \frac{1}{2\pi}\,\mathrm{sinc}(\epsilon\gamma).$$

Nun betrachten wir das Verhalten der sinc-Funktion rechterhand für $\epsilon \to 0$. Für sie gilt gemäß Abb. 8.10

$$-0.22 \;\le\; \mathrm{sinc}(\epsilon\gamma) \;\le\; 1.$$

Sie wird für $\epsilon \to 0$ immer stärker in waagrechter Richtung gestreckt. Diese Streckung bewirkt zusammen mit der Stetigkeit der sinc-Funktion und $\mathrm{sinc}(0) = 1$ die gleichmäßige Konvergenz der Fouriertransformierten auf beliebig breiten endlichen Intervallen $[-T, T]$ gegen die konstante Funktion $\frac{1}{2\pi}\,\mathbf{1}$, wobei $\mathbf{1}$ die an allen Stellen den Wert 1 annehmende Funktion ist:

$$\delta(x) \;\circ\!\!-\!\!\bullet\; \frac{1}{2\pi}\,\mathbf{1}(\gamma).$$

Indem wir δ und $\mathbf{1}$ als gerade Funktionen auffassen, folgern wir hieraus einerseits:

$$\mathbf{1}(x) \;\circ\!\!-\!\!\bullet\; \delta(\gamma),$$

und andererseits mit Hilfe von Regel (2):

$$\sin(\alpha x) \;\circ\!\!-\!\!\bullet\; \frac{1}{2i}\,(\delta(\gamma-\alpha) - \delta(\gamma+\alpha)),$$
$$\cos(\alpha x) \;\circ\!\!-\!\!\bullet\; \frac{1}{2}\,(\delta(\gamma-\alpha) + \delta(\gamma+\alpha)),$$

Nobelpreis für Mathematik gibt, ranken sich einige Anekdoten über Zwistigkeiten zwischen A. NOBEL(1833-1896) und G. MITTAG-LEFFLER(1846-1927), dem damals führenden schwedischen Mathematiker. So erzählerisch reizvoll diese Anekdoten auch sein mögen, sind sie doch historisch unwahr (siehe [GH]). In Wahrheit standen die Disziplinen, für die Nobel seine Preise vorsah, in Verbindung zu seinen eigenen Interessen, und Mathematik fiel einfach nicht darunter.

Wir weisen hier darauf hin, daß für die Funktionen **1**, $\sin(\alpha x)$ und $\cos(\alpha x)$ das Fourierintegral (8.30) **nicht konvergiert**, daß ihnen aber trotzdem Fouriertransformierte zugeordnet werden können — eben Distributionen.

8.8 Aufgaben

8.1 Es existieren **stetige** Funktionen auf einem beschränkten Intervall $[-T, T]$, die **nicht von beschränkter Schwankung** sind. Zeigen Sie, daß

$$f(x) = \begin{cases} x \cdot \sin\frac{1}{x} & \text{falls } x \neq 0, \\ 0 & \text{sonst} \end{cases}$$

ein solches Beispiel ist. Ist f im Nullpunkt differenzierbar?

8.2 Berechnen Sie die Fourierreihen der Funktionen

$$f(x) = \sin(\frac{x}{2}) \quad \text{und } g(x) = \begin{cases} -1 & \text{falls } x \leq 0, \\ 1 & \text{falls } x > 0 \end{cases}$$

auf $[-\pi, \pi]$. In welchen Punkten stimmen die Fourierreihen nicht mit den Funktionen überein?

8.3 Berechnen Sie die Fourierreihe der Funktion $f(x) = x^2$ auf $[-\pi, \pi]$ und beweisen Sie damit die Identitäten

$$\frac{\pi^2}{12} = \sum_{k=1}^{\infty} \frac{(-1)^{k+1}}{k^2} \qquad \frac{\pi^2}{6} = \sum_{k=1}^{\infty} \frac{1}{k^2}.$$

8.4 Lösen Sie die **lineare Differentialgleichung**

$$y' + 2y = 2\sin^2 x,$$

indem Sie y als trigonometrisches Polynom ansetzen.

8.5 Wir bezeichnen ein Rechteck als *starr*, wenn eine seiner Seiten eine ganzzahlige Länge besitzt. Zeigen Sie, daß jedes aus starren Rechtecken zusammengesetzte Rechteck auch selbst starr sein sein muß. In

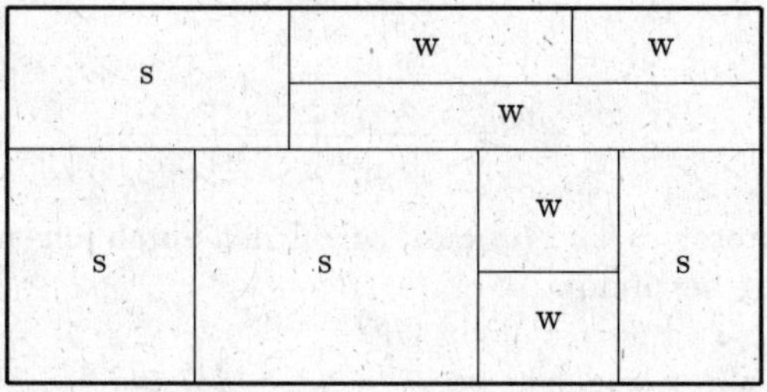

Abbildung 8.12: *Aus starren Rechtecken zusammengesetzes Rechteck*

Abb. 8.12 soll bei den mit „s“ gekennzeichneten Rechtecken die senkrechten Seitenlängen ganzzahlig sein und bei denen mit „w“ die waagrechten Seitenlängen. Das Gesamtrechteck hat dann eine ganzzahlige senkrechte Seitenlänge.
(Hinweis: Verwenden Sie zum Beweis die Tatsache, daß das Doppelintegral

$$\int_{x_0}^{x_1}\int_{y_0}^{y_1} \sin 2\pi(x+\alpha)\sin 2\pi(y+\beta)dydx$$

genau dann 0 ist, falls $x_1 - x_0$ oder $y_1 - y_0$ ganzzahlig sind.)

8.6 Zeigen Sie, daß die **Tschebyscheff-Polynome**

$$T_n(x) = \cos(n \arccos x)$$

nach Skalierung $\alpha T_0,\ \beta T_1,\ \beta T_2,\ \beta T_3,\ \ldots$ mit $\alpha = \frac{1}{\sqrt{\pi}}$ und $\beta = \sqrt{\frac{2}{\pi}}$ bezüglich dem Skalarprodukt

$$(f,g) := \int_{-1}^{1} f(x)g(x)\frac{dx}{\sqrt{1-x^2}}$$

ein ONS bilden.

8.7 Sei V ein Vektorraum mit einem reellen Skalarprodukt $(\cdot,\cdot)$. Zeigen Sie, daß sich auf folgende Weise aus k linear unabhängigen Vektoren $v_1,\ v_2,\ \cdots,\ v_k$ ein ONS konstruieren läßt:

$$e_1 = \frac{v_1}{\|v_1\|},$$

$$e_2 = \frac{v_2 - (v_2, e_1)e_1}{\|v_2 - (v_2, e_1)e_1\|},$$
$$\vdots$$
$$e_n = \frac{v_n - \sum_{j=1}^{n-1}(v_n, e_j)e_j}{\|v_n - \sum_{j=1}^{n-1}(v_n, e_j)e_j\|}.$$

Die Vektoren e_j sind bis aufs Vorzeichen durch folgende Bedingungen eindeutig bestimmt:
(a) $e_1, e_2, \ldots, e_n$ sind ein ONS,
(b) für alle k spannen $\{e_1, e_2, \ldots, e_k\}$ und $\{v_1, v_2, \ldots, v_k\}$ die gleichen Unterräume auf.
Diese Methode heißt **Schmidtsches Orthonormalisierungsverfahren** . Schreiben Sie ein Programm, daß die Polynome $1, x, x^2, x^3, \ldots$ bezüglich des Skalarprodukts

$$(f, g) := \int_{-1}^{1} f(x)g(x)dx$$

mit dieser Methode orthonormiert.

8.8 Die in der letzten Aufgabe konstruierten orthonormierten Polynome sind (bis auf einen multiplikativen Faktor) alte Bekannte aus einer früheren Aufgabe: die **Legendre-Polynome**

$$L_n(x) = \frac{1}{2^n n!}\left(\frac{d}{dx}\right)^n (x^2 - 1)^n.$$

Zeigen Sie

$$\int_{-1}^{1} L_n(x)L_m(x)dx = \begin{cases} 0 & \text{falls } n \neq m, \\ \frac{2}{2n+1} & \text{falls } n = m \end{cases} \tag{8.36}$$

mittels folgender Beweisschritte:
(i) Für $r < m$ enthält $f_{r,m}(x) = \left(\frac{d}{dx}\right)^r (x^2-1)^m$ den Faktor $(x^2-1)^{m-r}$, es gilt also:

$$f_{r,m}(\pm 1) = 0.$$

(ii) Mit partieller Integration erhält man:

$$\int_{-1}^{1} x^n L_m(x) = \begin{cases} 0 & \text{falls } n < m, \\ (-\frac{1}{2})^n \int_{-1}^{1}(x^2 - 1)^n dx & \text{falls } n = m. \end{cases}$$

(iii) Aus (ii) folgt (8.36) für $n \neq m$.

(iv) Aus

$$\int_{-1}^{1} (x^2-1)^n dx \;=\; -\frac{2n}{1+2n}\int_{-1}^{1} (x^2-1)^{n-1} dx$$

ergibt sich

$$\int_{-1}^{1} (x^2-1)^n dx \;=\; \frac{2^{2n+1}(-1)^n (n!)^2}{(1+2n)!}.$$

(v) $\left(\frac{d}{dx}\right)^n (x^2-1)^n$ ist ein Polynom vom Grad n mit führendem Koeffizienten $\frac{(2n)!}{n!}$, also gilt mit (ii):

$$\int_{-1}^{1} L_n(x)^2 dx \;=\; \frac{(2n)!}{2^n (n!)^2}\int_{-1}^{1} x^n L_n(x) dx.$$

Hieraus folgt (8.36) für $n = m$.

8.9 Zeigen Sie mittels partieller Integration die folgende Abschätzung für die Fourierkoeffizienten einer n-mal stetig differenzierbaren periodischen Funktion $f : [0, 2\pi] \to \mathbb{C}$:

$$|\, \hat{f}(k) \,| \;\leq\; \frac{\|f^{(n)}\|_\infty}{n^r}.$$

Die Fourierkoeffizienten klingen demnach umso stärker ab, je regulärer die Funktion f ist.

8.10 Zeigen Sie die Identität

$$\int_0^\infty \frac{\sin t}{t} dt \;=\; \frac{\pi}{2}$$

mittels folgender Beweisschritte:

(i) Es gilt:

$$\pi \;=\; 2\int_0^{\pi/2} \frac{\sin(2N+1)y}{\sin(y)} dy.$$

(ii) $f(y) \;=\; \frac{1}{\sin(y)} - \frac{1}{y}$ ist in den Nullpunkt stetig fortsetzbar mit $f(0) = 0$. (Hinweis: Regel von de l'Hospital)

(iii) Wegen (ii) gibt es zu jedem $\epsilon > 0$ ein $\delta > 0$ mit $|f(x)| < \epsilon$ für alle $0 \leq x \leq \delta$. Folgern Sie daraus und mit dem *Satz von Riemann-Lebesgue*:

$$\int_0^{\pi/2} \sin(2N+1)y \cdot f(y) \longrightarrow 0 \quad \text{für } N \to \infty.$$

(iv) Aus (i) und (iv) folgt:

$$\int_0^{(N+\frac{1}{2})\pi} \frac{\sin(t)}{t} dt \longrightarrow \frac{\pi}{2} \quad \text{für } N \to \infty.$$

(v) In (iv) wird die gewünschte Konvergenz nur für die Folge $x_N := (N+\frac{1}{2})\pi$ gezeigt. Zeigen Sie, daß mit der Abschätzung

$$\int_{(N+\frac{1}{2})\pi}^{x} |\frac{\sin(t)}{t}| \, dt \leq \frac{\pi}{N} \quad \text{für alle } x \in [(N+\frac{1}{2})\pi, (N+\frac{3}{2})\pi]$$

die allgemeine Konvergenz

$$\lim_{x\to\infty} \int_0^x \frac{\sin(t)}{t} dt = \frac{\pi}{2}$$

folgt.

8.11 Zeigen Sie im Zusammenhang mit der **Gibbsschen Erscheinung**, daß bei der Sägezahnfunktion die Höhe des zweiten Buckels genau C_2 mal die Sprunghöhe beträgt, wobei

$$C_2 = \frac{1}{\pi} \int_{2\pi}^{\infty} \frac{\sin(t)}{t} dt$$

ist. (Hinweis: Modifikation der Herleitung für den ersten Buckel)

8.12 Leiten Sie die Regeln (1)-(5) für die Fouriertransformation durch geeignete Substitutionen, partielle Integrationen und Integralvertauschungen her.

Vorbemerkung (für die folgenden beiden Aufgaben) Viele Lehrbücher über die Fouriertransformation beginnen mit der Einführung des **Schwartzraumes** $\mathcal{S}$. Dieser Raum besteht aus allen beliebig oft differenzierbaren Funktionen $f : \mathbb{R} \to \mathbb{C}$, für die

$$x^k \cdot f^{(l)}(x) \ \to \ 0 \qquad \text{für } x \to \infty \text{ und } x \to -\infty$$

gilt ($k, l \ \geq \ 0$ beliebig). Diese Bedingung ist wie folgt zu interpretieren: Der Vorfaktor x^k (mit $k \geq 1$) wird für betragsmäßig große x-Werte ebenfalls betragsmäßig groß (man denke an die Parabeläste). Jede Ableitung $f^{(l)}(x)$ soll also für wachsendes $|x|$ so schnell gegen 0 streben, daß das Wachstum jeder x-Potenz x^k „geschluckt" wird. Beispiele solcher stark abfallenden Funktionen sind $f(x) = p(x) \cdot e^{-ax^2}$, wobei $p(x)$ ein beliebiges Polynom und $a > 0$ ist (WARUM?). Für jede *Schwartzfunktion* f (d.h. $f \in \mathcal{S}$) und jede beliebig oft differenzierbare beschränkte Funktion g gilt:

$$\int_{-\infty}^{\infty} |f(x)| \ < \ \infty \quad \text{und} \int_{-\infty}^{\infty} f'(x)g(x)dx \ = \ -\int_{-\infty}^{\infty} f(x)g'(x)dx.$$

Außerdem ist die Fouriertransformierte einer *Schwartzfunktion* wieder eine *Schwartzfunktion* (bezüglich des Arguments γ). Für *Schwartzfunktionen* gelten die Rechenregeln (1)-(6) der Fouriertransformation sowie die Umkehrformel.

8.13 Wir leiten die Beziehung

$$\exp(\frac{-x^2}{2c^2}) \circ\!\!-\!\!\bullet \ \frac{c}{\sqrt{2\pi}} \cdot \exp(\frac{-c^2\gamma^2}{2})$$

her. Die folgenden Schritte dienen als Leitfaden:

(i) Sei $f(x) = e^{-x^2/(2c^2)}$. Da f eine *Schwartzfunktion* ist, darf man bei $\hat{f}(\gamma)$ die Ableitung am Integral vorbeiziehen (das müssen Sie nicht beweisen):

$$\hat{f}'(\gamma) \ = \ \frac{1}{2\pi} \int_{-\infty}^{\infty} e^{-x^2/(2c^2)} \ \Big(\frac{\partial}{\partial\gamma} \ e^{-ix\gamma}\Big) dx.$$

Zeigen Sie durch partielles Integrieren die Identität

$$\hat{f}'(\gamma) \ = \ -c^2\gamma \cdot \hat{f}(\gamma). \tag{8.37}$$

(ii) Gleichung (8.37) ist eine lineare Differentialgleichung (mit konstanten Koeffizienten). Aus der Lösungstheorie folgt, daß jede Lösung von (8.37) die Gestalt

$$\hat{f}(\gamma) = C \cdot e^{-c^2\gamma^2/2} \quad \text{mit } C \in \mathbb{C}$$

besitzt. Überprüfen Sie, daß dieser Ausdruck auch wirklich die Differentialgleichung löst. Offensichtlich gilt:

$$C = \hat{f}(0) = \frac{1}{2\pi}\int_{-\infty}^{\infty} e^{-x^2/(2c^2)}dx. \tag{8.38}$$

Wir haben das Problem also darauf reduziert, die Konstante C, d.h. das (nicht mehr von γ abhängige) Integral in (8.38) zu bestimmen.

(iii) Eine Möglichkeit zur Berechnung des Integrals (8.38) ist mehrdimensionale Integration. Leser, die mit der *Transformationsformel der mehrdimensionalen Integration* vertraut sind, zeigen folgende Identität durch Übergang auf Polarkoordinaten:

$$\hat{f}^2(0) = \frac{1}{4\pi^2}\int_{\mathbb{R}^2} e^{-(x^2+y^2)/(2c^2)}d(x,y) = \frac{c^2}{2\pi}.$$

Nun sind nur noch alle Ergebnisse zusammenzuführen.

8.14 Die **Hermite-Funktionen** sind definiert als

$$h_n(x) := (-1)^n\, e^{x^2/2}\left(\frac{d}{dx}\right)^n e^{-x^2}.$$

(i) Zeigen Sie, daß $h_n(x)$ die Gestalt

$$h_n(x) = H_n(x)e^{-x^2/2}$$

besitzt, wobei H_n ein Polynom vom Grad n ist. Die Polynome H_n nennt man *Hermite-Polynome.*

(ii) Zeigen Sie die Identität:

$$h_n'(x) = xh_n(x) - h_{n+1}(x) \quad \text{für alle } n \geq 0.$$

Daraus ergibt sich die Rekursionsformel

$$h_{n+1} = xh_n - h_n'.$$

(iii) Alle *Hermite-Funktionen* sind Schwartzfunktionen. Aus (ii) folgt:

$$\hat{h}_{n+1} = -i(\gamma\hat{h}_n - \hat{h}'_n).$$

(iv) Zeigen Sie mittels vollständiger Induktion die Identität:

$$\hat{h}_n(\gamma) = \frac{(-i)^n}{\sqrt{2\pi}} h_n(\gamma).$$

Bemerkung Die *Hermite-Funktionen* sind Eigenfunktionen der Fouriertransformation $\mathcal{F}$ (als eine Abbildung zwischen Funktionenräumen). Die 0-te *Hermite-Funktion* ist die *Gaußsche Glockenkurve.* Die Hermite-Funktionen bilden (nach Normierung mit geeigneten Faktoren) ein ONS bezüglich des Skalarprodukts

$$(f,g) := \int_{\infty}^{\infty} f(x)g(x)dx,$$

d.h. es gilt $(H_n|H_m) = 0$ für alle $n \neq m$.

Literaturhinweise

In vielen Analysisbüchern werden die Grundlagen der Fourierreihen behandelt. Wir nennen exemplarisch die Bücher [EL2, Kap. 4] und [H, Kap. XVII]. Eine schöne komprimierte Darstellung über die Fouriertheorie mit Anwendungen findet man auch in [Ter, Chap. I] und [MV, Kap. 11]. Klassische Bücher speziell über die Fouriertheorie sind [C2], [DM] und [K]. Ein sehr umfangreiches und anspruchsvolles grundlegendes Werk über Fourierreihen ist [Zyg].

Ein Standardwerk über die Fouriertransformation mit vielen Anwendungsbeispielen ist [Bra]. Etliche Bilder und Diagramme tragen zu einer sehr guten Verständlichkeit bei. Sehr lesenswert ist der Artikel [Bra2] vom gleichen Autor über historische Aspekte der Fouriertransformation und Anwendungsbeispiele.

Kapitel IX

Die schnelle Fouriertransformation

Die Anwendungsbereiche der Fouriertheorie sind ungeheuer vielfältig. Exemplarisch erwähnen wir wieder die Sprach- und Bildverarbeitung oder auch die *Röntgenstrukturanalyse*[1] — dem Entschlüsseln von Molekülstrukturen durch Beschuß mit Röntgenstrahlen. Mit dem Bekanntwerden sehr schneller Algorithmen zur Berechnung der Fourierkoeffizienten — die man alle unter dem Sammelbegriff FFT zusammenfaßt — wurde schließlich das letzte Hindernis für den praktischen Einsatz der Fouriertheorie aus dem Wege geräumt. Diese Algorithmen beinhalten einige schöne Ideen, die sich je nach Blickwinkel anders präsentieren. Bei einer Herleitung über Matrizen ergeben sich interessante Matrixidentitäten. Wir entscheiden uns für eine Herleitung über Polynomdivisionen, da uns die Polynome aus den Kapiteln 6 und 7 schon sehr vertraut geworden sind. Dieser Ansatz geht auf [Fid] zurück und wird in [AHU] durch eine Baumstruktur erläutert. Diese Baumstruktur dient zur Veranschaulichung der Reihenfolge, in der die Polynomdivisionen auszuführen sind. Mit unserer Darstellung in den ersten drei Abschnitten begeben wir uns also in die Fußstapfen dieser beiden Quellen.

Bei der Verarbeitung von Signalen ist es häufig nur möglich, diese zu bestimmten Zeitpunkten abzutasten. Im vierten Abschnitt geben wir eine wichtige Regel für die Zeitabstände des Abgreifens an, damit aus den erhaltenen Signaldaten noch alle Informationen des ursprünglichen Signals gewonnen werden können. Der fünfte Abschnitt ist schließlich einem Anwendungsbeispiel gewidmet. Da in Abschnitt 8.2 die Funktionsweise des Ohres näher beleuchtet wurde, haben wir ein verwandtes Thema gewählt: die automatische Spracherkennung.

---

[1] Diese Methode geht in ihren Ursprüngen auf den Physiker Max von Laue (1879-1960) zurück, der die Beugung von Röntgenstrahlen an Kristallgittern entdeckte und dafür 1914 den Nobelpreis erhielt. Wer sich für eine verständliche Herleitung interessiert, wie hier die Fouriertransformierte ins Spiel kommt, sei auf [GV] (Abschnitte 12.5.2 und 14.1.3) verwiesen.

9.1 Diskrete Fourierkoeffizienten

In diesem Abschnitt gehen wir das Problem an, aus abgetasteten Signalwerten die komplexen Fourierkoeffizienten näherungsweise zu berechnen. Dazu fassen wir das Signal als eine Funktion $f : \mathbb{R} \to \mathbb{C}$ auf, wobei die reelle Zahlenachse die Zeitachse repräsentiere. Wir setzen voraus, daß das Signal in sehr kurz aufeinanderfolgenden Zeitabständen $t_0 > 0$ abgetastet wurde, und daher nur die Funktionswerte

$$f(x),\ f(x+t_0),\ f(x+2t_0),\ f(x+3t_0),\ \ldots,\ f(x+(N-1)t_0).$$

bekannt sind. Eine solche Datenfolge nennen wir eine *Zeitreihe der Länge N*. Wir nehmen weiterhin $x = 0$ und $N \cdot t_0 = 2\pi$ an, was man durch eine geeignete Normierung der Zeitskala immer erreichen kann. (Mathematisch entspricht dies dem Nachschalten einer linearen Transformation $\varphi(t) = x + \frac{N\,t_0}{2\pi}\,t$ — anstatt f wird also $f \circ \varphi$ betrachtet.) Näherungswerte für die komplexen Fourierkoeffizienten

$$\hat{f}(k) = \frac{1}{2\pi}\int_0^{2\pi} f(x)e^{-ikx}\,dx \tag{9.1}$$

aus den Abtastwerten erhalten wir durch die Berechnung der Riemann-Summen (mit der Bezeichnung ζ_N für die N-te Einheitswurzel $e^{\frac{2\pi i}{N}}$):

$$\hat{f}_N(k) := \frac{t_0}{2\pi}\cdot\sum_{j=0}^{N-1} f(jt_0)\,e^{-ijkt_0} = \frac{1}{N}\sum_{j=0}^{N-1} f\Big(j\frac{2\pi}{N}\Big)\,\zeta_N{}^{-jk}. \tag{9.2}$$

Diese Näherungen $\hat{f}_N(k)$ nennt man die *diskreten Fourierkoeffizienten von f* und ihre Berechnung aus den diskreten Signalwerten $f(jt_0)$ die *diskrete Fouriertransformation* (kurz: *DFT*). Ein Unterschied zwischen exakten und diskreten Fourierkoeffizienten, der sofort ins Auge springt, ist ihr Verhalten für $k \to \pm\infty$: die exakten Fourierkoeffizienten $\hat{f}(k)$ konvergieren aufgrund des *Lemmas von Riemann-Lebesgue* (Satz 8.9) für $k \to \pm\infty$ gegen 0, die Folge der diskreten Fourierkoeffizienten ist hingegen periodisch: $\hat{f}_N(k+N) = \hat{f}_N(k)$. Daher reicht es bei den diskreten Fourierkoeffizienten aus, einen Ausschnitt von N aufeinanderfolgenden Werten zu kennen. Wählt man für $N = 2m+1$ den Ausschnitt

$$\hat{f}_N(-m),\ \hat{f}_N(-m+1),\ \ldots,\ \hat{f}_N(0),\ \ldots,\ \hat{f}_N(m),$$

so sind von diesen nur die $\hat{f}_N(k)$ gute Approximationen von $\hat{f}(k)$, bei denen das Verhältnis $|k/N|$ klein genug ist. Dies macht folgende Überlegung plausibel:
Die Funktion $e^{-ikx} : [0, 2\pi] \to \mathbb{C}$ umläuft genau k mal die Einheitskreislinie der komplexen Zahlenebene. Bei wachsendem k wird der Integrand $f(x)e^{-ikx}$ in (8.27) im allgemeinen also immer stärker oszillieren. Je stärker die Oszillationen, desto dichter müssen die Zeitpunkte liegen, in denen das Signal f bekannt ist — andernfalls fällt die Riemann-Summe (9.2) zu grob aus und liefert kein relevantes Ergebnis. Dazu muß der Parameter N genügend groß gewählt sein.
Im Spezialfall der Sägezahnfunktion verhält sich der relative Fehler

$$r(N,k) \;:=\; \left|\frac{\hat{f}(k) - \hat{f}_N(k)}{\hat{f}(k)}\right|$$

ziemlich genau wie $\pi \cdot |k/N|$ (siehe Aufgabe 9.2). Eine Abweichung der Näherung $\hat{f}_N(k)$ um höchstens 20% des exakten Wertes $\hat{f}(k)$ ist also z.B. nur für $|k/N| < \frac{0.2}{\pi} \approx 0.062$ gewährleistet. Bei $N = 100$ erfüllen folglich nur die Koeffizienten $\hat{f}_N(-6), \ldots, \hat{f}_N(6)$ diese Approximationsgüte. Ursache dieser schlechten Übereinstimmung ist die Unstetigkeit der Sägezahnfunktion.

Das Hauptergebnis der folgenden Überlegungen ist, daß man die diskrete Fouriertransformation und ihre Umkehrung durch Polynomauswertungen in komplexen Einheitswurzeln berechnen kann. Im zweiten Abschnitt besprechen wir dann einen sehr schnellen Algorithmus für diese Polynomauswertungen.

Zuerst gehen wir auf die *Umkehrung der diskreten Fouriertransformation* ein: Sei N fest gewählt und $\zeta := \zeta_N$. Zu einer gegebenen Zeitreihe der Länge N berechnet man die diskreten Fourierkoeffizienten über die Riemann-Summen (9.2). Faßt man die Zeitreihe und die Fourierkoeffizienten in N-dimensionalen Vektoren zusammen:

$$\begin{aligned}\mathbf{f}_N \;&:=\; \big(f(0),\, f(t_0),\, f(2t_0),\, \ldots,\, f((N-1)t_0)\big)^t,\\ \hat{\mathbf{f}}_N \;&:=\; \big(\hat{f}_N(0),\, \hat{f}_N(1),\, \hat{f}_N(2),\, \ldots,\, \hat{f}_N(N-1)\big)^t,\end{aligned}$$

(das hochgestellte t bedeutet Transposition, d.h. $\mathbf{f}_N$ und $\hat{\mathbf{f}}_N$ seien Spaltenvektoren), so kann man (9.2) auch als Matrix-Vektor-Multiplikation

$$\hat{\mathbf{f}}_N \;=\; \frac{1}{N}\,\mathbf{S}\cdot\mathbf{f}_N \tag{9.3}$$

mit einer symmetrischen Matrix

$$\mathbf{S} = \left(\zeta^{-jk}\right)_{0\le j,k\le N-1} = \begin{pmatrix} 1 & 1 & 1 & \dots & 1 \\ 1 & \zeta^{-1} & \zeta^{-2} & \dots & \zeta^{-(N-1)} \\ 1 & \zeta^{-2} & \zeta^{-4} & \dots & \zeta^{-2(N-1)} \\ \vdots & \vdots & \vdots & \dots & \vdots \\ 1 & \zeta^{-(N-1)} & \zeta^{-2(N-1)} & \dots & \zeta^{-(N-1)^2} \end{pmatrix}$$

aus N-ten Einheitswurzeln schreiben. Die Darstellung (9.3) ermöglicht es, sofort die *inverse diskrete Fouriertransformation*, d.h. das Zurückgewinnen des Signalvektors aus den Fourierkoeffizienten, anzugeben:

$$\mathbf{f}_N = N\,\mathbf{S}^{-1}\cdot\hat{\mathbf{f}}_N. \tag{9.4}$$

Die hier ins Spiel kommende Matrix $N\mathbf{S}^{-1}$ hat eine ganz ähnliche Gestalt wie die Matrix $\mathbf{S}$:

Lemma 9.1 *Es gilt:*

$$N\,\mathbf{S}^{-1} = \bar{\mathbf{S}} = \begin{pmatrix} 1 & 1 & 1 & \dots & 1 \\ 1 & \zeta & \zeta^2 & \dots & \zeta^{N-1} \\ \vdots & \vdots & \vdots & \dots & \vdots \\ 1 & \zeta^{N-1} & \zeta^{2(N-1)} & \dots & \zeta^{(N-1)^2} \end{pmatrix}.$$

(Unter $\bar{\mathbf{S}}$ *verstehen wir die aus* $\mathbf{S}$ *durch Konjugation aller Einträge hervorgehende Matrix.)*

Beweis Wir erinnern zunächst an die Beziehung $\bar{z} = z^{-1}$ für komplexe Zahlen der Länge 1. Daher gilt $\bar{\mathbf{S}} = (\zeta^{jk})_{1\le j,k\le N}$ und das (j,k)-te Element der Produktmatrix $\mathbf{M} := \bar{\mathbf{S}}\cdot\mathbf{S}$ hat die Gestalt

$$\mathbf{M}_{j,k} = \sum_{l=0}^{N-1}\zeta^{jl}\zeta^{-lk} = \sum_{l=0}^{N-1}\zeta^{(j-k)l}.$$

Auf der Diagonalen ($j = k$) ergibt sich offensichtlich der Wert N und im Fall $j \neq k$ erhält man mit der geometrischen Reihe für die N-te Einheitswurzel $q = \zeta^{j-k} \neq 1$:

$$\mathbf{M}_{j,k} = \frac{1-q^N}{1-q} = 0.$$

Zusammengefaßt gilt also $\mathbf{S}^{-1} = \frac{1}{N}\,\bar{\mathbf{S}}$, womit das Lemma bewiesen ist. □

Die DFT und ihre Umkehrung sind also Matrix-Vektor-Multiplikationen und die beteiligten Matrizen sind — bis auf den Faktor $\frac{1}{N}$ — *Vandermonde-Matrizen.* Wir erläuterten in Abschnitt 7.1, daß sich in diesem Fall die Matrix-Vektor-Multiplikationen auch als Polynomauswertungen darstellen lassen (siehe auch Abb. 9.1):

- Bei der **DFT** setzt man $f_j := f(jt_0)$ und

$$p_N(x) := \frac{1}{N} (f_{N-1}x^{N-1} + f_{N-2}x^{N-2} + \cdots + f_1 x + f_0).$$

  Dann sind die diskreten Fourierkoeffizienten $\hat{f}_N(k)$ die Auswertungen von p_N in den Einheitswurzeln ζ^{-k}:

$$\hat{f}_N(k) = p_N(\zeta^{-k}). \tag{9.5}$$

- Bei der **inversen DFT** bildet man mit Hilfe der diskreten Fourierkoeffizienten

$$q_N(x) := \hat{f}_N(N-1)x^{N-1} + \cdots + \hat{f}_N(1)x + \hat{f}_N(0)$$

  und erhält die diskreten Signalwerte $f(jt_0)$ über die Beziehung

$$f(jt_0) = q_N(\zeta^j)$$

  zurück.

Damit haben wir unser Ziel erreicht, die Berechnung der DFT und der inversen DFT in die Auswertung eines gegebenen Polynoms in allen N-ten Einheitswurzeln zu überführen.

Wir beenden diesen Abschnitt mit einer Abschätzung des Berechnungsaufwands der DFT: Für die Auswertung eines allgemeinen Polynoms

$$p(x) = a_{N-1}x^{N-1} + a_{N-2}x^{N-2} + \ldots + a_1 x + a_0$$

vom Grad $N-1$ an der Stelle x_0 wendet man am besten das sogenannte *Horner-Schema* an: Dazu schreibt man das Polynom p in der Gestalt

$$p(x) = ((\ldots(a_{N-1} \cdot x_0 + a_{N-2}) \cdot x_0 + a_{N-3}) \cdot x_0 + \cdots a_1) \cdot x_0 + a_0$$

DFT:

$$\hat{f}_N = (p_N(x_N), p_N(x_{N-1}), \ldots, p_N(x_1))^t$$

mit dem Polynom

$$p_N(x) = \frac{1}{N}\,(f_{N-1}x^{N-1} + \ldots + f_0)$$

inverse DFT:

$$f_N = (q_N(x_0), q_N(x_1), \ldots, q_N(x_{N-1}))^t$$

mit dem Polynom

$$q_N(x) = \hat{f}_N(N-1)x^{N-1} + \ldots + \hat{f}_N(0)$$

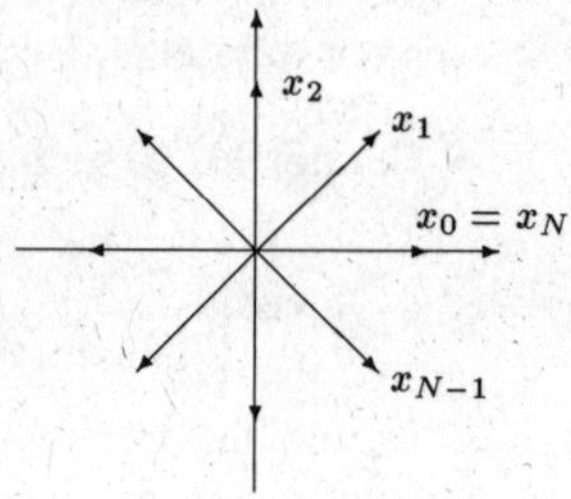

$$x_j = e^{2\pi i \frac{j}{N}}$$

Abbildung 9.1: *DFT und inverse DFT als Polynomauswertungen*

und bestimmt diesen Ausdruck gemäß der Klammerung von innen nach außen. Dazu sind $N-1$ Multiplikationen und $N-1$ Additionen nötig. Da im allgemeinen der Rechenaufwand für eine Multiplikation viel höher ist als für eine Addition, interessieren wir uns bei zukünftigen Aufwandsanalysen nur für die Anzahl der benötigten Multiplikationen. Die Berechnung der DFT für einen Signalvektor der Länge N besteht aus N Polynomauswertungen und folglich ergibt sich mit diesem Ansatz ein Aufwand von $N(N-1)$ Multiplikationen. Wegen $N(N-1) \approx N^2$ ist der Aufwand also quadratisch in der Länge des Signalvektors.

9.2 Die FFT — ein bahnbrechender Algorithmus für Physiker und Ingenieure

Im Jahre 1965 erschien ein fünfseitiger Artikel [CT] in der Zeitschrift *Mathematics of Computation*, in dem die beiden Autoren JAMES W.

COOLEY und JOHN W. TUKEY einen schnellen Algorithmus zur Berechnung der diskreten Fouriertransformation vorstellten. Die Wirkung dieser Veröffentlichung läßt sich aus der Tatsache ermessen, daß (bis heute) weit über tausend Arbeiten aus den unterschiedlichsten wissenschaftlichen Gebieten auf sie verweisen. *Woran lag es nun, daß dieser Artikel eine solche Lawine auslöste?* Ein wesentlicher Grund ist, daß die Fouriertheorie einerseits ein weit gespanntes Anwendungsspektrum eröffnete, daß andererseits jedoch ihre Berechnung mit Computern (vor dem Jahre 1965) vielerorts als sehr aufwendig galt. Die Grundideen dieses schnellen Algorithmus stammten von Tukey. Mit seiner Programmierung wurde Cooley vom Rechenzentrum der IBM in Yorktown Heights (New York) beauftragt, da er — nach eigenen Angaben — dort frisch eingestellt war und als einziger noch nichts Wichtiges zu tun hatte.

Es stellte sich bald heraus, daß mit dem neuen Algorithmus eine enorme Beschleunigung der Rechenzeiten erzielt werden konnte. Die Berechnung der diskreten Fourierkoeffizienten einer Zeitreihe der Länge N benötigte jetzt nur noch $N \cdot \log_2 N$ Multiplikationen. Verglichen mit den $N(N-1)$ Multiplikationen bei N-maligem Einsatz des Horner-Schemas (siehe Ende des vorigen Abschnitts) reduzieren sich z.B. bei einer Zeitreihe der Länge 1000 die Anzahl der nötigen Multiplikationen von 10^6 auf 10^4. Berechnungen, die zuvor Stunden benötigten, waren nun in wenigen Sekunden durchführbar. Mit zunehmender Datenmenge trat der Vorteil des neuen Algorithmus immer deutlicher zutage.

Um eine spätere Patentierung des Algorithmus zu verhindern, die seine freie Benutzung einschränken würde, entschloß man sich bei der IBM, ihn durch eine Publikation allen Interessenten zugänglich zu machen. Kurz darauf stellte sich heraus, daß auch schon andere Wissenschaftler ähnliche Algorithmen entwickelt hatten und mit ihnen arbeiteten. Einer dieser Varianten geht in seinen Wurzeln auf eine Arbeit aus dem Jahr 1903 von C. RUNGE (1856-1927) zurück. Für all diese verwandten Algorithmen mit $(N \cdot \log_2 N)$-Berechnungsaufwand verwendet man die Bezeichnung FFT (= *Fast Fourier Transform*). Wir stellen im folgenden einen FFT-Algorithmus vor, der auf iterierten Polynomdivisionen beruht und auf C.M. FIDUCCIA zurückgeht. Da FFT-Algorithmen immer etwas „verzwickt" sind, sei der Leser nicht entmutigt, wenn beim ersten Lesen der folgenden Seiten nicht alles sofort klar wird. Es lohnt sich aber wirklich, über diesen Algorithmus länger nachzudenken und dabei nach und nach die darin enthaltenen Ideen zu verstehen.

In Aufgabe 6.1 besprachen wir, daß man den Wert des Polynoms p in x_0 unter anderem dadurch erhalten kann, indem man den Rest der Polynomdivision $p(x) : (x - x_0)$ berechnet. Möchte man p gleich in 4 Punkten $x_0, \ldots, x_3$ auswerten, könnte man folgendermaßen vorgehen:

- Man berechnet

$$q(x) = (x - x_0)(x - x_1)(x - x_2)(x - x_3)$$

und bestimmt den Rest r der Division $p : q$.

- Man wertet r in den Stellen $x_0, \ldots, x_3$ aus.

(Die Übereinstimmung $p(x_j) = r(x_j)$ folgt aus $p = p_2 \cdot q + r$ und $q(x_j) = 0$.) Falls grad p sehr groß ist, läßt sich der zweite Schritt wegen grad $r \leq 3$ viel schneller durchführen als die direkte Auswertung von $p(x)$ in $x_0, \ldots, x_3$. Eine Aufwandsanalyse — die wir an dieser Stelle noch nicht durchführen wollen — zeigt allerdings, daß der Gewinn von ii) im allgemeinen bei der Durchführung von i) wieder aufgebraucht wird und folglich gegenüber der direkten Auswertungsmethode nichts gewonnen ist. Trotzdem wollen wir diesen Ansatz nicht verwerfen und ihn sogar noch ausbauen:
Gesucht seien die Werte des Polynoms $p(x)$ in den $N = 2^n$ Punkten $x_0, \ldots, x_{N-1}$. Dazu definieren wir Polynome

$$q_{k,l}(x) = \prod_{j=k}^{l} (x - x_j) = (x - x_k)(x - x_{k+1}) \cdots (x - x_l) \qquad (9.6)$$

für $k \leq l$, die wir gemäß Abb. 9.2 baumartig anordnen. Diese Baumstruktur gibt Anlaß zu folgendem Algorithmus zur Berechnung der Werte $p(x_0), \ldots; p(x_{N-1})$:

Algorithmus 9.2 *Man startet den Algorithmus mit dem Polynom $p(x)$ an der Wurzel des Baumes, das ist der oberste Knoten. Von dort gelangt das Polynom $p(x)$ an die folgenden beiden Verzweigungspunkte und wird durch die dort stehenden Polynome $q_{k,l}$ dividiert. Die entstehenden Reste werden ihrerseits wieder an die nächsten Verzweigungspunkte weitergereicht und durch die dort stehenden Polynome $q_{k,l}$ dividiert. Dies wird sukzessive so lange fortgesetzt, bis man in*

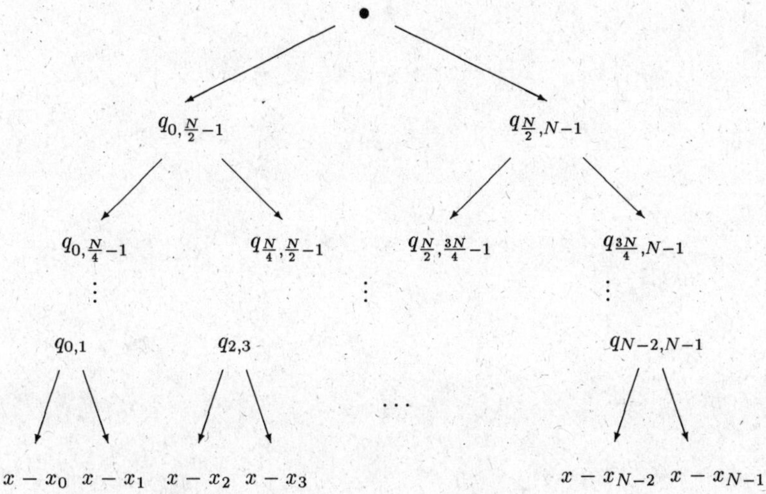

Abbildung 9.2: *Binärbaum zu Beginn der Divisionen*

den Endknoten des Baumes angekommen ist. Als Buchführung ersetzt man an jeden Knoten des Baumes das Polynom $q_{k,l}$ *durch den entstehenden Rest* $r_{k,l}$. *Die Abarbeitung des Baumes enthält dann also lauter Ersetzungen der Art*

wobei $r_{j,k}$ *und* $r_{k+1,l}$ *die Reste der Divisionen* $r_{j,l} : q_{j,k}$ *und* $r_{j,l} : q_{k+1,l}$ *sind. Nach Durchführung des Algorithmus hat der Baum eine Gestalt gemäß Abb. 9.3. Die gewünschten Werte stehen in den Endknoten des Baumes.*

Eine wichtige **Invariante** dieses Algorithmus ist, daß in jeder Verzweigungsgeneration des Baumes die Gleichung

$$r_{j,l}(x_k) = p(x_k) \qquad \text{für alle } k \in \{j, j+1, \ldots, l\}$$

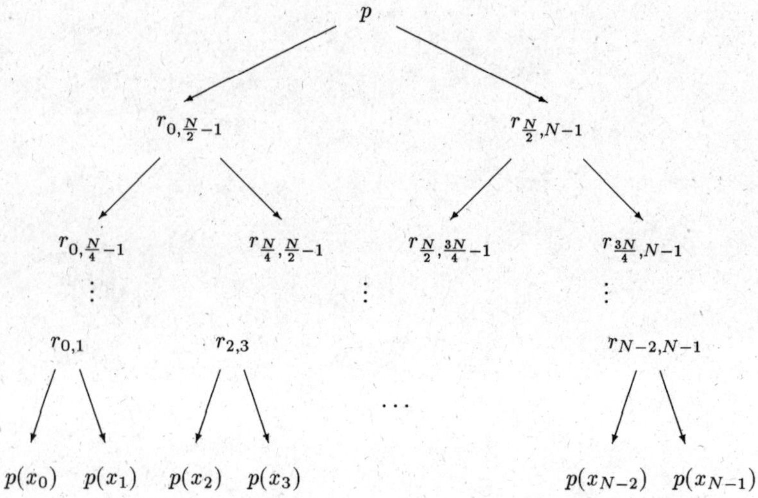

Abbildung 9.3: *Binärbaum am Ende der Divisionen*

erfüllt bleibt. Für die konstanten Polynome $r_{k,k}$ an den Endknoten gilt daher: $r_{k,k} \equiv p(x_k)$.

Für eine Aufwandsanalyse ist folgendes Lemma sehr wichtig:

Lemma 9.3 *Seien p und q zwei Polynome mit* grad $p = r$, grad $q = s$ *und q sei normiert. Zur Berechnung des Restes von* $p : q$ *benötigt der übliche Divisionsalgorithmus im ungünstigsten Fall* $(r - s + 1) \cdot s$ *Multiplikationen.*

Beweis Seien $p(x) = a_n x^n + \cdots + a_1 x + a_0$ und $q(x) = x^k + b_{k-1}x^{k-1} + \cdots + b_0$. Im ersten Schritt der Division wird $a_n x^{n-k} q(x)$ berechnet (k Multiplikationen in den Koeffizienten: $a_n b_{k-1}, a_n b_{k-2}, \ldots, a_n b_0$) und von p abgezogen. Das verbleibende Polynom hat höchstens den Grad $n-1$ mit einem neuen führenden Koeffizienten $\tilde{a}_{n-1}$. Von ihm wird $\tilde{a}_{n-1} x^{n-k-1} q(x)$ (wiederum k Multiplikationen) abgezogen. Dieser Vorgang wiederholt sich maximal $n - k + 1$ mal, bis der Grad des verbleibenden Polynoms auf höchstens $k - 1$ reduziert ist. Damit ergibt sich ein Gesamtaufwand von maximal $(n - k + 1)k$ Multiplikationen in den Koeffizienten. □

Aufwandsanalyse Wir nehmen an, die Abarbeitung des Binärbaumes in Abb. 9.2 erfolge generationsweise, wobei wir die Wurzel des Baumes als die 0-te Generation bezeichnen. Für die j-te Generation liegt folgendes Arbeitsprogramm vor: Jeder der 2^{j-1} Reste r (aus der $(j-1)$-ten Generation) mit grad $r = \frac{N}{2^{j-1}} - 1$ ist durch jeweils 2 normierte Polynome q vom Grad $\frac{N}{2^j}$ zu dividieren. Insgesamt finden also 2^j derartige Divisionen statt, die aufgrund von Lemma 9.3 höchstens

$$2^j \cdot \underbrace{\left(\frac{N}{2^{j-1}} - \frac{N}{2^j}\right)}_{r-s+1} \cdot \underbrace{\frac{N}{2^j}}_{s} = N^2 \left(\frac{1}{2}\right)^j \tag{9.7}$$

Multiplikationen beanspruchen. Für die Abarbeitung aller Generationen ergibt sich folglich ein Gesamtaufwand von

$$N^2 \cdot \sum_{j=1}^{n} \left(\frac{1}{2}\right)^j = N^2 \cdot \left(1 - \frac{1}{2^n}\right) = N(N-1)$$

Multiplikationen, d.h. genau der gleiche Aufwand wie beim direkten Auswerten mit dem Horner-Schema. (Außerdem müssen für dieses Verfahren auch noch die Polynome $q_{k,l}$ berechnet werden. Wir haben dies allerdings vernachlässigt, da wir davon ausgehen, daß die Auswertungspunkte $x_0, \ldots, x_{N-1}$ fest gewählt und die Polynome $q_{k,l}$ ein für allemal ausgerechnet wurden, während der Algorithmus immer wieder für neue Polynome $p(x)$ zum Einsatz kommt.) Für allgemein gewählte Auswertungspunkte x_j bringt dieser Ansatz also keinen Vorteil.

Der Aufwand dieses Algorithmus wird allerdings deutlich geringer, falls die beteiligten Polynome $q_{k,l}$ eine einfache Gestalt besitzen, d.h. wenn sehr viele Koeffizienten von $q_{k,l}$ verschwinden. Dann reduziert sich nämlich die in Lemma 9.3 angegebene Anzahl an Multiplikationen für die Polynomdivisionen. Bei der DFT und der inversen DFT liegen die Auswertungspunkte (alle N-ten Einheitswurzeln) in der komplexen Ebene symmetrisch verteilt (vergleiche Abb. 9.1). Wir werden sehen, daß aufgrund dieser speziellen Situation die Polynome $q_{k,l}$ die oben beschriebene einfache Gestalt besitzen. Wir betrachten zunächst den Fall $N = 4$ und $(x_0, x_1, x_2, x_3) = (1, i, -1, -i)$. Abb. 8.11 enthält den Baum zu Beginn des Algorithmus. In den Knoten des Baumes stehen die Polynome $q_{k,l}$. (Wegen (9.6) sind diese Polynome gleich dem Produkte der Polynome in den Kinderknoten, also

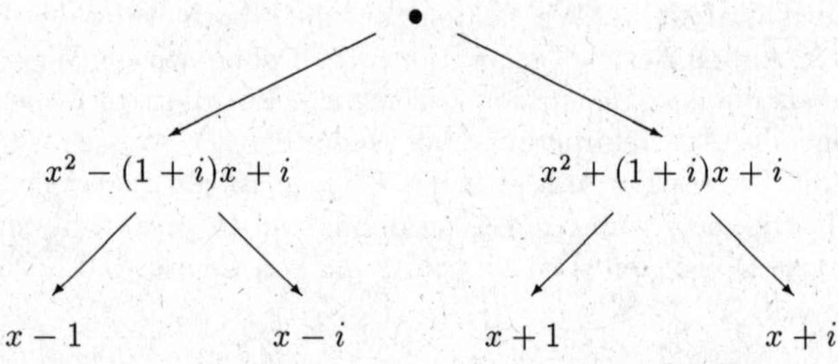

Abbildung 9.4: *ungünstig gewähltes Divisionsschema*

gilt z.B. $x^2-(1+i)x+i=(x-1)(x-i)$.) Der Aufwand ist hier allerdings noch genauso groß wie beim direkten Einsatz des Horner-Schemas, da keiner der Koeffizienten der Polynome $q_{k,l}$ verschwindet. Also doch nichts??? Keineswegs. Wer verbietet uns denn, eine *andere Reihenfolge der Auswertungspunkte* zu wählen? Wir testen einmal die Anordnung $(x_0,x_1,x_2,x_3)=(1,-1,i,-i)$. Es ergibt sich die Startsituation von Abb. 9.5. Bei den Polynomen x^2-1 und x^2+1 der ersten Generation tauchen nun keine linearen Glieder mehr auf. Die hier geschilderte Vereinfachung im Beispiel $N=4$ ist noch nicht sehr beeindruckend. Sie klappt aber genauso gut im Fall größerer Zweierpotenzen $N=2^n$ und führt für große n zu einer drastischen Verringerung des Aufwands.

Durch eine geschickte Anordnung der N-ten Einheitswurzeln läßt sich erreichen, daß alle Polynome $q_{k,l}$ des Baumes in Abb. 9.2 die einfache Gestalt

$$q_{k,l}(x) = x^s - c \qquad \text{mit } s=l-k+1 \text{ und } c\in\mathbb{C}-\{0\}$$

bekommen. Polynome der Form x^s-c bezeichnen wir im folgenden als reduzierte Polynome.

Mit dieser zunächst noch unbewiesenen Behauptung beginnen wir eine

Zweite Aufwandsanalyse Setzt man in Lemma 9.3 zusätzlich voraus, daß das Polynom q reduziert (also von der Gestalt x^s-c) ist, so vermindert sich der Berechnungsaufwand der Polynomdivision von

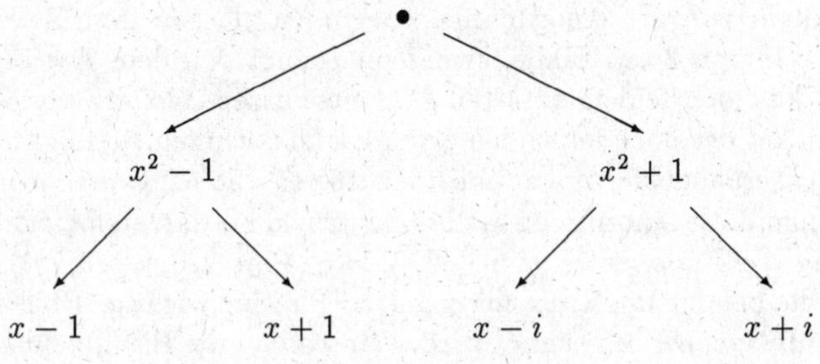

Abbildung 9.5: *geschickt gewähltes Divisionsschema*

$(r-s+1)\cdot s$ auf $r-s+1$. Wir empfehlen dem Leser, diese Aussage selbst zu beweisen. Dazu muß der Beweis von Lemma 9.3 nur leicht modifiziert werden. Im Fall lauter reduzierter Polynome $q_{k,l}$ ist also der „Aufwand pro Generation" in (9.7) durch

$$2^j \cdot \left(\frac{N}{2^{j-1}} - \frac{N}{2^j}\right) = N$$

zu ersetzen und der Gesamtaufwand durch $N \cdot n = N \cdot \log_2 N$, was gemäß der Einleitung dieses Abschnitts für einen FFT-Algorithmus charakteristisch ist.

Für obige eingerahmte Behauptung liefern wir ein Konstruktionsverfahren: Im Fall $N=4$ ist $(x_0, x_1, x_2, x_3) = (1, -1, i, -i)$ die postulierte geschickte Anordnung. Ist $(x_0, \ldots, x_{N-1})$ eine geschickte Anordnung der N-ten Einheitswurzeln, so erhält man eine geschickte Anordnung der $2N$-ten Einheitswurzeln, indem man die Folge $x_0, \ldots, x_{N-1}$ um die mit $\zeta_{2N} = e^{2\pi i/2N}$ multiplizierte Folge ergänzt:

$$(\underbrace{x_0,\ x_1,\ \ldots,\ x_{N-1}}_{\text{alte Anordnung}},\ \underbrace{\zeta_{2N}\, x_0,\ \zeta_{2N}\, x_{N+1},\ \ldots,\ \zeta_{2N}\, x_{2N}}_{\text{Ergänzung}}). \tag{9.8}$$

Mit diesem Verfahren erhält man iterativ geschickte Anordnungen für beliebig große Zweierpotenzen. Im Beispiel der 4-ten Einheitswurzeln $(1, -1, i, -i)$ ergibt sich also folgende Anordnung für die 8-ten Einheitswurzeln:

$$\begin{aligned} (\ x_0,\ \ldots,\ x_7\ ) &= (\ 1,\ -1,\ i,\ -i,\ \zeta_8,\ -\zeta_8,\ i\zeta_8,\ -i\zeta_8\ ) \\ &= (\ {\zeta_8}^0,\ {\zeta_8}^4,\ {\zeta_8}^2,\ {\zeta_8}^6,\ {\zeta_8}^1,\ {\zeta_8}^5,\ {\zeta_8}^3,\ {\zeta_8}^7\ ). \end{aligned}$$

Die so konstruierten Anordnungen beginnen alle mit dem Zweierpaket $(1, -1)$ von 2-ten Einheitswurzeln, gefolgt von dem Zweierpaket $(i, -i)$ der noch fehlenden 4-ten Einheitswurzeln, gefolgt von einem Viererpaket der noch fehlenden 8-ten Einheitswurzeln, gefolgt von einem Achterpaket der noch fehlenden 16-ten Einheitswurzeln u.s.w.. Stellt man diese Anordnung als Potenzen von ζ_N dar, so folgt die Anordnung der Exponenten (im Fall $N = 8$: $(0, 4, 2, 6, 1, 5, 3, 7)$)) einer Regel, die bei der Implementierung der FFT eine wichtige Rolle spielt und als *Bitumkehr* bezeichnet wird. Wir werden die Bitumkehr später ausführlicher besprechen.
Es bleibt zu zeigen, daß (9.8) wieder eine geschickte Anordnung ist. Von zentraler Bedeutung zum Nachweis hierfür ist das folgende einfache Lemma:

Lemma 9.4 *Seien $x_0, x_1, \ldots, x_k \in \mathbb{C}$ so gewählt, daß*

$$q(x) := \prod_{j=0}^{k} (x - x_j)$$

ein reduziertes Polynom ist und sei $\zeta \neq 0$ eine beliebige komplexe Zahl. Dann ist auch

$$\prod_{j=0}^{k} (x - \zeta x_j)$$

ein reduziertes Polynom.

Beweis des Lemmas $q(x)$ hat nach Voraussetzung die Gestalt $x^{k+1} - c$. Setzt man $y := \frac{x}{\zeta}$, so erhält man:

$$\begin{aligned} \prod_{j=0}^{k} (x - \zeta x_j) &= \prod_{j=0}^{k} \zeta \cdot (y - x_j) = \zeta^{k+1} \cdot q(y) \\ &= \zeta^{k+1} \cdot (y^{k+1} - c) = x^{k+1} - \zeta^{k+1} c. \end{aligned}$$

□

Wir führen nun endlich den Beweis dafür, daß (9.8) geschickte Anordnungen liefert: Sei $(x_0, \ldots, x_{N-1})$ eine geschickte Anordnung von N-ten Einheitswurzeln und $\zeta := \zeta_{2N}$. Der zugehörige Baum besteht also aus lauter reduzierten Polynomen. Aufgrund obigen Lemmas stehen auch in dem Baum zu der Anordnung $(\zeta x_0, \ldots, \zeta x_{N-1})$ nur reduzierte

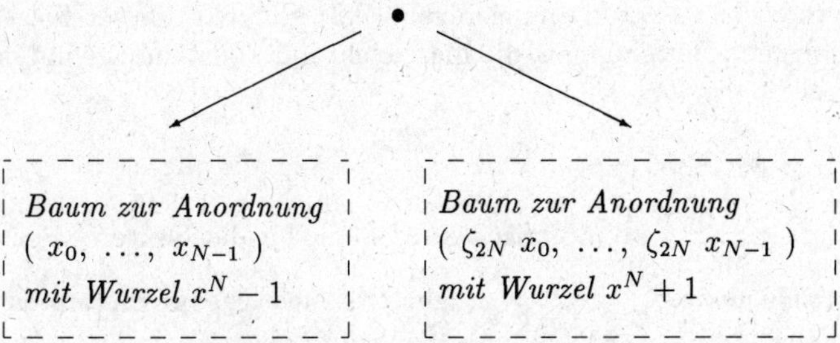

Abbildung 9.6: *Rekursiver Aufbau des Baumes zur Anordnung* $(x_0, \ldots, x_{N-1}, \zeta_{2N}\, x_0, \ldots, \zeta_{2N}\, x_{N-1})$

Polynome, da diese Polynome gemäß (9.6) Produkte der Gestalt

$$\prod_{j=k}^{l} (x - \zeta x_j)$$

sind. Der Baum zu den $2N$-ten Einheitswurzeln

$$(x_0, \ldots, x_{N-1}, \zeta x_0, \ldots, \zeta x_{N-1}) \tag{9.9}$$

setzt sich aus diesen beiden Teilbäumen zusammen (siehe Abb. 9.6), wobei in die Wurzel des linken Teilbaumes das reduzierte Polynom

$$\begin{aligned} q_{0,N-1}(x) &= \prod_{j=0}^{N-1} (x - x_j) \\ &= \prod_{j=0}^{N-1} (x - \zeta_N{}^j) \quad \textit{(durch Verändern der Reihenfolge)} \\ &= x^N - 1 \quad \textit{(da alle } \zeta_N{}^j \textit{ Nullstellen von } x^N - 1 \textit{ sind)} \end{aligned}$$

eingesetzt werden muß, und in die Wurzel des rechten Teilbaumes entsprechend $q_{N,2N-1}(x) = x^N - (\zeta_{2N})^N = x^N + 1$. Im größeren Baum sind also wieder alle Polynome reduziert, (9.9) ist also wieder eine geschickte Anordnung. □

Für alles weitere sei $(x_n)_{n \geq 0}$ die Folge, die man aus der Startanordnung $(x_0, \ldots, x_3) = (1, -1, i, -i)$ durch beliebig oft wiederholtes

Anwenden der „Verdopplungsregel“ (9.8) erhält. In dieser Folge gelten folgende Beziehungen, die man leicht mit vollständiger Induktion beweist:

$$x_{2k+1} = -x_{2k} \quad \text{und} \quad {x_{2k}}^2 = x_k \quad \text{für alle } k \geq 0.$$

Wir präsentieren exemplarisch den Beweis für die zweite Beziehung:

Induktionsanfang ${x_{2k}}^2 = x_k$ gilt offensichtlich für die ersten vier Glieder $(x_0, x_1, x_2, x_3) = (1, -1, i, -i)$ der Folge.

Induktionsschritt Die Beziehung gelte für die ersten $N = 2^n$ Glieder. Sei $N \leq 2k \leq 2N - 1$. Die Konstruktion der Folge impliziert:

$$\begin{aligned} {x_{2k}}^2 &= (\ \zeta_{2N}\ x_{2k-N}\ )^2 \\ &= {\zeta_{2N}}^2\ {x_{2k-N}}^2 \\ &= \zeta_N\ x_{k-N/2} \qquad \text{(Induktionsvoraussetzung)} \\ &= x_k \end{aligned}$$

□

Mit Hilfe dieser Beziehungen kann man für jede beliebige Zweierpotenz $N = 2^n$ die Polynome $q_{k,l}$ des Binärbaumes in Abb. 9.2 explizit berechnen. Dabei ergibt sich die einfache Gestalt in Abb. 9.7.

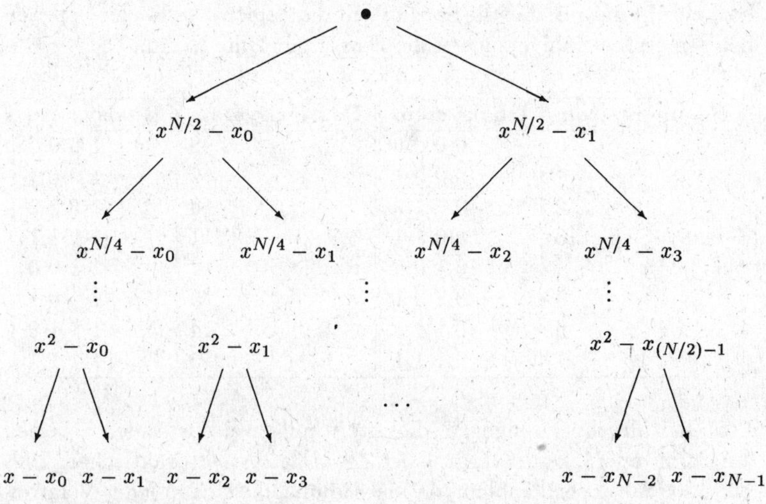

Abbildung 9.7: *Binärbaum mit lauter reduzierten Polynomen*

9.3 Von der Bitumkehr zur Implementierung

Nun lüften wir das Geheimnis der Exponentenfolge der Anordnungen $(x_0, \ldots, x_{N-1})$ für Zweierpotenzen N. Dazu schreiben wir die Exponenten als *Dualzahlen*, d.h. in der Zahldarstellung zur Basis 2. Vorab ein paar erläuternde Worte über Zahldarstellungen: Die für uns gebräuchliche Darstellung (*Dezimalsystem*) beruht auf 10 Zahlsymbolen $0, 1, \ldots, 9$, aus denen sich mit Hilfe eines Stellensystems Zahlen zusammensetzen lassen: Wir verstehen z.B. unter 324.6 die Zahl, die sich aus 3 Hundertern, 2 Zehnern, 4 Einern und 6 Zehntel zusammensetzt. Die Quantitäten, mit denen die Ziffern multipliziert werden, sind also Potenzen von 10:

$$324.6 \;:=\; 3 \cdot 10^2 + 2 \cdot 10 + 4 \cdot 10^0 + 6 \cdot 10^{-1}.$$

Daher sprechen wir von der Zahldarstellung zur Basis 10. Ebensogut kann zur Zahldarstellung auch eine andere Basis b gewählt werden, für die dann b Zahlsymbole nötig sind. Daß sich die Zahl 10 durchgesetzt hat, beruht darauf, daß die Spezies „Homo Sapiens“ schon zu Urzeiten bei den ersten Zählversuchen die Finger zur Hilfe nahm.

Dezimalsystem	**Dualsystem**	**Dezimalsystem**	**Dualsystem**
0	0 0 0 0	8	1 0 0 0
1	0 0 0 1	9	1 0 0 1
2	0 0 1 0	10	1 0 1 0
3	0 0 1 1	11	1 0 1 1
4	0 1 0 0	12	1 1 0 0
5	0 1 0 1	13	1 1 0 1
6	0 1 1 0	14	1 1 1 0
7	0 1 1 1	15	1 1 1 1

Für Digitalrechner hingegen, die intern mit zwei Zuständen arbeiten („Strom“ oder „kein Strom“), ist das *Dualsystem* praktischer. Dies gilt auch für unser Problem, da hier Bäume, die sich in jeder Verzweigung genau **zweimal** verästeln und Einheitswurzeln ζ_N zu **Zweierpotenzen** N eine wichtige Rolle spielen. Zur Darstellung der Zahlen 0 bis 15 im Dualsystem benötigt man 4 Stellen. Wer damit noch nicht vertraut ist, leite obige Umrechnungstabelle selbst her (bei den Dualzahlen wurden links führende Nullen angefügt, die den Zahlwert nicht beeinflussen). Die ζ_8-Exponentenfolge aus dem letzten Abschnitt lautete: $(0, 4, 2, 6, 1, 5, 3, 7)$. Wir erinnern uns, daß für die Anordnung der 16-ten Einheitswurzeln gemäß der Verdopplungsregel (9.9) an $(x_0, \ldots, x_7)$ die mit ζ_{16} multiplizierte gleiche Folge angehängt wird. Für jedes $i \in \{0, \ldots, 7\}$ mit $x_i = {\zeta_8}^k$ gilt folglich:

$$x_i = {\zeta_{16}}^{2k} \quad \text{und} \quad x_{i+8} = \zeta_{16} \cdot x_i = {\zeta_{16}}^{2k+1}.$$

Man erhält also die ζ_{16}-Exponentenfolge durch Multiplikation der Einträge der ζ_8-Exponentenfolge mit dem Faktor 2:

$$(0, 8, 4, 12, 2, 10, 6, 14, \ldots$$

und Anhängen der gleichen um Eins erhöhten Folge:

$$\ldots, 1, 9, 5, 13, 3, 11, 7, 15).$$

Übersetzt man nun diese ζ_{16}-Exponentenfolge ins Dualsystem, so ergibt sich:

$$
\begin{array}{rcl|rcl}
0 & = & 0\,0\,0\,0_2 & 1 & = & 0\,0\,0\,1_2 \\
8 & = & 1\,0\,0\,0_2 & 9 & = & 1\,0\,0\,1_2 \\
4 & = & 0\,1\,0\,0_2 & 5 & = & 0\,1\,0\,1_2 \\
12 & = & 1\,1\,0\,0_2 & 13 & = & 1\,1\,0\,1_2 \\
2 & = & 0\,0\,1\,0_2 & 3 & = & 0\,0\,1\,1_2 \\
10 & = & 1\,0\,1\,0_2 & 11 & = & 1\,0\,1\,1_2 \\
6 & = & 0\,1\,1\,0_2 & 7 & = & 0\,1\,1\,1_2 \\
14 & = & 1\,1\,1\,0_2 & 15 & = & 1\,1\,1\,1_2
\end{array}
$$

(Der tiefgestellte Index 2 besagt, daß es sich um eine Dualzahl handelt.) Wer die beiden Tabellen aufmerksam studiert, entdeckt einen interessanten Zusammenhang: Die Dualdarstellungen der Zahlenfolge der zweiten Tabelle erhält man aus den Zahlen der ersten Tabelle, indem man die vier Ziffern einfach in umgekehrter Reihenfolge notiert: z.B. geht die Dualdarstellung 0111_2 der Zahl 7 (das ist die achte Zahl der ersten Tabelle) in die Ziffernfolge 1110_2 über, die Dualdarstellung der achten Zahl der zweiten Tabelle. Dieser Prozeß trägt den Namen *Bitumkehr.* In gleicher Weise erhält man die ζ_N-Exponentenfolge für beliebige Zweierpotenzen $N = 2^n$, wobei man die Zahlen $0, 1, \ldots, N-1$ als n-stellige Dualzahlen schreiben muß.

Wir beweisen dies durch *vollständige Induktion*, wobei die ζ_{16}-Exponentenfolge als *Induktionsanfang* dient. Für den Induktionsschritt sind zwei Feststellungen sehr nützlich:

- Die Multiplikation mit 2 ist im Dualsystem besonders einfach: Man schiebt die Dualzahl um eine Stelle nach links und hängt rechts eine 0 an:

$$
\begin{array}{rcl}
z & = & \phantom{\fbox{1}}\fbox{1}\fbox{0}\fbox{1}\fbox{1} \\
 & & \phantom{\fbox{1}}\swarrow\swarrow\swarrow\swarrow \\
2z & = & \fbox{1}\fbox{0}\fbox{1}\fbox{1}\fbox{0}
\end{array}
$$

  (Entsprechend funktioniert die Division durch 2, indem man die Zahl nach rechts schiebt. Das dabei herauskatapultierte Bit ist der Rest.)

- Obige Überlegungen zum Übergang von der ζ_8- zur ζ_{16}-Exponentenfolge (Multiplikation der Einträge mit 2 und Anhängen der um Eins erhöhten Folge) sind allgemeingültig. Sie gelten also auch für ζ_N-Exponentenfolgen zu beliebigen Zweierpotenzen N.

Mit diesen Vorgaben können Sie einmal selbst probieren, den Induktionsschritt durchzuführen:

Induktionsschritt Erhält man die ζ_N-Exponentenfolge durch die n-stellige Bitumkehr, so erhält man die ζ_{2N}-Exponentenfolge durch die $(n+1)$-stellige Bitumkehr.

Falls Ihnen der Beweis gelungen ist, gratulieren wir Ihnen zum letzten wichtigen Mosaikstein für das theoretische Verständnis der FFT. Da dieser Mosaikstein wichtig ist, führen wir den Beweis aus: Sei $N = 2^n$, und die ζ_N-Exponentenfolge ergebe sich bereits durch Bitumkehr der Dualzahlen von 0 bis $N-1$. Schreibt man diese Dualzahlen zweimal untereinander und fügt an die ersten N Zahlen links die höchste Ziffer 0 und an die letzten N Zahlen die Ziffer 1 an, so bekommt man offensichtlich die Dualdarstellungen der Zahlen 0 bis $2N-1$. (Der Leser führe dies für $N = 8$ probeweise durch.) Dieses Vorgehen entspricht nun beim Lesen der Dualzalen in umgekehrter Ziffernfolge genau dem Übergang von der ζ_N-zur ζ_{2N}-Exponentenfolge: Das Anhängen der Ziffer 0 ganz links bei den ersten N Dualzahlen entspricht beim umgekehrten Lesen der Multiplikation mit 2. Durch das Anhängen der Ziffer 1 ganz links sind die letzten N Zahlen beim umgekehrten Lesen die um Eins erhöhte Wiederholung der ersten N Zahlen. Damit ist gezeigt, daß sich die ζ_{2N}-Exponentenfolge durch $(n+1)$-stellige Bitumkehr der Zahlen 0 bis $2N-1$ ergibt. □

Resümee Im letzten Abschnitt hatten wir festgestellt, daß Algorithmus 9.2 für eine geschickte Anordnung der N-ten Einheitswurzeln einen Aufwand von $N \cdot \log_2 N$ Multiplikationen verursacht. Mit Formel (9.8) wurde es möglich, iterativ für beliebige Zweierpotenzen geschickte Anordnungen zu konstruieren. Der Vorteil der Bitumkehr ist, daß dieser Iterationsprozeß nicht mehr nötig ist. Man findet z.B. folgendermaßen direkt eine geschickte Anordnung für $N = 2^{10} = 1024$: Sei $\sigma(k)$ die 10-stellige Bitumkehr der Zahl $k \in \{0, \ldots, 1023\}$ und

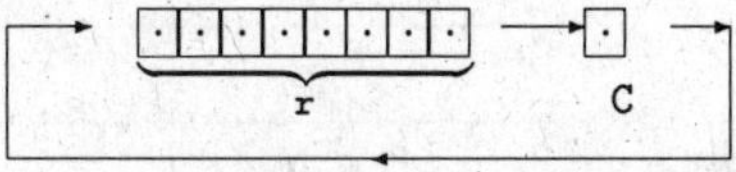

Abbildung 9.8: *Der Maschinenbefehl* RRC r

$\zeta = \zeta_{1024}$. Dann ist

$$x_0 = \zeta^{\sigma(0)}, \; x_1 = \zeta^{\sigma(1)}, \; \ldots, \; x_{1023} = \zeta^{\sigma(1023)}$$

die gewünschte geschickte Anordnung. Außerdem gilt: $\sigma(\sigma(k)) = k$, da nach zweimaligem Umkehren einer Ziffernfolge diese wieder ihre ursprüngliche Form besitzt.

Nun beschäftigen wir uns mit der Implementierung. Leser, die sich dafür nicht interessieren, können diesen kleingedruckten Teil überspringen. Danach besprechen wir als direkte Anwendung der FFT eine *schnelle Polynommultiplikation.*

Zuerst kommt die Bitumkehr an die Reihe. Auf der Ebene der *Maschinensprache* läßt sie sich sehr effektiv programmieren, da im Befehlsvorrat jedes Mikroprozessors üblicherweise Bit-Schiebebefehle bereitstehen. Bezeichnet RRC r die Rechtsrotation des 8-Bit Registers r zusammen mit einem Zusatzbit C (siehe Abb. 9.8) und RLC r die entsprechende Linksrotation, so erhält man die n-stellige Bitumkehrung ($n \leq 8$) von Register A in Register B durch folgende Befehlsfolge (die Befehle sind selbsterklärend):

```
        LD B,0
        LD X,n      // n Schleifendurchlaeufe
Loop:   RRC A
        RLC B
        DEC X       // Zaehler X wird um 1 erniedrigt
        JNZ Loop    // Ruecksprung, falls X noch nicht 0
```

In einer *Programmiersprache* gelingt die Implementierung häufig nicht ganz so effektiv, da oft geeignete Bit-Schiebebefehle nicht zur Verfügung stehen. In folgendem Programmabschnitt wird die ζ_N-Exponentenfolge erzeugt und im Vektor sigma abgespeichert, d.h. im Fall $n = 4$ ergibt sich: sigma[0] $= 0$, sigma[1] $= 8$, sigma[2] $= 4, \ldots,$ sigma[15] $= 15$.

	`p[0]`	`p[1]`	$\cdots$	`p[N-1]`
nach erster Generation	$r_{0,\frac{N}{2}-1}$		$r_{\frac{N}{2},N-1}$	
nach zweiter Generation	$r_{0,\frac{N}{4}-1}$	$r_{\frac{N}{4},\frac{N}{2}-1}$	$r_{\frac{N}{2},\frac{3N}{4}-1}$	$r_{\frac{3N}{4},N-1}$
$\vdots$				
nach n-ter Generation	$p(x_0)$	$p(x_1)$	$\cdots$	$p(x_{N-1})$

Abbildung 9.9: *Inhalte des Vektors* `p` *beim Ablauf des Programms*

```
//   Bitumkehr
int  *sigma;
sigma = new int[N]; // erzeugt int-Vektor der Laenge N

for ( k = 0; k < N; k++ )
    { l = k; krev = 0;

      //  in krev wird die Bitumkehr zu k erzeugt
      for ( j = 0; j < n; j++ )
          { krev = 2*krev + l%2; l=l/2; }

      sigma[k] = krev; // abspeichern der k-ten Bitumkehr

    }  // Ende k-Schleife
```

Mit dem Baum aus Abb. 9.7 vor Augen ist es nun kein großes Kunststück mehr, den Algorithmus des letzten Abschnitts (Auswertung eines gegebenen komplexes Polynoms in allen N-ten Einheitswurzeln) zu programmieren. Mit Hilfe der Bitumkehr im Vektor `sigma` wird als nächstes die geschickte Anordnung der Auswertungsstellen $x_0, \ldots, x_{N-1}$ aufgebaut.

```
//   Initialisieren der Auswertungsstellen
complex   *x, zeta, zpotenz;
x = new complex[N];
```

```
zeta = exp( complex(0,2*M_PI/N) ); // N-te Einheitswurzel
zpotenz = zeta;

x[0] = complex(1,0);

for ( k = 1; k < N; k++ )
    { x[sigma[k]] = zpotenz;
      zpotenz = zpotenz * zeta;
    }
```

Die Polynomdivisionen sind alle von folgendem Typ:

$$p_{2M-1}x^{2M-1} + \cdots + p_1 x + p_0 \ : \ x^M - x_j,$$

und die Reste ergeben sich über folgende für das Programm wichtige Formel:

$$(p_{M-1} + x_j \cdot p_{2M-1})\, x^{M-1} + \cdots + (p_0 + x_j \cdot p_M). \qquad (9.10)$$

Wir nehmen an, die Koeffizienten des Polynoms p seien in dem complex-Vektor p abgespeichert. Unser Programm wird den Baum generationsweise durchlaufen und in jeder Generation den Vektor p gemäß Abb. 9.9 überschreiben. Dadurch wird kein weiterer Speicherplatz gebraucht. Auch dies ist ein Vorteil der üblichen FFT-Algorithmen. In den Zählern M und K stehen der Grad der Divisoren und die Anzahl der Polynomdivisionen für die jeweils aktuell abzuarbeitende Generation:

```
//  Auswertungen mittels Polynomdivisionen
complex u,v;  // Zwischenspeicher bei Polynomdivisionen
M = N/2; K = 2;

for ( gen = 1; gen <= n; gen++ )

    // gen = aktuelle Generation des Binaerbaumes

    // K = Anzahl der Polynomdivisionen
    //     in aktueller Generation

  { l = 0;

    for ( j = 0; j < K; j = j+2 )

        // simultane Durchfuehrung der
```

```
        // j-ten und (j+1)-ten Polynomdivision
        { for ( k = l; k < l+M; k++ )
              { u = p[k] + x[j]*p[M+k];
                v = p[k] + x[j+1]*p[M+k];
                p[k] = u; p[M+k] = v;
              }                       // Ende k-Schleife

          l = l + 2*M;
        }                             // Ende j-Schleife

     M = M/2; K = 2*K;
  }                                   // Ende gen-Schleife
```

Offensichtlich fallen in jeder Generation genau $2 \cdot M \cdot \frac{K}{2} = N$ komplexe Multiplikationen an, und die Anzahl der Generationen ist $n = \log_2 N$. Man kann die Anzahl der Multiplikationen nochmals um den Faktor 2 reduzieren, wenn man berücksichtigt, daß die Programmvariable `j` nur gerade Werte annimmt und $x_{2k+1} = -x_{2k}$ gilt. Den Inhalt der `k`-Schleife kann man also durch

```
              { u = p[k];
                v = x[j]*p[M+k];
                p[k] = u + v;  p[M+k] = u - v;
              }
```

ersetzen. Der Algorithmus läßt sich auch gut parallelisieren, da in der `gen`-Schleife die Vektorelementpaare `p[k]` und `p[M+k]` für alle `k`-Werte in analoger Weise manipuliert werden (nur die beteiligten Einheitswurzeln variieren). Mit $N/2$ parallelgeschalteten Funktionseinheiten des Typs in Abb. 9.10 wird eine Iteration der `gen`-Schleife in einem Durchlauf erledigt. Mit dieser Parallelisierung benötigt der Algorithmus nur $\log_2 N$ Durchläufe. Es ist aber zu beachten, daß in jeder Generation der Offsetparameter `M` halbiert wird und sich dabei immer wieder andere Vektorelementpaare ergeben.

Am Ende dieses Programmabschnitts sind die Polynomwerte im Vektor `p` gemäß Abb. 9.9 abgelegt. Da wir uns für die Ausgabe aber die Reihenfolge

$$p(1),\ p(\zeta_N),\ p({\zeta_N}^2),\ \ldots,\ p({\zeta_N}^{N-1})$$

wünschen, kommt nochmals die Bitumkehr zum Einsatz:

```
//  Ausgabe der Polynomwerte
for ( k = 0; k < N; k++ )
    cout <<"p(zeta^" <<k <<") = " <<p[sigma[k]] <<"\n";
```

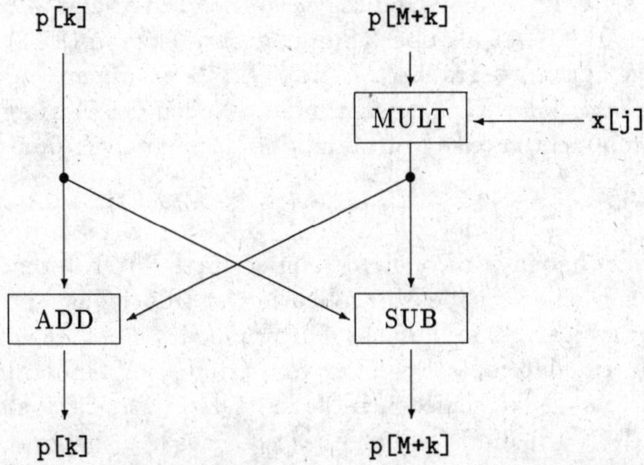

Abbildung 9.10: *Baustein zur Parallelisierung*

Es ist leicht, aus diesen Teilen ein Programm zur schnellen Fouriertransformation zusammenzustellen. (Dazu muß insbesondere die Standard-Include-Datei „complex.h" eingebunden werden, da das Programm komplexe Zahlen in der Form `complex(Re_z,Im_z)` verwendet.)

Als direkte Anwendung der FFT besprechen wir einen schnellen Algorithmus zur Polynommultiplikation. Das Produkt von $p(x) = a_{K-1}x^{K-1} + \ldots + a_0$ und $q(x) = b_{L-1}x^{L-1} + \ldots + b_0$ hat die Gestalt

$$p(x) \cdot q(x) \;=\; \sum_{m=0}^{K+L-2} \Big(\sum_{k=0}^{m} a_k \cdot b_{m-k} \Big)\, x^m .$$

Mit dem naiven Ansatz muß jeder Koeffizient von p mit jedem von q multipliziert werden. Dazu sind $K \cdot L$ Multiplikationen nötig. Sei nun $N = 2^n$ so groß gewählt, daß $K + L - 2 < N$ gilt. Faßt man die Koeffizienten von p und q als Signalvektoren $\mathbf{a}$ und $\mathbf{b}$ der Länge N auf (mit $a_k := b_l := 0$ für $k \geq K$ und $l \geq L$):

$$\mathbf{a} \;=\; (a_0,\, a_1,\, \ldots,\, a_{N-1}), \quad \mathbf{b} \;=\; (b_0,\, b_1,\, \ldots,\, b_{N-1}),$$

so entspricht der Polynommultiplikation die folgende Operation auf den Signalvektoren, die man als *Faltung* bezeichnet:

$$\mathbf{a} * \mathbf{b} \;=\; (c_0,\, c_1,\, \ldots,\, c_{N-1}) \quad \text{mit} \quad c_m \;:=\; \sum_{k=0}^{N-1} a_k \cdot b_{m-k}. \qquad (9.11)$$

Dabei sei **b** für negative Indizes periodisch fortgesetzt, d.h. $b_k := b_{N+k}$ für $k < 0$. ($N-1$ als obere Summationsgrenze in (9.11) stört nicht, da wegen grad $p +$ grad $q < N$ im Fall $k > m$ immer einer der beiden Faktoren a_k oder b_{m-k} verschwindet.) Neben der Faltung spielt noch die komponentenweise Multiplikation der Signalvektoren eine Rolle:

$$\mathbf{a} \cdot \mathbf{b} = (a_0 b_0, \; a_1 b_1, \; \ldots, \; a_{N-1} b_{N-1}).$$

Bisher haben wir Polynome immer durch ihre Koeffizienten dargestellt. Für eine schnelle Multiplikation ist jedoch eine andere Darstellung günstiger: Eine einfache Folgerung des *Fundamentalsatzes der Algebra* ist, daß jedes Polynom vom Grad $< N$ eindeutig durch seine Werte an N verschiedenen Stellen $x_0, \ldots, x_{N-1}$ festgelegt ist. Man kann also auch die Wertefolge $(p(x_0), \; p(x_1), \; \ldots, \; p(x_{N-1}))$ zur Beschreibung aller Polynome vom Grad $< N$ wählen. Die Multiplikation zweier Polynome p und q mit grad $p +$ grad $q < N$ erfolgt in dieser Darstellung komponentenweise:

$$(p(x_0)q(x_0), \; \ldots, \; p(x_{N-1})q(x_{N-1})).$$

Dazu sind nur N Multiplikationen nötig — im Gegensatz zu $K \cdot M$, was im ungünstigsten Fall $K \approx M \approx \frac{N}{2}$ von der Größenordnung $\frac{N^2}{4}$ ist. Die Umrechnung der beiden Darstellungen eines Polynoms $p(x) = a_{N-1}x^{N-1} + \ldots + a_0$ erfolgt (bis auf den Faktor N) durch die DFT:

$$\mathbf{a} = (a_0, a_1, \ldots, a_{N-1}) \quad \rightsquigarrow \quad N\,\hat{\mathbf{a}} = (p(1), p(\zeta^{-1}), \ldots, p(\zeta^{-(N-1)})).$$

Dabei bezeichnet $\zeta = e^{\frac{2\pi i}{n}}$ und das Dach $\hat{}$ steht für die Anwendung der DFT.

Algorithmus 9.5 (Schnelle Polynommultiplikation)
Eingabe: Koeffizienten der Polynome p und q
Ausgabe: Koeffizienten des Produkts $p \cdot q$
Die Eingabedaten werden mit der DFT transformiert (zweimal $N \cdot \log_2 N$-Aufwand) , danach erfolgt die komponentenweise Multiplikation (N Multilplikationen) und über die inverse DFT wird — bis auf den Faktor $\frac{1}{N}$ — die Koeffizientendarstellung des Produkts zurückgewonnen ($N \cdot \log_2 N$-Aufwand). Die Multiplikation des Ergebnisses mit $N = 2^n$ ist besonders einfach, wenn im Dualsystem gerechnet wurde (n Linksverschiebungen).

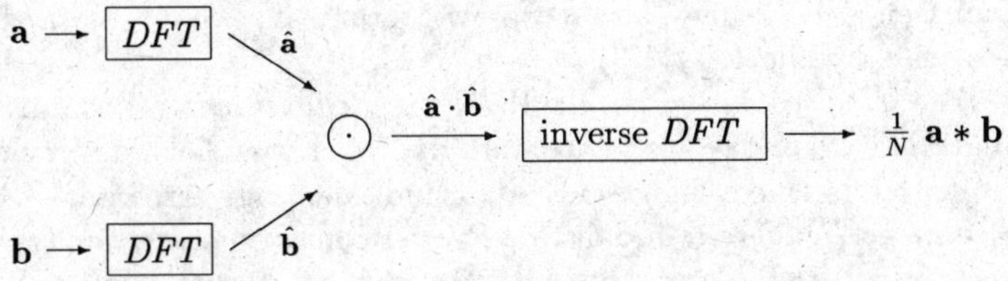

Abbildung 9.11: *Schneller Algorithmus zur Berechnung einer Faltung*

Zur Veranschaulichung dieses Algorithmus dient Abb. 9.11. Nebenbei fiel bei diesen Überlegungen die Identität

$$\widehat{\mathbf{a} * \mathbf{b}} = N\,\hat{\mathbf{a}} \cdot \hat{\mathbf{b}} \tag{9.12}$$

ab, die in der Fouriertheorie als das *Faltungstheorem* bezeichnet wird. Wir erwähnen abschließend, daß Schönhage und Strassen im Jahr 1971 einen auf der FFT beruhenden schnellen Algorithmus zur Multiplikation großer ganzer Zahlen veröffentlichten (siehe [SchStr]).

9.4 Das Abtasttheorem von Shannon

Wir hatten schon zu Beginn dieses Kapitels erklärt, daß man ein Signal zur Weiterverarbeitung im Digitalrechner diskretisiert, indem man es in festen Zeitabständen t_0 abtastet. Dabei stößt man auf ein zentrales Problem der Signalverarbeitung — die richtige Wahl des Zeitabstands t_0 für die Abtastung des Signals:

$$\ldots,\ f(-2t_0),\ f(-t_0),\ f(0),\ f(t_0),\ f(2t_0),\ \ldots \tag{9.13}$$

Bei zu niedriger Abtastfrequenz $\frac{1}{t_0}$ gehen eventuell wesentliche Informationen des Signals beim Übergang zu den diskreten Signalwerten (9.13) verloren. (Westernfreunden ist vielleicht schon einmal aufgefallen, daß in manchen Filmen die Räder einer über die Prärie jagenden Kutsche scheinbar rückwärtslaufen. Dieser falsche Eindruck beruht darauf, daß die Bildfolgefrequenz des Aufnahmegeräts zu niedrig ist und daher dem Zuschauer eine andere Bewegung der Wagenräder suggeriert. Dieser *stroboskopische Effekt* ist ein Beispiel einer zu niedrigen

Abtastfrequenz.) Andererseits will man den Umfang der enstehenden Datenmenge begrenzt halten, was wiederum allzu hohe Abtastfrequenzen ausschließt.

Was ist also eine sinnvolle Wahl des Zeitabstands t_0? Natürlich hängt diese Wahl davon ab, wie stark das Signal oszilliert, d.h. welche Frequenzen in einem Signal enthalten sind. Man sagt, ein Signal f habe *endliche Bandbreite* Γ, falls die Fouriertransformierte $\hat{f}$ außerhalb des Intervalls $[-\Gamma, \Gamma]$ verschwindet. Anschaulich gesprochen ist dann $\frac{\Gamma}{2\pi}$ eine obere Schranke der in f enthaltenen Frequenzen. Um den oben erwähnten Informationsverlust bei der Abtastung zu vermeiden, sollte der Zeitabstand t_0 nicht größer sein als die halbe Periodenlänge des höchsten Frequenzanteils von f, d.h.

$$\boxed{t_0 \leq \frac{\pi}{\Gamma}.} \tag{9.14}$$

Das berühmte *Shannonsche Abtasttheorem* besagt nämlich, daß bei einem so gewählten t_0 das Signal f aus den Abtastwerten wieder **vollständig rekonstruiert** werden kann mit Hilfe der Formel

$$f(x) = \sum_{k=-\infty}^{\infty} f(kt_0) \cdot \operatorname{sinc}(\frac{\pi}{t_0}x - k\pi)). \tag{9.15}$$

Insbesondere gibt es kein zweites Signal g der gleichen Bandbreite Γ, das die gleiche Folge von Abtastwerten

$$\ldots,\ g(-2t_0),\ g(-t_0),\ g(0),\ g(t_0),\ g(2t_0),\ \ldots$$

liefert. Die Bedingung (9.14) heißt *Abtastbedingung*. Die Formel (9.15) kann als Interpolationsformel für f aufgefaßt werden, da die beteiligten sinc-Funktionen folgende Eigenschaften besitzen

$$\operatorname{sinc}(\frac{\pi}{t_0}x - k\pi)) = \begin{cases} 1, & \text{falls } x = kt_0, \\ 0, & \text{falls } x = lt_0, \quad l \neq k, \end{cases}$$

d.h. der Ausdruck rechterhand in (9.15) stimmt zumindest in allen „Interpolationspunkten“ $x = kt_0$ mit f überein. Die Herleitung der Formel (9.15) besprechen wir in Aufgabe 9.4 Abb. 9.12 veranschaulicht, daß bei Verletzung der Abtastbedingung die eindeutige Rekonstruktion nicht mehr möglich ist: Das abgetastete Signal f sei $\sin(x)$.

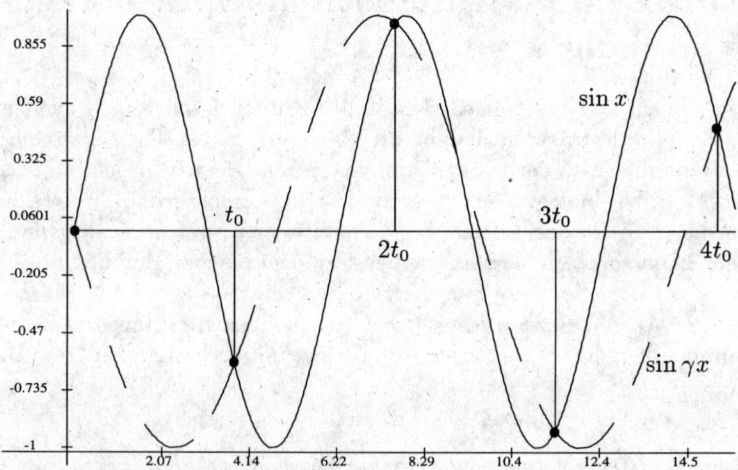

Abbildung 9.12: *Veranschaulichung der Abtastbedingung*

t_0 ist offensichtlich größer als die halbe Periodenlänge von f, die Abtastbedingung also verletzt. Die Abtastwerte (y-Koordinaten der durch • hervorgehobenen Punkte) bestimmen das Signal f auch nicht eindeutig, da die gestrichelte Funktion $\sin(\gamma x)$ mit $\gamma < 1$ eine niedrigere Frequenz — und damit eine geringere Bandbreite — besitzt und die gleichen Abtastwerte liefert.

Interpretiert man in Abb. 9.12 andererseits die gestrichelte Funktion $\sin(\gamma x)$ als das abgetastete Signal, so ist die Abtastbedingung erfüllt. Daß die durchgezogene Funktion $\sin(x)$ die gleichen Abtastwerte besitzt, widerspricht nicht dem Abtasttheorem, da $\sin(x)$ eine größere Bandbreite als das abgetastete Signal besitzt. Das Abtasttheorem besagt jedoch nur, daß keine andere Funktion **mit einer ebenso kleinen Bandbreite** γ die gleichen Abtastwerte besitzt.

9.5 Exkurs: Automatische Spracherkennung

Wir wollen den mathematischen Teil des Buches mit einem kleinen „Schmankerl“ beenden, indem wir ein interessantes Thema aus der Anwendungskiste der Spektralanalyse ziehen. Da wir im letzten Kapitel auf den biologischen Vorgang des Hörens eingingen, bietet sich an dieser Stelle das Thema der *automatischen Spracherkennung* an. Dies kann und soll nur ein kleiner fragmentarischer Einblick in ein noch junges, lebendiges Forschungsgebiet sein.

Die Worte einer Sprache setzen sich aus kleinsten Bausteinen zusammen, bei deren Austausch eine Bedeutungsänderung eintritt, z.B. bei

Sch<u>ü</u>ssel ⇝ <u>R</u>üssel ⇝ <u>B</u>rüssel.

Diese Bausteine nennen die Sprachwissenschaftler *Phoneme* und ihre Realisierung beim Sprechen *Phone*. Diese Bausteine sind sprachindividuell. Bei der deutschen Sprache sind es ca. 40 Bausteine, von denen eine Hälfte Vokale und Doppellaute (z.B. <u>Eu</u>le) sind und die andere Hälfte Konsonanten. Beim Redefluß kommt erschwerend hinzu, daß diese Bausteine nicht in Reinform aneinandergesetzt sondern ineinander verwischt sind. Diese Wechselwirkung bezeichnet man als *Koartikulation*.

Für das Problem der automatischen Spracherkennung ist es nützlich, zunächst zu studieren, wie die menschlichen Sprechorgane funktionieren. Geräusche werden durch die Luft übertragen. Im Vakuum ist kein Hören möglich. Die Luft der Lungen passiert die Stimmbänder (*Glottis*) im Kehlkopf und den Mund- und Rachenraum. Die Form des Mund- und Rachenraums können wir z.B. durch die Stellung der Zunge, Verformung der Lippen usw. verändern. Ein einfaches, aber hilfreiches Modell für den Mund- und Rachenraum ist eine (beim Mann ca. 17cm lange) Röhre, deren Durchmesser vom Kehlkopf zur Mundöffnung hin variiert. Mit dem Gaumensegel kann auch noch der Nasenraum an- und abgekoppelt werden — dessen Form ist allerdings nicht veränderbar (es sei denn, man hat einen kräftigen Schnupfen). Der menschliche Sprechapparat ist in Abb. 9.13 dargestellt.

Für das Bilden von Sprachlauten können die Sprachwerkzeuge unterschiedlich eingesetzt werden. Man unterscheidet drei Lautbildungen, die allerdings auch kombinierbar sind:

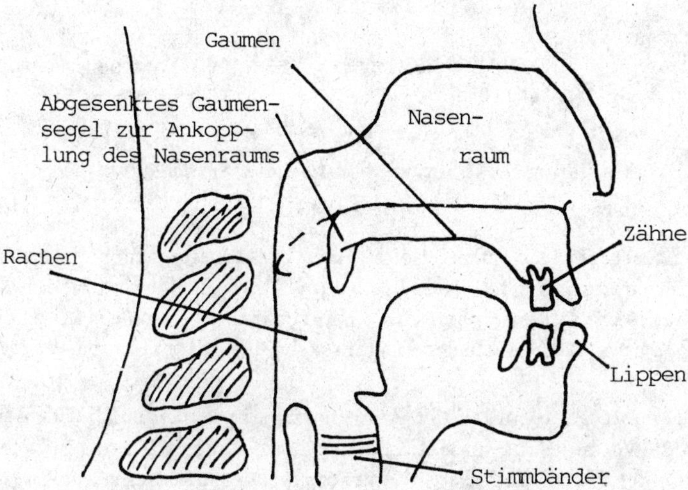

Abbildung 9.13: *Der menschliche Sprechappart*

- Bei den *stimmhaften* Lauten, zu denen alle Vokale und Doppellaute zählen, liegen die Stimmbänder dicht beieinander und werden in ein periodisches Vibrieren versetzt (*Grundfrequenz*). Die Röhrenform des Mund- und Rachenraums erzeugt bestimmte *Resonanzfrequenzen*, die sogenannten *Formanten* des Sprachsignals. *Die Bestimmung der Formanten ist eines der zentralen Probleme der Spracherkennung!*

- Bei *stimmlosen* Lauten sind die Stimmbänder geöffnet und der Luftstrom wird an einer Engstelle des Mundraumes (z.B. an den Lippen oder dem Gaumen) verwirbelt. Dadurch entsteht ein Rauschsignal (z.B. bei Fi<u>sch</u>, Ba<u>ch</u>, <u>F</u>rau).

- *Plosivlaute* werden durch Aufstauen des Luftstroms im Mundraum und plötzliches Öffnen der Verschlußstelle (z.B. <u>P</u>apier, <u>T</u>umult, A<u>k</u>ustik) erzeugt. Personen mit einer feuchten Aussprache sollten vor allem diese Laute in ihrem Redefluß vermeiden.

Zu den stimmhaften Lauten zählen auch die *Nasallaute* (<u>M</u>und, <u>N</u>ase, Zu<u>nge</u>), bei denen der Nasenraum angekoppelt und der Mundraum

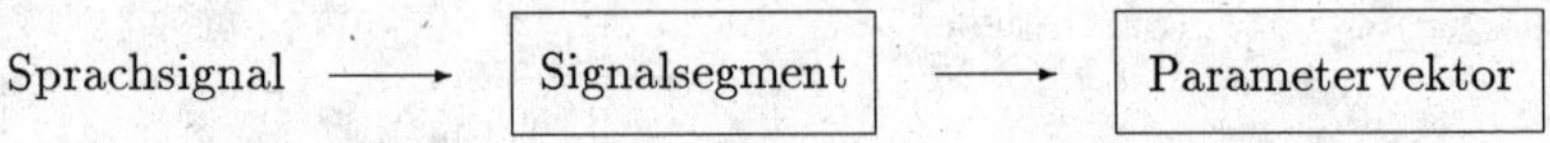

Abbildung 9.14: *Kurzzeitanalyse des Sprachsignals*

verschlossen ist (z.B. beim ersten Laut des Wortes Maus sind z.B. die Lippen geschlossen). Der Mundraum bildet für den Luftstrom also einen akustischen Nebenschluß, der charakteristische Nullstellen im Spektrum des Sprachsignals verursacht, die sogenannten *Antiformanten*.

Das erste Problem bei der Analyse eines Sprachsignals ist dessen ständige Veränderung im zeitlichen Verlauf. Daher wird das Sprachsignal einer *Kurzzeitanalyse* unterzogen, aus der eine Reihe von *Parametern* resultiert, die eine möglichst gute Lautunterscheidung ermöglichen soll. Die Kurzzeitanalyse beruht auf der Annahme, daß die zu bestimmenden Parameter im untersuchten Signalsegment nahezu konstant bleiben. Gebräuchliche Segmentlängen für die Kurzzeitanalyse liegen zwischen 20ms und 50ms. Die analysierten Signalsegmente überlappen sich üblicherweise. Geeignete Parameter der Kurzzeitanalyse, die aus der Signaldarstellung im *Zeitbereich* ermittelt werden können, sind z.B. die *Kurzzeitenergie*, die *Nulldurchgangsrate* und der *erste Autokorrelationskoeffizient*. Auf diese Parameter wollen wir nicht näher eingehen.

Stattdessen richten wir unser Augenmerk auf die *Formanten*, die schon bei der Beschreibung der stimmhaften Laute erwähnt wurden. Sie sind geeignete Parameter für die Vokalunterscheidung. Für ihre Bestimmung liegt es nahe, das Signal in den *Frequenzbereich* zu transformieren. Diese Transformation kann entweder analog (durch *Filterbänke*) oder digital erfolgen. Wir besprechen die digitale Methode. Dazu wird das Signal laufend abgetastet. Übliche Abtastfrequenzen sind 10kHz bei männlichen und 16kHz bei weiblichen Sprechern. Dies trägt der Tatsache Rechnung, daß die spektralen Komponenten beim Mann im allgemeinen niederiger sind als bei einer Frau. Für die Kurzzeitanalyse wird das Signal f mit einer *Fensterfunktion* w multipliziert, die außerhalb des zu untersuchenden Signalsegments verschwindet. Im Gegensatz zur Analyse im Zeitbereich kommt bei der

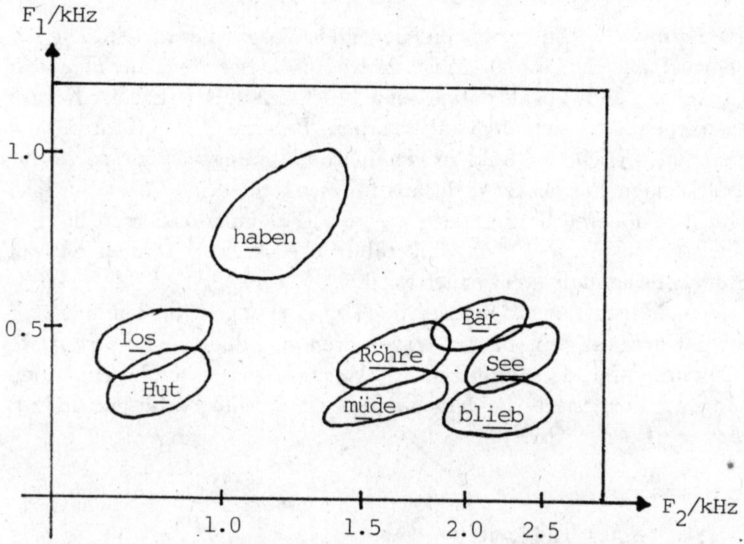

Abbildung 9.15: *Skizze einer Formantkarte (Langvokale)*

Untersuchung im Frequenzbereich der Wahl der Fensterfunktion eine entscheidende Bedeutung zu. Die Fensterfunktion ist so zu wählen, daß sie im Zeitbereich schnell abklingt und im Frequenzbereich einer *Delta-Distribution* ähnelt. Der Multiplikation mit w im Zeitbereich entspricht nämlich eine Faltung mit $\hat{w}$ im Frequenzbereich. Ein guter Kandidat ist z.B. das *Hamming-Fenster*

$$w(t) = \begin{cases} 0.54 + 0.46 \cdot \cos \frac{2\pi t}{2T} & \text{für } -T \leq t \leq T, \\ 0 & \text{sonst,} \end{cases}$$

wobei $2T$ die Segmentlänge der Kurzzeitanalyse ist. Die diskreten Werte von $f(t) \cdot w(t - k \cdot T_1)$ (wobei T_1 die Parameterabtastrate ist) werden mit der FFT in den Frequenzbereich transformiert. Ein kleines Kunststück ist es nun, aus dem wüst und zackig aussehenden Kurzzeitspektrum die wesentlichen Maxima (= Formanten) zu ermitteln. Zur Erleichterung dieser Aufgabe betrachtet man z.B. eine geglättete Hüllkurve des Spektrums.

Ist eine hinreichend zuverlässige Formantbestimmung gelungen, kann man die beiden ersten Formanten F_1 und F_2 verwenden, um aus der *Formantkarte* den zugrundeliegenden Vokal zu ermitteln. Die Formantkarte (siehe Abb. 9.15) ist ein Koordinatensystem mit F_1 und F_2 als Achsen. Den Vokale entsprechen beschränkte Bereiche der Koordinatenebene, die sich etwas überlappen. Beschreibt das Koordinatenpaar (F_1, F_2) einen Punkt in einem Überlappungsbereich, so reichen diese beiden Parameter nicht aus für eine eindeutige Vokalidentifikation. Die höheren Formanten F_3, F_4 und F_5 sind sprecherspezifisch — gewissermaßen „spektrale Fingerabdrücke" — und können z.B. zur Sprechererkennung verwendet werden.

Zu diesem Thema gäbe es noch viel zu sagen. So kommen z.B. beim Übergang von Parametervektoren zu Silben und Worten stochastische Methoden zum Einsatz. Wir belassen es bei diesen Andeutungen. Interessierte Leser verweisen wir auf die Fachliteratur (z.B. [Ri], [Ru1] oder [Ru2]).

9.6 Aufgaben

9.1 Die Umdrehungsfrequenz f_s einer rotierenden Scheibe (mit m Hell-Dunkel-Abschnitten) soll mit Hilfe eines **Lichtblitzstroboskops** bestimmt werden (siehe Abb. 9.16). Dabei wird die Frequenz f eines Frequenzgenerators so variiert, bis die Lichtblitze der angeschlossenen Xenon-Lampe ein stehendes Bild erzeugen (d.h. die Scheibe steht beim Aufleuchten der Blitze scheinbar still). Machen Sie sich klar, daß in diesem Fall die Frequenzen in folgendem Verhältnis stehen müssen:

$$f_s = \frac{j}{m} f \qquad \text{für ein } j \in \mathbb{N}_0.$$

Seien f_1 und f_2 zwei aufeinanderfolgende Generatorfrequenzen, bei denen sich stehende Bilder ergeben. Zeigen Sie durch Angabe einer expliziten Formel, daß aus diesen beiden Frequenzen die Umdrehungsfrequenz f_s berechnet werden kann.

9.2 Für den relativen Fehler zwischen den exakten und diskreten Fourierkoeffizienten der Sägezahnfunktion soll ein guter Näherungswert ermittelt werden. Gehen Sie in folgenden Schritten vor:

(i) Bekanntlich gilt für die geometrische Reihe die Formel:

$$\sum_{j=0}^{N-1} q^j = \frac{1-q^N}{1-q}, \qquad \text{für alle } q \neq 1.$$

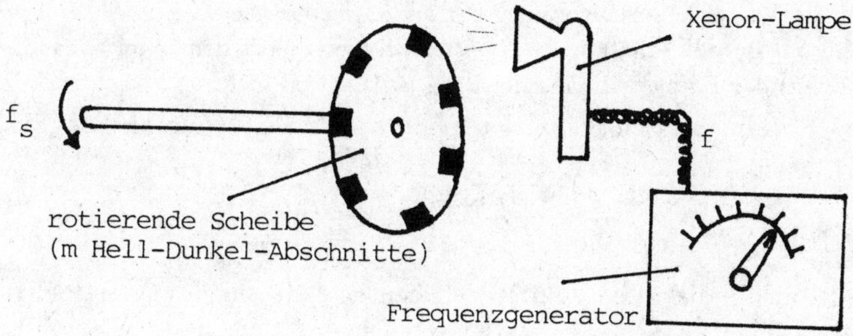

Abbildung 9.16: *Strobokopische Drehzahlmessung*

Ein guter Trick, um explizite Formeln für weitere Reihen zu erhalten, ist das Ableiten. Zeigen Sie, daß man hier die Identität

$$\sum_{j=0}^{N-1} jq^j = \frac{q - Nq^N + (N-1)q^{N+1}}{(1-q)^2}$$

für alle $q \neq 1$ erhält.

(ii) In diesem Schritt sollten Sie nur folgende Näherungsformel zur Kenntnis nehmen, die später zur Anwendung kommt:

$$1 - \frac{z}{1-e^{-z}} \approx -\frac{z}{2}.$$

Für die Neugierigen ein paar Hintergrundinformationen zu dieser Formel: Es gilt

$$1 - \frac{z}{1-e^{-z}} = 1 - \sum_{j=0}^{\infty} \frac{(-1)^s B_j}{j!} z^j, \tag{9.16}$$

wobei die Potenzreihe rechterhand in einer offenen 2π-Umgebung des Ursprungs konvergiert. Die Koeffizienten B_j heißen *Bernoullizahlen.* Man kann sie über die Rekursionsformel

$$B_{n+1} = -\frac{1}{n+2} \sum_{j=0}^{n} \binom{n+2}{j} B_j, \qquad B_0 = 1$$

berechnen. Es ergibt sich:

$$B_1 = -\frac{1}{2}, \ B_2 = \frac{1}{6}, \ B_3 = 0, \ B_4 = -\frac{1}{30}, \ B_5 = 0, \ B_6 \frac{1}{42}, \ \ldots$$

Ab dem Index 3 verschwinden alle *Bernoullizahlen* mit ungeradem Index und die Vorzeichen der geraden *Bernoullizahlen* wechseln sich ab. Obige Näherungsformel erhält man durch Abbrechen (nach dem zweiten Summanden) der Potenzreihe in Gleichung (9.16).

(iii) Für die exakten Fourierkoeffizienten der Sägezahnfunktion gilt:

$$\hat{f}(k) = -\frac{i}{2k}.$$

(iv) Für die diskreten Fourierkoeffizienten $\hat{f}_N(k)$ folgert man aus (i) mit $q = \zeta_N^{-k}$:

$$\begin{aligned} \hat{f}_N(k) &= \frac{\pi}{2N} \sum_{j=0}^{N-1} q^j - \frac{\pi}{N^2} \sum_{j=0}^{N-1} j q^j \\ &= \frac{\pi}{N(1-\zeta_N^{-k})}. \end{aligned}$$

(v) Mit (ii) ergibt sich folgende Abschätzung für den relativen Fehler:

$$r(N,k) := \left|\frac{\hat{f}(k) - \hat{f}_N(k)}{\hat{f}(k)}\right| = \left|1 - \frac{2k\pi i}{N} \cdot \frac{1}{1-\zeta_N^{-k}}\right| \approx \frac{k}{N}\pi.$$

9.3 In Abschnitt 9.2 wurde ein Algorithmus zur Auswertung eines Polynoms in allen N-ten Einheitswurzeln für die Situation $N = 2^n$ entwickelt. Wir besprechen in dieser Aufgabe einen analogen Algorithmus für den Fall

$$N = r \cdot s \qquad \text{mit } r, s \text{ Primzahlen.}$$

(i) Anstelle der Bitumkehr definieren wir die Abbildung

$$k = a \cdot s + b \quad \rightsquigarrow \quad \sigma(k) = b \cdot r + a$$

für $0 \leq a < r$ und $0 \leq b < s$. Damit ist σ eine bijektive Abbildung auf der Zahlenmenge $\{0, 1, \ldots, N-1\}$. Zeigen Sie, daß mit der Umordnung

$$x_k := (\xi_N)^{\sigma(k)}$$

der Auswertungspunkte der zugehörige Baum in Abb. 9.17 (mit $q_{k,l}$ gemäß (9.6)) nur reduzierte Polynome enthält. Berechnen Sie die Anzahl der Multiplikationen, die zur Abarbeitung dieses Divisionschemas nötig sind.

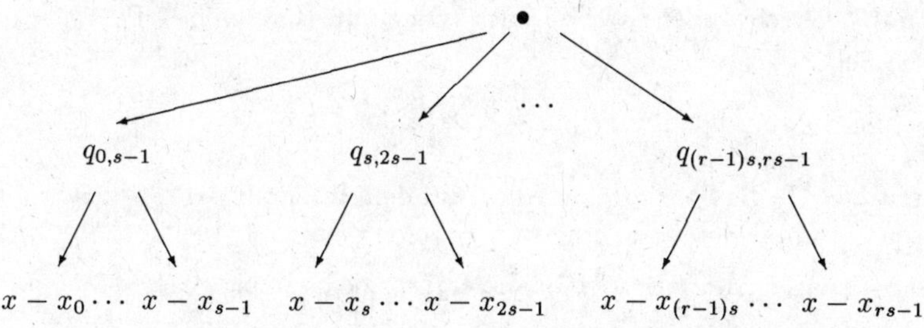

Abbildung 9.17: *Baum zu Beginn des Algorithmus*

(ii) Sei $(N, r, s) = (6, 3, 2)$. Zeigen Sie, daß der Algorithmus in (i) zu folgender Matrixidentität korrespondiert:

$$\begin{pmatrix} 1 & 1 & \cdots & 1 \\ 1 & x_1 & \cdots & {x_1}^5 \\ \vdots & & & \vdots \\ 1 & x_5 & \cdots & {x_5}^5 \end{pmatrix} =$$

$$\begin{pmatrix} \boxed{\begin{matrix} 1 & x_0 \\ 1 & x_1 \end{matrix}} & 0 & 0 \\ 0 & \boxed{\begin{matrix} 1 & x_2 \\ 1 & x_3 \end{matrix}} & 0 \\ 0 & 0 & \boxed{\begin{matrix} 1 & x_4 \\ 1 & x_5 \end{matrix}} \end{pmatrix} \cdot \begin{pmatrix} 1 & 0 & x_0 & 0 & {x_0}^2 & 0 \\ 0 & 1 & 0 & x_0 & 0 & {x_0}^2 \\ 1 & 0 & x_1 & 0 & {x_1}^2 & 0 \\ 0 & 1 & 0 & x_1 & 0 & {x_1}^2 \\ 1 & 0 & x_2 & 0 & {x_2}^2 & 0 \\ 0 & 1 & 0 & x_2 & 0 & {x_2}^2 \end{pmatrix}.$$

Bemerkung Dieser Algorithmus läßt sich auf beliebige $N \in \mathbb{N}$ verallgemeinern. Der Gewinn gegenüber die direkten Auswertung mit dem Horner-Schema ist besonders groß, falls in der Faktorisierung von N möglichst viele kleine Primzahlen enthalten sind. Die optimalste Situation ist also, falls N eine Zweierpotenz ist.

9.4 In dieser Aufgabe geht es um die Herleitung der Interpolationsformel (9.15) des **Abtasttheorems**. Das Signal f besitze also endliche Bandbreite Γ und es gelte $0 < t_0 \leq \frac{\pi}{\Gamma}$. Hieraus folgt:

$$\Gamma \leq \Gamma_0 := \frac{\pi}{t_0}$$

und $\hat{f}$ verschwindet nach Voraussetzung außerhalb von $[-\Gamma_0, \Gamma_0]$.

(i) Sei

$$\sum_{k=-\infty}^{\infty} c_k e^{ik\omega\gamma} \tag{9.17}$$

mit $\omega = \frac{\pi}{\Gamma_0}$ die Fourierreihe von $\hat{f}$ auf dem Intervall $[-\Gamma_0, \Gamma_0]$. Beweisen Sie unter den Annahmen

- die Fourierreihe (9.17) konvergiere gleichmäßig gegen $\hat{f}$,
- f erfülle die Umkehrformel

die Identität:

$$\begin{aligned} f(x) &= \sum_{k=-\infty}^{\infty} c_k \left[\frac{e^{i\gamma(k\omega+x)}}{i(k\omega+x)} \right]_{\gamma=-\Gamma_0}^{\gamma=\Gamma_0} \\ &= 2\,\Gamma_0 \cdot \sum_{k=-\infty}^{\infty} c_{-k} \cdot \operatorname{sinc}(\Gamma_0 x - k\pi). \end{aligned} \tag{9.18}$$

(ii) Aus (9.18) ergibt sich unmittelbar

$$c_{-k} = \frac{1}{2\Gamma_0} f(kt_0),$$

und somit die postulierte Interpolationsformel.

9.5 In der Signaltheorie ist die **Autokorrelationsfunktion**

$$a_f(t) := \int_{-\infty}^{\infty} \overline{f(s)} f(s+t) ds$$

einer Funktion f von Bedeutung. Für f gelte:

$$\int_{-\infty}^{\infty} |f(s)|^2 ds = C < \infty.$$

Zeigen Sie:

- $$|a_f(t)| \leq C \text{ für alle } t \in \mathbb{R}.$$
- $$|a_f(0)| = C.$$
- $$a_f(-t) = \overline{a_f(t)}.$$
- $$\hat{a}_f(t) = 2\pi\, |\hat{f}(t)|^2.$$

Literaturhinweise

Wie bereits zu Beginn dieses Kapitels erwähnt, orientiert sich der hier vorgestellte FFT-Algorithmus an der Darstellung in [AHU, Chapter 7]. Dort findet man auch eine Beschreibung des (in Abschnitt 3 erwähnten) Algorithmus zur schnellen Multiplikation großer ganzer Zahlen von Schönhage und Strassen.

Kurze Darstellungen eines FFT-Algorithmus findet man z.B. in [MV, Abschnitt 11.5] oder in [Bra, Chap. 18]. [Bra] beinhaltet auch einen schnellen Algorithmus zur *Hartley-Transformation.* Der Vorteil dieser Transformation ist, daß reelle Signale direkt behandelt werden können, also im Gegensatz zur FFT kein Umweg über komplexe Funktionen nötig ist. Ausführliche Beschreibungen verschiedener Versionen von FFT-Algorithmen mit ihren Vor- und Nachteilen sind in [Bri] oder [VL] zu finden.

Da wir eingangs auch die Röntgenstrukturanalyse als Anwendungsbeispiel der Fouriertransformation erwähnten, weisen wir schließlich noch auf das Buch [Qu] hin, das für einen breiteren Leserkreis die spannende Entwicklung von der Röntgenstrahlenbeugung an Kristallen zur modernen Mikroelektronik beschreibt.

Teil III

Programmierung

Kapitel X
Praktische Realisierung in C++

Nachdem wir uns mit den theoretischen Grundlagen beschäftigt haben, wollen wir uns dem Thema zuwenden, wie sich einige der dargestellten Gebiete mit dem Computer praktisch realisieren lassen.

Eine Standard–Programmiersprache wie Pascal oder C bietet von vorneherein die Möglichkeit, mit bestimmten Objekten zu arbeiten. Diese Objekte wie z.B. Integerzahlen, Realzahlen, Buchstaben werden *Standarddatentypen* genannt. Für sie gibt es eine ganze Reihe vordefinierter Funktionen und Operatoren, wie Zuweisung, Grundrechenarten etc., mit denen man sofort arbeiten kann. Sollen z.B. zwei Realzahlen `a` und `b` multipliziert werden, so kann man einfach `a * b` schreiben, und der Compiler „weiß“ dann bereits, wie er die Multiplikation durchzuführen hat.
Die wesentliche Neuerung, die C++ gegenüber dem althergebrachten C bietet, ist die Möglichkeit, diese Datentypen mit zugehörigen Funktionen und Operatoren erweitern zu können. Solch ein selbstdefinierter Datentyp heißt in C++ *Klasse.*

Für die folgenden Objekte wurden von uns Klassen geschaffen:

- **POLYNOM:** Polynome mit reellen Koeffizienten
- **CPOLYNOM:** Polynome mit komplexen Koeffizienten
- **GANZ:** Ganze Zahlen mit bis zu 500 Stellen
- **FOURIER:** Fourierreihenentwicklung reeller Funktionen

Außerdem gibt es das Modul **GRAPH**, das Funktionen graphisch am Bildschirm darstellt, bzw. eine Datei erzeugt, womit diese Funktionen über einen PostScript–fähigen Drucker ausgedruckt werden können.

Diese Klassen sind als Sourcecode auf Diskette erhältlich. Mit ihrer Hilfe kann man dann — wie wir noch zeigen werden — z.B. mit Polynomen wie mit gewöhnlichen Zahlen arbeiten und deshalb einen Algorithmus in recht direkter Form implementieren.

Im folgenden will ich nun beschreiben, wie diese Klassen zu benutzen sind und welche Funktionen und Operatoren sie zur Verfügung stellen. Zum Verständnis des Ganzen ist es sicher notwendig, Kenntnisse in der Programmiersprache C oder zumindest einer anderen Hochsprache zu besitzen. Wenn Sie über einen C++ – Compiler verfügen, sollte es mit der nachfolgenden Beschreibung leicht möglich sein, diese Klassen zu benutzen, auch ohne daß Sie bereits Kenntnisse in C++ haben.
Jeder, der diese Klassen nicht nur benutzen, sondern verändern und erweitern will, sollte sich jedoch vorher mit den Grundlagen der Sprache C++ vertraut machen.

Als gute Einführung in C++ sei das Buch von Lippman [Lipp] empfohlen. Sehr verbreitetet ist das Buch von Stroustrup [Str], das fast den Rang einer Sprachreferenz besitzt. Dennoch möchte ich dieses Buch gerade für den Anfänger nicht unbedingt empfehlen, weil es recht schwer verständlich geschrieben ist. Lesern, die bereits die Grudlagen von C++ beherrschen, aber ihre Programmierkenntnisse vertiefen möchten, sei das Buch von Meyers [Mey] ans Herz gelegt. Hier werden auf sehr lebendige Art und Weise 50 Regeln erläutert, wie ein Programm effektiv und übersichtlich zu gestalten ist.

Bei der Beschreibung der ersten Klasse möchte ich die Mechanismen, die hinter den einzelnen Funktionen stecken, im Detail erläutern. Alle anderen Klassen benutzen die gleichen Prinzipien.

Zu allen Klassen gibt es folgende Dateien:

(a) Eine Header–Datei mit dem Namen <Klassenname>.H:
Hier sind die Prototypen zu allen Funktionen und Operatoren deklariert. Jedes Sourcefile, das die entsprechende Klasse verwenden will, muß diese Datei mit einem Include–Befehl einbinden.

(b) Eine Source–Datei <Klassenname>.CPP:
Diese Datei enthält den Sourcecode zu allen Funktionen und Operatoren der Klasse. Aus der Source–Datei ist durch Übersetzen mit dem jeweiligen Compiler ein Objekt–File zu erzeugen, das dann beim Linken zum Anwenderprogramm dazugebunden werden muß.

(c) Ein Beispiel–Programm EXAMPLE.CPP:
Damit wird die Benutzung der Klasse anhand eines einfachen Beispiels illustriert.

Alle Programme wurden von mir auf einem 486–PC unter MS–DOS 6.0 mit dem Compiler TURBO C++ Version 3.0 von Borland entwickelt und getestet. Ich habe versucht, soweit möglich, compilerspezifische Konstruktionen zu vermeiden, so daß die Programme auch auf den meisten anderen C++ – Systemen laufen sollten. So wurde bewußt auf die Verwendung von Templates verzichtet, da noch viele Compiler verbreitet sind, die dieses Sprachkonstrukt nicht unterstützen. (Mit Templates wäre es möglich gewesen, sowohl komplexe als auch reelle Polynome mit einer einzigen Klasse zu realisieren.) Das Modul **GRAPH** bildet hier insofern eine Ausnahme, weil die Funktionen für Bildschirmgraphik compilerspezifisch sind, und somit nur mit einem Borland–Compiler funktionieren werden. Bei Verwendung eines anderen C++–Compilers sind diese Funktionen entsprechend anzupassen.

10.1 Die Klasse Polynom

Schauen wir uns jetzt die Deklaration der Klasse `Polynom` an:

```
class  Polynom
{ private:
  int       grad;
  double    *a;

  public:
  Polynom (int  grad=0);                   // Konstruktoren
  Polynom (int  grad, double, ... );
  Polynom (const Polynom&);
  Polynom (double);
  ~Polynom();                              // Destruktor

  friend  Polynom diff (const Polynom&);           // Ableitung
  friend  Polynom integral (const Polynom&);  // Stammfkt.
  friend  Polynom norm (Polynom);                   // Normierung
```

```
  friend  Polynom ggT (Polynom, Polynom);
  friend  int grad (const Polynom&);

  double&  operator[] (int);             // Koeffizientenauswahl
  Polynom  operator! ();                 // Gradbereinigung
  double   operator() (double) const;    // Einsetzungsop.
  Polynom  operator() (const Polynom&) const;

  Polynom operator= (const Polynom&);

  // Polynomarithmetik:
  Polynom operator- ()  const;
  friend  Polynom operator+ (const Polynom&, const Polynom&);
  friend  Polynom operator- (const Polynom&, const Polynom&);
  friend  Polynom operator* (const Polynom&, const Polynom&);
  friend  Polynom operator/ (const Polynom&, const Polynom&);
  friend  Polynom operator% (const Polynom&, const Polynom&);
  Polynom operator^ (unsigned int) const;

  // Vergleichsoperatoren:
  friend  int operator== (const Polynom&, const Polynom&);
  friend  int operator!= (const Polynom&, const Polynom&);
  // I/O - Operatoren:
  friend  ostream& operator<< (ostream&, const Polynom&);
  friend  istream& operator>> (istream&, Polynom&);
};
```

Die Klasse Polynom besteht zum einen aus *Daten*, worin alle Informationen, die das Polynom beschreiben, abgelegt sind. Zum anderen besteht sie aus einer Sammlung von *Funktionen und Operatoren*, die auf Objekte dieser Klasse angewandt werden können.

Die Daten eines Objekts der Klasse Polynom sind die Integerzahl `grad`, die den Grad des Polynoms beinhaltet, und der Pointer `a`, der auf ein double–Array zeigt, in dem die Koeffizienten des Polynoms abgespeichert sind. Dieses Array besitzt somit immer die Elemente a[0] .. a[`grad`].

Das Nullpolynom hat den Grad $-\infty$ und wäre somit mit dieser Konvention nicht darstellbar. Da es jedoch den Wert 0 hat, setzen wir es gleich mit dem Polynom, das den Grad 0 und als einzigen

Koeffizient a[0] den Wert 0 hat. Um eine eindeutige Darstellung eines Polynoms zu erreichen, wird dafür gesorgt, daß bei allen Polynomen mit einem Grad größer 0 der größte Koeffizient von 0 verschieden ist. Ansonsten wäre z.B. das Polynom dritten Grades $p = 2x^3 + 3x - 7$ auch als Polynom 4–ten Grades $p = 0x^4 + 2x^3 + 3x - 7$ oder 5–ten Grades $p = 0x^5 + 2x^3 + 3x - 7$ schreibbar.

Über den beiden Daten steht das Schlüsselwort `private`. Es bewirkt, daß nur Funktionen und Operatoren, die zur Klasse Polynom gehören bzw. mit ihr befreundet sind, darauf zugreifen können. Mit diesem Mechanismus der Datenkapselung kann man verhindern, daß irgendwelche "fremde" Funktionen, die über die Klasse Polynom nicht so gut Bescheid wissen, die Daten fehlerhaft manipulieren. So ist es z.B. notwendig, daß in `grad` immer die Größe des Arrays `a` angegeben wird. Könnte ein Anwender der Klasse Polynom mit seinen selbst definierten Prozeduren jetzt direkt die Polynom–Daten manipulieren, so wäre die Gefahr groß, daß er das Array vergrößert, ohne den Inhalt von `grad` zu aktualisieren. Wenn jetzt Elementfunktionen auf dieses Polynom angewandt würden, so wären sie durch die inkonsistenten Daten hochgradig "verwirrt", so daß die spätere Katastrophe vorprogrammiert ist.

Über allen Funktionen und Operatoren steht das Schlüsselwort `public`. Somit sind diese Funktionen und Operatoren alle öffentlich und können vom Benutzer an jeder Stelle in seinem Anwendungsprogramm aufgerufen werden.

10.1.1 Konstruktoren und Destruktor

Die Liste der Funktionen beginnt mit 4 *Konstruktoren*:

```
Polynom (int  grad=0);                     // Konstruktoren
Polynom (int  grad, double, ... );
Polynom (const Polynom&);
Polynom (double);
```

Einen Konstruktor erkennt man daran, daß er den gleichen Namen wie die Klasse selbst besitzt. Seine Aufgabe ist es, ein neues Objekt der Klasse ins Leben zu rufen, indem er den nötigen Speicherplatz alloziert und die Daten mit passenden Anfangswerten vorbesetzt. In unserem Fall werden mit dem Aufruf eines Konstruktors bereits automatisch vom Compiler die Integer–Variable `grad` und der Pointer `a` geschaffen. Jedoch für den Speicherplatz des Arrays, auf das `a` zeigt, muß der Konstruktor sorgen, indem er ihn auf dem Heap (=dynamisch allozierbarer Speicherbereich) reserviert.

Der Unterschied zwischen den 4 Konstruktoren sind die Parameter, mit denen sie aufgerufen werden. Der erste Konstruktor ist der leere Konstruktor. Er bekommt als Argument nur den gewünschten Grad des Polynoms übergeben und erzeugt damit ein entsprechendes leeres Polynom. Der höchste Koeffizient des Polynoms wird mit 1 und alle anderen werden mit 0 vorbesetzt, damit die bereits erwähnte eindeutige Polynomdarstellung von Anfang an gewährleistet ist.
Der leere Konstruktor kann auch ohne Argument aufgerufen werden. In diesem Fall ist — wie bereits an der Deklaration zu erkennen ist — der dort angegebene Wert Null als Default–Wert für den Polynomgrad vorgegeben.

Beim zweiten Konstruktor werden der Grad n des Polynoms und alle $n + 1$ Koeffizienten in absteigender Reihenfolge vorgegeben.

Der dritte Konstruktor ist der sogenannte *Copy–Konstruktor*. Er besitzt als Argument ein Polynom. Mit ihm wird ein Polynom geschaffen, das eine Kopie des Arguments darstellt.

Der vierte und letzte Konstruktor erzeugt aus einer Realzahl ein entsprechendes konstantes Polynom vom Grad Null.

Durch die *Art und Anzahl* der Argumente kann der Compiler unterscheiden, welcher Konstruktor gemeint ist:
Die Programmzeile `Polynom p(2, 3.0, 0.5, 7.4);` bewirkt einen Aufruf des zweiten Konstruktors und erzeugt das Polynom
$p = 3x^2 + \frac{1}{2}x + 7.4$.
Die Anweisung `Polynom(4);` erzeugt ein Polynom vom Grad 4, dessen höchster Koeffizient 1 und alle anderen gleich Null sind.
Der Konstruktor, der eine Aufrufmöglichkeit ohne Parameter besitzt, ist der leere Konstruktor. Deshalb entspricht `Polynom p;` der Anweisung `Polynom p(0);` und erzeugt ein konstantes Polynom mit Wert 1. Mit dem Befehl `Polynom q(p);` entsteht ein Polynom q, das mit dem Polynom p identisch ist.

An dieser Stelle noch gleich eine Warnung:
Will man ein konstantes Polynom mit dem Wert 3 erzeugen, so muß die Programmzeile `Polynom p(3.0);` lauten. Die Zeile `Polynom(3);` würde ein leeres Polynom 3–ten Grades schaffen.

Nachdem wir durch die Konstruktoren jetzt in der Lage sind, fleißig Polynome zu erzeugen, stellt sich dem ordentlichen Programmierer sofort die Frage, wie nicht mehr benötigte Objekte wieder aufgeräumt werden können. Für diese Aufgabe ist der Destruktor zuständig:

```
~Polynom();                          // Destruktor
```

Ebenfalls zu erkennen durch den gleichen Namen wie die Klasse und eine vorangestellte Tilde, beseitigt er Objekte seiner Klasse. Er gibt automatisch die lokalen Daten und die vom Konstruktor auf dem Heap allozierten Speicherbereiche wieder frei. Das Freigeben der lokalen Daten macht ein Destruktor in C++ automatisch, wogegen das Aufräumen auf dem Heap im Destruktor vom Designer der Klasse ausprogrammiert werden muß.
Im Gegensatz zum Konstruktor werden Destruktoren automatisch aufgerufen, wenn ein Objekt seinen Gültigkeitsbereich — also den Bereich, in dem es verwendbar ist — verläßt. Der Benutzer muß folglich den Destruktor nicht aufrufen, das Programm übernimmt selbständig die nötige "Abfallbeseitigung".

10.1.2 Funktionen

```
friend  Polynom diff (const Polynom&);        // Ableitung
```

Die Funktion `diff` leitet ein Polynom ab und liefert als return–Wert das abgeleitete Polynom — dessen Grad, außer beim Grad 0, um 1 niedriger ist — zurück.
Beispiel: p sei das Polynom $3x^4 + x^3 - 5x^2 + 1$. Durch die Zeile `q = diff(p);` wird dem Polynom q die Ableitung $12x^3 + 3x^2 - 10x$ von p zugewiesen.

```
friend  Polynom integral (const Polynom&); // Stammfunktion
```

Die Funktion `integral` ist die Umkehrfunktion zu `diff` und liefert zu einem Polynom dessen Stammfunktion
Beispiel: p beinhaltet das Polynom $12x^5 + 3x^2 - 4$. Dann liefert die Zeile `q = integral(p);` die Stammfunktion $2x^6 + x^3 - 4x$ und weist sie dem Polynom q zu.

```
friend  Polynom norm (Polynom);     // Normierung
```

Durch die Funktion `norm` erhält man ein normiertes Polynom, d.h. das Polynom wird mit einem Faktor multipliziert, so daß der Koeffizient bei der größten Potenz 1 wird. Dies ist mit Ausnahme des Nullpolynoms immer möglich, da definitionsgemäß der höchste Koeffizient von 0 verschieden sein muß.
Beispiel: p sei das Polynom $4x^3 - 5x^2 + 16$. Dann normiert die Zeile `q = norm(p);` das Polynom p und q erhält den Wert $x^3 - \frac{5}{4}x^2 + 4$

```
friend  Polynom ggT (Polynom, Polynom);
```

Die Funktion `ggT` berechnet mit Hilfe des euklidischen Algorithmuses den größten gemeinsamen Teiler zweier Polynome und liefert ihn als return–Wert.

```
friend  int grad (const Polynom&);
```

Die Funktion `grad` teilt uns den Grad eines Polynoms mit. So eine Funktion brauchen wir, da das Datum `grad` private, und somit von außerhalb nicht zugänglich ist.

Diese Funktionen sind alle als `friend`–Funktionen definiert, d.h. sie sind keine Elemente der Klasse. Weil sie aber mit der Klasse "befreundet" sind, haben sie die gleichen Zugriffsrechte auf die Klasse wie eine Elementfunktion. Der Grund, warum sie als friend–Funktionen deklariert wurden, liegt in diesem Fall nur in der Schreibweise:
Eine Elementfunktion wird genauso mit einem Selektor aufgerufen, wie ein Klassenelement adressiert wird. Hätten wir z.B. die Funktion `integral` als Elementfunktion deklariert, so müßte der Aufruf `p.integral()` statt `integral(p)` lauten.

Hier noch ein paar Bemerkungen zur Parameterübergabe in C++: Das angehängte `&` hinter dem Typ `Polynom` bedeutet, daß der Parameter nicht als Kopie des Wertes, sondern als Referenz übergeben wird. Das bedeutet, es wird letztlich ein Zeiger ("Call by Reference") auf die Variable übergeben. Das konnte man ja bereits mit der Sprache C, aber dort war dann die übergebene Variable auch formal als Pointer zu behandeln, d.h. man kam an ihren Inhalt immer nur über den Inhalt–Operator `*` heran.

Die andere Möglichkeit, einen Parameter zu übergeben, ist — wie bereits gesagt — seinen Wert zu übergeben ("Call by Value"). Damit wird in der aufgerufenen Prozedur eine lokale Kopie des übergebenen Objektes geschaffen. Das Erzeugen der lokalen Kopie geschieht bei Objekten einer Klasse immer über den Copy–Konstruktor. Man braucht ihn somit bei einer Klasse immer, auch wenn man ihn nicht direkt anwenden will, allein um eine Parameterübergabe zu ermöglichen. Hat man selbst keinen Copy–Konstruktor definiert, so benutzt C++ den Standard–Copy–Konstruktor. Er kopiert beim Erzeugen eines neuen Objekts alle Daten. In unserem Fall also von `grad` und `a`. Jedoch erkennt er nicht, daß `a` ein Zeiger ist und daß somit auch der Datenbereich, auf den `a` zeigt, im neuen Objekt geschaffen und kopiert werden muß. Deshalb war es nötig, hier einen eigenen Konstruktor zu definieren.

Übergibt man einen Parameter durch eine Kopie, so kostet das bei speicherfressenden Objekten deutlich mehr Zeit, als eine Referenz zu übergeben.
Warum übergibt man also nicht immer nur eine Referenz? Dazu muß man sich fragen, was passiert, wenn der übergebene Parameter in der lokalen Prozedur verändert wird. Bei einer Wertübergabe wird nur die lokale Kopie verändert, und der Parameter selbst bleibt heil. Bei Referenzübergabe hat die lokale Pozedur direkten Zugang zum übergebenen Parameter selbst und kann ohne Probleme seinen Wert verändern. Will man verhindern, daß so was aus Versehen geschieht, so wird dem Parameter das Schlüsselwort `const` vorausgestellt. Es ist eine Art Schreibschutz und jeder Versuch, trotzdem eine Änderung vornehmen zu wollen, wird vom Compiler mit einer Fehlermeldung bestraft.

10.1.3 Operatoren

In C++ kann man nicht nur Funktionen definieren, die zu einer Klasse gehören, sondern auch Operatoren. Sie unterscheiden sich von Funktionen — wie auch die Standardoperatoren einer Programmiersprache — dadurch, daß sie nicht einen Namen besitzen, sondern aus einem oder mehreren Zeichen bestehen. Allen aus C bekannten Standardoperatoren kann jetzt für jede Klasse eine Bedeutung zugeordnet werden. So wird man z.B hinter dem Zeichen "+" einen Additionsoperator verstecken, hinter dem "*" eine Multiplikation usw. (Theoretisch könnte man auch die gewohnte Bedeutung der Zeichen verdrehen, also z.B. "−" für die Multiplikation, "=" für die Subtraktion etc. verwenden. Doch für wen sind solche Operatoren noch verständlich?)

Der Entwickler einer Klasse darf allerdings keine neuen Operatoren erfinden. Ferner muß die Anzahl der Argumente, die ein Operator besitzt, der gewohnten Anzahl entsprechen. Der Operator "/" z.B. muß immer 2 Argumente, nämlich den Divisor und den Dividenden besitzen. Der logische NOT–Operator "!" muß nach wie vor 1 Argument besitzen und kann nicht als binärer Operator eingesetzt werden.

Da die Operatoren Elemente einer Klasse sind, kann man auf sie ebenfalls über den Selektionspunkt zugreifen. Will man zwei Objekte `a` und `b` mit einem Operator `op` verknüpfen, müßte man eigentlich `a.op(b)` schreiben. Damit man wieder zur gewohnten Schreibweise kommt, ist es in C++ jedoch erlaubt, statt dessen auch `a op b` zu schreiben. Im Falle der Multiplikation kann man also z.B. `a * b` statt `a.*(b)` schreiben.

```
double& operator[] (int);   // Koeffizientenauswahl
```

Der erste Operator ist der Auswahloperator. Er liefert zu vorgegebenem Index den entsprechenden Koeffzienten eines Polynoms. Wird ein Koeffizient zu einem Index erfragt, den es bei dem Polynom gar nicht gibt, so bringt er eine Fehlermeldung und bricht die Programmbearbeitung ab.

Beispiel: `p` sei das Polynom $7x^3 + 5x^2 - 2$. Dann liefert `p[3]` den Wert 7.

```
Polynom  operator! ();         // Gradbereinigung
```

Der nächste Operator ist der Gradbereinungs–Operator. Er ist eigentlich hauptsächlich für den internen Gebrauch bestimmt. Er entfernt bei einem Polynom alle führenden Koeffizienten, die gleich Null sind und korrigiert daraufhin die Gradangabe. Eine Überprüfung auf Gleichheit bei Real–Zahlen ist aufgrund der beschränkten Rechengenauigkeit eines Computers immer ein Problem: Wegen Rundungsfehler besitzen zwei Zahlen, die theoretisch den gleichen Wert haben sollten, in der Regel nie genau den gleichen Wert. Deshalb gibt es eine Konstante `EPS`, die mit 10^{-9} vorbesetzt ist. Immer wenn sich zwei Realzahlen um weniger als `EPS` unterscheiden, betrachten wir sie als gleich. Somit werden bei dem Operator die Koeffizienten nicht auf Gleichheit mit 0 geprüft, sondern ob sie betraglich <= `EPS` sind.
Beispiel: `p` sei das Polynom $0x^3 + 4x^2 - 3x + 2$. Dann ist das bereinigte Polynom `!p` gleich $4x^2 - 3x + 2$.

Die nächsten Operatoren sind die beiden Einsetzungsoperatoren für Realzahlen und Polynome:

```
double   operator() (double)  const; // Einsetzungsop.
Polynom  operator() (const Polynom&) const;
```

Mit dem ersten der beiden Operatoren kann man eine Zahl in ein Polynom einsetzen und erhält als Ergebnis eine Zahl. Mit dem zweiten läßt sich sogar ein Polynom einsetzen und man bekommt als Ergebnis wieder ein Polynom. Für Polynomspezialisten: Die Einsetzung erfolgt in beiden Fällen über das bekannte *Hornerschema.*
Beispiel: Es sei `p` das Polynom $2x^2 - 3x$ und q das Polynom $x^2 - 1$. Dann liefert `p(3)` den Wert $2 \cdot 3^2 - 3 \cdot 3 = 9$ und `p(q)` das Polynom $2(x^2-1)^2 - 3(x^2-1) = 2x^4 - 7x^2 + 5$.

```
Polynom operator= (const Polynom&);
```

Der Zuweisungsoperator weist einem bereits bestehenden Polynom ein anderes Polynom zu. Da jedes Polynom — je nach seinem Grad — unterschiedlich viel Speicherplatz verbraucht, muß er zunächst den bisher reservierten Speicherplatz freigeben und dann für das neue Polynom den nötigen Platz wieder anfordern.

Achtung: Ein häufiger Programmierfehler bei solch einem Operator ist, daß man vergißt, am Anfang abzufragen, ob ein Objekt sich selbst zugewiesen wird. Bei der Zuweisung `a=b` wird zunächst der Inhalt von `a` gelöscht und dann wird ihm der Inhalt von `b` zugewiesen. Ist jedoch `b` mit `a` identisch, so ist sein Inhalt nach dem ersten Schritt bereits verloren. Nun werden Sie fragen: Wer macht denn so was schon? Aber Vorsicht! Das ist schnell passiert, denn man kann es zwei Objekten nicht immer von außen ansehen, ob sie das gleiche Objekt repräsentieren: Sind z.B. `p` und `q` Polynome, so kann es sein, daß es sich bei beiden um eine Referenz auf dasselbe Polynom `r` handelt!
Der aufmerksame Leser wird sich noch wundern, daß das zugewiesene Polynom auch noch als return–Wert zurückgeliefert wird.
Das macht man, um Verkettungen der Form `p = q = r`, die intern nach `p = (q = r)` bzw. `p.=(q.=(r))` aufgelöst werden, zu ermöglichen.

```
// Polynomarithmetik:
Polynom operator- ()  const;
friend  Polynom operator+ (const Polynom&, const Polynom&);
friend  Polynom operator- (const Polynom&, const Polynom&);
friend  Polynom operator* (const Polynom&, const Polynom&);
friend  Polynom operator/ (const Polynom&, const Polynom&);
friend  Polynom operator% (const Polynom&, const Polynom&);
Polynom operator^ (unsigned int) const;
```

Diese Operatoren ermöglichen das übliche Rechnen mit Polynomen. Die Operatoren `/` und `%` liefern den Quotient bzw. den Rest einer Polynomdivision.
Beispiel: In `p` stehe das Polynom $x^2 + 3x + 5$ und in `q` das Polynom $x + 1$. Damit gilt:

$$p : q = x + 2 \quad \text{Rest } 3$$

`p/q` bzw. `p%q` liefern die Polynome $x + 2$ und 3.

Den Minus–Operator gibt es sowohl als unären, als auch als binären Operator. Die unäre Version braucht man für die Berechnung von `q = -p` und den binären für die Auswertung von `r = q - p`.

Der Operator `^` ist der Potenzoperator. Mit ihm läßt sich eine ganzzahlige Potenz eines Polynoms errechnen.

Beispiel: Das Polynom p sei gleich $x-1$, dann erzeugt der Ausdruck p^2 das Polynom $x^2 - 2x + 1$.

Alle binären, arithmetischen Operatoren sind als `friend`–Operatoren definiert. Somit sind anstelle von Polynomen auch Real– oder Integer–Zahlen als rechtes und linkes Argument zulässig. Hätten wir diese Operatoren statt dessen als Elementfunktionen definiert, so wären Zahlen nur als rechtes Argument zulässig:
Wird eine Realzahl als rechtes Argument verwendet, so wird sie vom Compiler automatisch mit Hilfe des Konstruktors, der aus Realzahlen ein Polynom erzeugt, in den passenden Argumenttyp, nämlich ein Polynom, umgewandelt.
Beispiel: Der Ausdruck `p * 3.5` ist gleichbedeutend mit `p.*(3.5)`, und somit weiß der Compiler, daß es sich um eine für die Klasse Polynom definierte Multiplikation handelt. Da die einzige für Polynome definierte Multiplikation ein Polynom auch als rechten Operanden erfordert, wird die entsprechende Umwandlung automatisch vorgenommen. Ist allerdings das linke Argument eine Zahl, wie bei dem Ausdruck `3.5 * p`, was `3.5.*(p)` entspricht, so liegt für den Compiler eine Multiplikation, die für Realzahlen definiert ist, vor und keine, die zur Klasse Polynom gehört. Eine Typumwandlung des linken Operators ist somit nicht möglich.

```
// Vergleichsoperatoren:
friend  int operator== (const Polynom&, const Polynom&);
friend  int operator!= (const Polynom&, const Polynom&);
```

Diese Operatoren überprüfen zwei Polynome auf Gleichheit bzw. Ungleichheit. Sind bereits die Grade der beteiligten Polynome unterschiedlich, müssen die Koeffizienten gar nicht mehr untersucht werden. Als Ergebnis des Vergleichs wird `TRUE` oder `FALSE` zurückgeliefert. In Ermangelung eines eigenen Datentyps für logische Werte wurde für `TRUE` der Integerwert 1 und für `FALSE` 0 definiert.
Natürlich verstehen wir Gleichheit ebenfalls wieder im numerischen Sinne bezüglich der bereits erwähnten `EPS`–Toleranz, d.h. zwei Polynome sind dann gleich, wenn sich alle ihre Koeffiziente um weniger als `EPS` unterscheiden.

```
// I/O - Operatoren:
friend  ostream& operator<< (ostream&, const Polynom&);
friend  istream& operator>> (istream&, Polynom&);
```

Mit Hilfe des Input– bzw. Output–Operators ist es möglich, ein Polynom von einem gewünschten Eingabe–stream (in der Regel der Tastatur) einzulesen bzw. auf einen Ausgabe–stream (z.B. Bildschirm, Drucker) auszugeben.
Diese I/O–Operatoren sind wie bei allen Klassen in C++ als `friend`–Operatoren definiert. Nur so können sie einerseits zur Klasse Polynom gehören und somit auf alle internen Daten zugreifen und anderseits die gewünschte Schreibweise ermöglichen mit einem I/O–stream als linken Operanden.
Beispiel: Man möchte das Polynom $x^3 - 2x^2 + 7$ nach `p` von der Standardeingabe einlesen. Die Anweisung `cin >> p;` erfragt zunächst den Grad und dann sind die Koeffizienten in absteigender Reihenfolge einzugeben. Der bisherige Inhalt von `p` wird gelöscht und durch die eingegebenen Werte ersetzt.
Will man jetzt `p` am Bildschirm ausgeben, so erreicht man das durch die Zeile `cout << p;`.

10.2 Die Klasse CPolynom

Die Klasse `CPolynom` stellt eine Erweiterung der Klasse `Polynom` auf Polynome mit komplexen Koeffizienten dar. Sie besitzt folgende Deklaration:

```
class  CPolynom
{ private:
  int       grad;
  complex    *a;

  public:
  CPolynom (int  grad=0);              // Konstruktoren
  CPolynom (const CPolynom& p);
  CPolynom (complex);
  ~CPolynom();                         // Destruktor

  friend  CPolynom diff(const CPolynom&);       // Ableitung
```

```
  friend  CPolynom integral (const CPolynom&); // Stammfkt.
  friend  CPolynom norm(CPolynom);             // Normierung
  friend  CPolynom ggT(CPolynom, CPolynom);
  friend  int grad(const CPolynom&);

  complex&  operator[] (int);        // Koeffizientenauswahl
  CPolynom  operator! ();            // Gradbereinigung
  complex   operator() (complex) const; // Einsetzungsop.
  CPolynom  operator() (const CPolynom&) const;

  CPolynom operator= (const CPolynom&);

  // Polynomarithmetik:
  CPolynom operator- ()   const;
  friend  CPolynom operator+ (const CPolynom&, const CPolynom&);
  friend  CPolynom operator- (const CPolynom&, const CPolynom&);
  friend  CPolynom operator* (const CPolynom&, const CPolynom&);
  friend  CPolynom operator/ (const CPolynom&, const CPolynom&);
  friend  CPolynom operator% (const CPolynom&, const CPolynom&);
  CPolynom operator^ (unsigned int)  const;

  // Vergleichsoperatoren:
  friend  int operator== (const CPolynom&, const CPolynom&);
  friend  int operator!=(const CPolynom&, const CPolynom&);

  // I/O - Operatoren:
  friend  ostream& operator<< (ostream&, const CPolynom&);
  friend  istream& operator>> (istream&, CPolynom&);
};
```

Diese Klasse entspricht in fast allen Punkten der Klasse `Polynom`. Wie bereits erwähnt, wurde sie nur als eigene Klasse realisiert, weil nicht alle gängigen Compiler die Möglichkeit von Templates unterstützen.

Mit Ausnahme des Konstruktors, der die komplette Parameterliste enthält, besitzt sie die gleichen Konstruktoren, Funktionen und Operatoren wie die Klasse Polynom. Diese Funktionen sind nach den gleichen Algorithmen realisiert. Der einzige Unterschied besteht darin, daß die Koeffizienten den Datentyp `complex` statt `double` haben.

Hinweis:
Der Datentyp `complex` wird vom Compiler standardmässig als Klasse angeboten. Damit stehen alle Funktionen und Operatoren — wie es sie auch bei double–Zahlen gibt — zur Verfügung. Die komplexe Zahl $a + b \cdot i$ wird durch den Konstruktor `complex (a,b)` geschaffen. Die nötigen Deklarationen dafür stehen in der Datei `complex.h`. Diese Datei wird allerdings bereits in `cpolynom.h` includiert, so daß sie in die Anwenderprogramme nicht mehr eigens eingebunden werden muß.

10.3 Die Klasse Ganz

Für die Darstellung von ganzen Zahlen besitzt man in C und C++ die Datentypen `short int`, `int` und `long int`. Damit lassen sich ganze Zahlen maximal im Bereich von -2147483648 bis +2147483647 darstellen.

Will man mit größeren Zahlen in voller Genauigkeit arbeiten, so ist das mit Hilfe der Klasse `Ganz` möglich. Mit ihr sind ganze Zahlen mit praktisch beliebiger Stellenanzahl darstellbar. Es wird dabei für jede Zahl aber trotzdem nur soviel Speicherplatz reserviert, wie für ihre Darstellung unbedingt nötig ist.

Die Klasse `Ganz` sieht folgendermaßen aus:

```
class  Ganz
{ private:
  unsigned int   stellen;
  int            vorzeichen;
  unsigned int   *ziffer;

  Ganz  sub (unsigned int  erste_ziffer,
     unsigned int  letzte_ziffer)  const;
  void  addiere_unsigned_int (unsigned int  ak_stelle,
      unsigned int  summand);
  Ganz  operator* (unsigned int  faktor)  const;
  int  absolut_groesser_als (const Ganz& n)  const;
```

```
  public:
  Ganz (unsigned int  anz_stellen=1);
  Ganz (const Ganz&);
  Ganz (long int);
  Ganz (const char*);
  ~Ganz ();

  unsigned int&  operator[] (unsigned int);
  Ganz           operator=  (const Ganz&);
  Ganz           operator!  ();

  // Arithmetische Operatoren:
  Ganz           operator-  ()  const;
  friend  Ganz   operator-  (const Ganz&, const Ganz&);
  friend  Ganz   operator+  (const Ganz&, const Ganz&);
  friend  Ganz   operator*  (const Ganz&, const Ganz&);
  friend  Ganz   operator/  (const Ganz&, const Ganz&);
  friend  Ganz   operator%  (const Ganz&, const Ganz&);
  Ganz           operator^  (unsigned int)   const;

  // Shiftoperatoren:
  Ganz           operator<< (unsigned int)   const;
  Ganz           operator>> (unsigned int)   const;

  // Vergleichsoperatoren:
  friend  int    operator<  (const Ganz&, const Ganz&);
  friend  int    operator>  (const Ganz&, const Ganz&);
  friend  int    operator<= (const Ganz&, const Ganz&);
  friend  int    operator>= (const Ganz&, const Ganz&);
  friend  int    operator== (const Ganz&, const Ganz&);
  friend  int    operator!= (const Ganz&, const Ganz&);

  // I/O - Operatoren:
  friend  ostream& operator<< (ostream&, const Ganz&);
  friend  istream& operator>> (istream&, Ganz&);
};
```

Die als `private` deklarierten Daten, aus denen ein Element der Klasse Ganz besteht, sind die Anzahl der Stellen, das Vorzeichen der

Zahl und ein Pointer auf ein Array von unsigned int Werten. In diesem Array sind alle Ziffern der Zahl in aufsteigender Reihenfolge gespeichert. Aber nicht wie gewohnt im 10–er System, sondern im 65536–er System. Das ergibt sich, da mit einem unsigned int Wert Zahlen von 0 bis $2^{16} - 1 = 65535$ darstellbar sind. Diese Darstellung wird jedoch nur intern benutzt, um die Zahlen möglichst kompakt speichern zu können. Soll eine Zahl eingelesen oder ausgegeben werden, so findet immer eine Umrechnung in eine Schreibweise mit Basis 10 statt.
Die Anzahl der möglichen Stellen ist dadurch begrenzt, daß bei einer Eingabe die Zahl im 10–er System in einem Array zwischengespeichert wird, das mit fester Länge vorbesetzt ist. Will man mit Dezimalzahlen mit mehr als 500 Stellen arbeiten, so muß nur die Konstante MAX_STELLEN entsprechend erhöht werden.

Die 3 Funktionen und der Operator, die im private–Teil der Klasse deklariert sind, dienen rein als interne Hilfsfunktionen und können, da sie private sind, vom Benutzer auch gar nicht verwendet werden. Deshalb möchte ich auf eine Erläuterung verzichten.

10.3.1 Konstruktoren und Destruktor

```
Ganz (unsigned int  anz_stellen=1);
Ganz (const Ganz&);
Ganz (long int);
Ganz (const char*);
~Ganz ();
```

4 Konstruktoren stehen in dieser Klasse zur Verfügung:

Beim ersten Konstruktor handelt es sich wieder um den leeren Konstruktor. Hier wird die Anzahl der Stellen im 65536–er System als Parameter angegeben. Es wird eine Ganz–Zahl der entsprechenden Größe geschaffen und mit Nullen vorbesetzt. Vorsicht bei Verwendung dieses Konstruktors: Für Ganz–Zahlen ist es analog zu der Klasse der Polynome notwendig, daß sie in einer normalisierten Form vorliegen, wenn sie einem arithmetischen Operator übergeben werden. Normalisiert bedeutet in diesem Fall, daß bei mehrstelligen Zahlen die größte Ziffer von 0 verschieden sein muß. Dieser leere Konstruktor erzeugt aber hier im Gegensatz zu den Polynomen keine normalisierte Zahl. Deshalb darf dieser Konstruktor nur dann verwendet werden, wenn anschließend für eine Normalisierung gesorgt wird!

Dieser Konstruktor kann auch ohne Parameter aufgerufen werden. Dann wird eine 1–stellige Zahl, die mit 0 vorbesetzt ist, erzeugt.

Der zweite Konstruktor ist der *Copy–Konstruktor*. Mit ihm wird eine Zahl geschaffen, die eine Kopie des Arguments ist.

Der dritte Konstruktor erzeugt aus einer long–integer–Zahl eine entsprechende Ganz–Zahl.

Mit Hilfe des vierten Konstruktors kann aus einem String, der eine Zahl im 10–er System enthält, die entsprechende Ganz–Zahl geschaffen werden.

So wie es sich für jede Klasse gehört, gibt es auch hier einen Destruktor, der automatisch die nicht mehr benötigten Speicherbereiche wieder freigibt, die irgendwann von einem Konstruktor alloziert wurden.

10.3.2 Operatoren

```
unsigned int&  operator[] (unsigned int);
Ganz           operator=  (const Ganz&);
Ganz           operator!  ();
```

Der Operator `[]` erlaubt es uns — hauptsächlich zu Analyse–Zwecken — auf die einzelnen Ziffern im 65536–er System direkt zuzugreifen.

Mit dem Zuweisungsoperator `=` kann eine Ganz–Zahl einer anderen zugewiesen werden.

Der Normalisierungsoperator `!` bewirkt eine Entfernung von führenden Nullen. D.h. bei einer mehrstelligen Ganz–Zahl ist dann immer die höchstwertige Ziffer von 0 verschieden.

```
// Arithmetische Operatoren:
Ganz           operator-  ()   const;
friend  Ganz   operator-  (const Ganz&, const Ganz&);
friend  Ganz   operator+  (const Ganz&, const Ganz&);
friend  Ganz   operator*  (const Ganz&, const Ganz&);
friend  Ganz   operator/  (const Ganz&, const Ganz&);
friend  Ganz   operator%  (const Ganz&, const Ganz&);
Ganz           operator^  (unsigned int)   const;
```

Analog zu den Polynom–Klassen gibt es auch hier die gleichen Operatoren für Subtraktion, Addition, Multiplikation, Division, einen Modulo–Operator und einen Potenz–Operator.

```
Ganz             operator<< (unsigned int)   const;
Ganz             operator>> (unsigned int)   const;
```

Mit den Shift–Operatoren werden alle Ziffern der Ganz–Zahl um die angegebene Anzahl Stellen nach links bzw. nach rechts geschoben und es wird mit Nullen aufgefüllt. Das Ergebnis der Shift–Aktion wird als return–Wert zurückgeliefert.

```
// Vergleichsoperatoren:
friend  int    operator<  (const Ganz&, const Ganz&);
friend  int    operator>  (const Ganz&, const Ganz&);
friend  int    operator<= (const Ganz&, const Ganz&);
friend  int    operator>= (const Ganz&, const Ganz&);
friend  int    operator== (const Ganz&, const Ganz&);
friend  int    operator!= (const Ganz&, const Ganz&);
```

Die Vergleichsoperatoren erlauben alle möglichen Vergleiche zwischen 2 Ganz–Zahlen. Sie liefern als Ergebnis die Werte `TRUE` oder `FALSE` zurück, welche wieder als 1 bzw. 0 definiert sind.

```
// I/O - Operatoren:
friend  ostream& operator<< (ostream&, const Ganz&);
friend  istream& operator>> (istream&, Ganz&);
```

Durch den Input–Operator kann eine Ganz–Zahl im 10–er System von einem beliebigen Eingabe–stream eingelesen werden. Die Umwandlung in eine Darstellung mit Basis 65536 erfolgt dabei automatisch.

Der Output–Operator wandelt eine Ganz–Zahl in eine Schreibweise mit Basis 10 wieder um und gibt sie aus.

10.4 Die Klasse Fourier

Die Objekte der Klasse `Fourier` sind Fourierreihen–Entwicklungen von Funktionen. Die Fourier–Entwicklung $\hat{f}$ einer 2π–periodischen Funktion f bis zum Grad n ist dabei:

$$\hat{f} = a_0 + \sum_{k=1}^{n} a_k \cos(kx) + b_k \sin(kx)$$

Die als `private` deklarierten Daten eines jeden Klassenobjektes sind deshalb eine Integer–Variable `grad`, die den Grad n enthält, bis zu dem die Reihe entwickelt wurde, und die Array–Pointer `a` und `b`. In `a` und `b` sind die Koeffizienten $a_0, a_1, \cdots, a_n$ und $b_1, b_2, \cdots, b_n$ der Fourierreihe gespeichert.

Die Klasse Fourier besitzt somit folgende Deklaration:

```
class  Fourier
{ private:
  int       grad;
  double    *a;
  double    *b;

  public:                                // Konstruktoren:
  Fourier (int  grad=0);
  Fourier (int  grad, double, ... );
  Fourier (const Fourier&);
  Fourier (double (*fp) (double), int grad=10);
  Fourier (double);

  ~Fourier();                       // Destruktor

  friend   Fourier diff(const Fourier&); // Ableitung
  friend   int grad(const Fourier&);     // Gradermittl.

  Fourier  operator! ();            // Gradbereinigung
  double   operator() (double); // Einsetzungsoperator

  Fourier operator= (const Fourier&);
  Fourier operator- ();
  Fourier operator+ (const Fourier&)  const;
  Fourier operator- (const Fourier&)  const;
  Fourier operator* (const Fourier&)  const;

  int operator== (const Fourier&)     const;
  int operator!= (const Fourier&)     const;

  friend  ostream& operator<< (ostream&, const Fourier&);
  friend  istream& operator>> (istream&, Fourier&);
};
```

10.4.1 Konstruktoren und Destruktor

```
Fourier (int  grad=0);
Fourier (int  grad, double, ... );
Fourier (const Fourier&);
Fourier (double (*fp) (double), int grad=10);
Fourier (double);

~Fourier();                         // Destruktor
```

Der erste Konstruktor ist der leere Konstruktor. Er wird benötigt, wenn beim Erzeugen des Objektes die Koeffizienten der Fourierreihe noch nicht feststehen. Deshalb generiert er eine Fourierreihe bis zum angegebenen Grad, wobei alle Koeffizienten mit Null vorbesetzt werden. Wird er ohne Parameter aufgerufen, so entsteht ein Fourier–Objekt vom Grad 0.

Mit dem zweiten Konstruktor wird eine Fourierreihe direkt durch Angabe all ihrer Koeffizienten erzeugt. Der Konstruktor besitzt eine variable Parameterliste. Beim Aufruf sind der Grad n und die Koeffizienten in der Reihenfolge $a_0, a_1, \cdots, a_n, b_1, b_2, \cdots, b_n$ anzugeben.

Der dritte Konstruktor ist der Copy–Konstruktor. Er erzeugt eine Fourierreihe, die eine Kopie des Arguments darstellt.

Der vierte Konstruktor errechnet zu einer vorgegeben Funktion deren Fourierreihen–Entwicklung bis zum gewünschten Grad. Wird er nur mit einem Funktionspointer als einzigem Parameter aufgerufen, so wird der Grad defaultmäßig auf 10 gesetzt. Die Berechnung der Fourier–Koeffizienten geschieht mittels der im theoretischen Teil bereits erläuterten Beziehungen:

$$a_k = \frac{1}{\pi}\int_{-\pi}^{+\pi} f(x)\cos(kx)dx \qquad k = 0, 1, 2, \cdots$$

und

$$b_k = \frac{1}{\pi}\int_{-\pi}^{+\pi} f(x)\sin(kx)dx \qquad k = 1, 2, \cdots$$

Die Berechnung der Integrale erfolgt über numerische Integration. Je höher nun der Grad ist, bis zu dem die Reihe entwickelt werden soll, desto mehr schwanken auch die Funktionen $f(x)\cos(kx)$ und $f(x)\sin(kx)$, über die integriert werden muß. Deshalb müssen bei der numerischen Integration mit steigendem Grad immer mehr Stützstellen ausgewertet werden. Somit steigt die benötigte Rechenzeit mit zunehmendem Grad nicht nur linear, sondern quadratisch.

Der fünfte Konstruktor wandelt eine Zahl in eine Fourierreihe um. Die entstandene Reihe besitzt im ganzen Intervall $[-\pi, \pi]$ den Wert der Zahl. Dadurch werden arithmetische Operationen zwischen `Fourier`-Objekten und Zahlen möglich.

Der Destruktor gibt die von den beiden Arrays `a` und `b` belegten Speicherbereiche wieder frei.

10.4.2 Funktionen

```
friend   Fourier diff(const Fourier&); // Ableitung
friend   int grad(const Fourier&);     // Gradermittl.
```

Die beiden als `friend` deklarierten Funktionen bestimmen die Ableitungsfunktion bzw. den Grad einer gegebenen Fourierreihe.

10.4.3 Operatoren

```
Fourier  operator! ();            // Gradbereinigung
double   operator() (double);     // Einsetzungsoperator
```

Wie bei den anderen Klassen, so ist auch hier eine eindeutige Darstellung der Objekte wünschenswert. Eine Reihenentwicklung einer Funktion bis zum Grad n läßt sich aber auch z.B. als eine bis zum Grad $n+1$ mit den gleichen Koeffizienten und $a_{n+1} = 0$ und $b_{n+1} = 0$ schreiben. Mit Hilfe des Operators `!` wird eine eindeutige Darstellung erzwungen. Er reduziert den Grad solange, bis mindestens einer der beiden Koeffizienten a_n oder b_n von Null verschieden ist. Von Null verschieden heißt hier wieder im numerischen Sinne, d.h. die Werte sind mindestens um ein mit 1E-9 vorbesetztes `EPS` von Null entfernt.

```
Fourier operator= (const Fourier&);
Fourier operator- ();
Fourier operator+ (const Fourier&)  const;
Fourier operator- (const Fourier&)  const;
Fourier operator* (const Fourier&)  const;
```

Außer dem Zuweisungsoperator sind arithmetische Operatoren für Addition, Multiplikation, Subtraktion und ein unärer Minusoperator verfügbar. Damit kann man Fourierreihen–Entwicklungen gemäß den Rechenregeln für Funktionen verknüpfen. Sind z.B. f und g zwei beliebige Fourierreihen und <op> einer der angesprochenen Operatoren, so erhält man mit h = f <op> g eine Fourierreihe h, für die $h(x) = f(x) < op > g(x)$ für alle x im Definitionsbereich gilt.

```
int operator== (const Fourier&)    const;
int operator!= (const Fourier&)    const;
```

Mit den beiden Vergleichsoperatoren läßt sich entscheiden, ob zwei Fourierreihen gleich sind. Als gleich werden sie betrachtet, wenn alle Koeffizienten übereinstimmen, wobei das wieder im numerischen Sinne zu verstehen ist, d.h. sie unterscheiden sich um weniger als EPS. Als Ergebnis der Vergleichsoperation werden die Werte TRUE und FALSE, die als 1 bzw. 0 definiert sind zurückgeliefert.

```
friend  ostream& operator<< (ostream&, const Fourier&);
friend  istream& operator>> (istream&, Fourier&);
```

Der Output–Operator gibt die Reihenentwicklung der entsprechenden Fourierreihe am angegebenen Ausgabe–stream aus, indem er alle Koeffizienten auflistet.

Der Eingabe–Operator erfragt zunächst den gewünschten Grad n. Anschließend sind die Koeffizienten $a_0, a_1, \cdots, a_n, b_1, \cdots, b_n$ der Reihe nach anzugeben.

10.5 Das Modul Graph

Wenn man mit Hilfe der obigen Klassenbibliothek mit Polynomen oder Fourierreihen arbeitet, so möchte man diese Objekte gerne als Funktionsgraph betrachten. Die jeweiligen Ausgabeoperatoren zeigen uns nur eine Auflistung der Koeffizienten, was oft keine besonders gute Vorstellung von den Objekten liefert.
Mit dem Modul **GRAPH** aber ist eine graphische Darstellung möglich. Das Ganze kann auf zwei verschiedene Arten stattfinden:

1.) Als direkter Plot auf den Bildschirm.

2.) Durch Erzeugen einer Post–Script–Datei, über die dann die Graphik auf einem Post–Script–fähigen Drucker ausgedruckt werden kann.

In beiden Fällen ist die Schnittstelle die gleiche. Ein kurzer Blick auf die Headerdatei graph.h zeigt uns, wie sie aussieht:

```
#define  TRUE   1
#define  FALSE  0

#define  GRAPH_DIR  "c:\\TC\\BGI\\"


struct  param_function { double          (*f_horiz) (double);
                         double          (*f_vert) (double);
 double         t_min;
                         double          t_max;
                         unsigned int    color;
                       };

enum   out_device {screen, ps_file};

void  plot_functions (struct param_function  F[],
                      unsigned int  no_of_func,
                      out_device  ak_device);
```

Wird in ein Anwenderprogramm das Modul **GRAPH** eingebunden, so kann man durch den Aufruf der Prozedur plot_functions mehrere 2–dimensionale Funktionen gleichzeitig zeichnen.

D.h. es können Funktionen der Form

$$f_i : \quad \mathbb{R} \to \mathbb{R}^2 : \quad f_i(t) = (h_i(t), v_i(t)) \qquad t \in [t_i^{min}, t_i^{max}]$$

gezeichnet werden. Die erste Funktion $h_i : \mathbb{R} \to \mathbb{R}$ wird entlang der horizontalen x–Achse und die zweite Funktion $v_i : \mathbb{R} \to \mathbb{R}$ entlang der vertikalen y–Achse abgetragen.

Der erste Parameter der Prozedur `plot_functions` ist ein Array `F[]`, dessen Elemente F[1], F[2], ... Strukturvariablen des Typs `param_function` sind. Sie enthalten alle Informationen, die zum Darstellen der einzelnen Funktionen nötig sind. (Achtung: Da C++ wie C die Indizierung von Arrays mit 0 beginnt, ist deshalb zur Darstellung von n Funktionen, das Array `F[]` mit der Größe n+1 zu deklarieren.)

1.) Ein Pointer `f_foriz` auf die Funktion h_i.

2.) Ein Pointer `f_vert` auf die Funktion v_i.

3.) Die Grenzen `t_min` und `t_max` für das Intervall $[t_i^{min}, t_i^{max}]$, in dem sich der Parameter t bewegt.

4.) Die Nummer `color` der Farbe, mit der die Funktion f_i bei Ausgabe auf dem Bildschirm gezeichnet wird. (Welche Nummer welcher Farbe entspricht, ist dem Referenzhandbuch des Compilers zu entnehmen.)

Der zweite Parameter von `plot_functions` `no_of_func` gibt an, wieviele Funktionen das Array `F` enthält.

Mit dem dritten Parameter `ak_device` wird eingestellt, ob die Graphik direkt am Bildschirm (`ak_device = screen`) ausgegeben werden soll, oder ob eine Postscript–Datei (`ak_device = ps_file`) erzeugt wird.

Die String–Variable `plot_filename[]` in der Datei graph.cpp enthält den Namen der erzeugten PostScript–Datei. Der voreingestellte Name ist `plot.ps`.

Da die verwendeten Funktionen zur Graphikdarstellung am Bildschirm compilerspezifisch sind, funktioniert die Benutzung der Prozedur nur, wenn man ebenfalls einen C++–Compiler von Borland verwendet.

Achtung: Es ist dabei darauf zu achten, daß in der define–Anweisung `GRAPH_DIR` der korrekte Pfadname steht, in dem die BGI–Graphiktreiber liegen.

Bei Verwendung eines anderen Compilers sind die Graphik–Funktionen in der Datei graph.cpp entsprechend anzupassen.

Will man eine eindimensionale Funktion $y : \mathbb{R} \to \mathbb{R}$ darstellen, so muß man lediglich die horizontale Funktion mit der Identitätsfunktion besetzen, d.h. $h(t) = t$ und $v(t) = y(t)$, also $f(t) = (t, y(t))$.

Anwendungsbeispiel: Das reelle Polynom p soll im Intervall [-4, 4] und die Fourierreihe f im Intervall $[-\pi, \pi]$ gezeichnet werden. Den Parametern `f_horiz` und `f_vert` können nicht direkt Polynom–Objekte oder Fourier–Objekte übergeben werden, sondern sie erwarten Zeiger auf C++–Funktionen. Deshalb definiert man für jedes zu zeichnende Objekt eine Funktion und kann damit dann beide in einer Graphik wie folgt am Bildschirm ausgeben:

```
double  p_func (double x)
 { return  p(x);  }

double  f_func (double x)
 { return  f(x);  }

double  identity (double x)
 { return  x;     }

struct param_function F[3];
F[1].f_horiz = identity;     F[2].f_horiz = identity;
F[1].f_vert  = p_func;       F[2].f_vert  = f_func;
F[1].t_min   = -4;           F[2].t_min   = -M_PI;
F[1].t_max   =  4;           F[2].t_max   =  M_PI;
F[1].color   = YELLOW;       F[2].color   =  WHITE;

plot_functions (FP, 2, screen);
```

Literaturverzeichnis

[AR] L. Adleman, C. Pomerance, S. Rumely: *On distinguishing prime numbers from composite numbers.* Ann. Math. **117** (1983), 173–206.

[AHU] A.V. Aho, J.E. Hopcroft, J.D. Ullman: *The design and anaylsis of computing algorithms.* Addison-Wesley, Reading, Massachusetts, 1974.

[B] A. Beutelspacher: *Kryptologie.* Vieweg, Braunschweig, 1991.

[Bell] E.T. Bell: *Die großen Mathematiker.* Econ-Verlag, Düsseldorf, 1967.

[Bô] M. Bôcher: *The published and unpublished work of Charles Sturm on algebraic and differential equations.* Bull. Amer. Math. Soc. **18** (1912), 1-18.

[Bra] R.N. Bracewell: *The Fourier Transform and Its Applications.* McGraw-Hill Book Company, New York, Zweite Auflage, 1986.

[Bra2] R.N. Bracewell: *Die Fourier-Transformation.* Spektrum der Wissenschaft, August 1889.

[Br] D. M. Bressoud: *Factorization and primality testing.* Springer Undergraduate Texts in Mathematics, 1989.

[BS] I.N. Bronstein, K.A. Semedjajew: *Taschenbuch der Mathematik.* B.G. Teubner Verlag, Stuttgart, 25. Auflage, 1991.

[Bri] E.O. Brigham: *FFT Schnelle Fourier-Transformation.* Oldenbourg Verlag, München, 1982.

[C] M. Cantor: *Vorlesungen über Geschichte der Mathematik (3 Bände).* B.G. Teubner, Leipzig, 1894-1901.

[C1] H.S. Carslaw: *A historical note on Gibbs phenomenon in Fourier series.* Bull. Amer. Math. Soc. **31** (1925), 420-424.

[C2] H.S. Carslaw: *An Introduction to the Theory of Fourier's Series and Integrals.* Dover Publications, Inc., New York, 1950.

[CT] J.W. Cooley, J.W. Tukey: *An algorithm for the machine calculation of complex Fourier series.* Math. of Comp. **19** (1965), 297-301.

[Da] P.J. Davis: *Interpolation & Approximation.* Dover Publications, New York, 1975.

[Dd] J. Dieudonné: *Geschichte der Mathematik 1700-1900.* Vieweg Verlag, Braunschweig, 1985.

[DM] H. Dym, H.P. McKean: *Fourier Series and Integrals.* Academic Press, Inc., San Diego, 1972.

[Eb] H.-D. Ebbinghaus ed al.: *Zahlen.* Springer Verlag, Berlin, Grundwissen Mathematik **1**, 1983.

[EL1] K. Endl, W. Luh: *Analysis I Eine integrierte Darstellung.* Aula-Verlag, Wiesbaden, 9. Auflage, 1989.

[EL2] K. Endl, W. Luh: *Analysis II Eine integrierte Darstellung.* Aula-Verlag, Wiesbaden, 7. Auflage, 1989.

[D] J. D. Dixon: *Factorization and primality testing.* Amer. Math. Monthly **91** (1984), 333–352.

[Fid] C.M. Fiduccia: *Polynomial evaluation via the division algorithm The Fast Fourier Transform revisited.* Proc. 4th Annual ACM Symposium on Theory of Computing (1972), 88-93.

[GH] L. Gårding, L. Hörmander: *Why is there no Nobel price in mathematics?* The Mathematical Intelligencer **7** (1985), No. 3, Springer Verlag, New York.

[GV] Chr. Gerthsen, H. Vogel: *Physik Ein Lehrbuch zum Gebrauch neben Vorlesungen.* Springer Verlag, Berlin, 17. Auflage, 1993.

[H] H. Heuser: *Lehrbuch der Analysis, Teil 1 und Teil 2.* Teubner Verlag, Stuttgart, 1980/81.

[HH] G. Hämmerlin, K.-H. Hoffmann: *Numerische Mathematik.* Springer-Verlag, Grundwissen Mathematik **7**, Berlin, 3. Auflage, 1992

[K] Y. Katznelson: *An introduction to Harmonic Analysis.* Dover Publications, New York, 2. Auflage, 1976.

[K] N. Koblitz: *A course in number theory and cryptography.* Springer Graduate Texts in Math., New York, 1987.

[Kö] K. Königsberger: *Analysis 1.* Springer Verlag, Berlin, 1990.

[Ku] E. Kunz: *Algebra.* Vieweg, 1991.

[L] E. Landau: *Grundlagen der Analysis.* Nachdruck Chelsea, 1965.

[L2] E. Landau: *Über die Approximation einer stetigen Funktion.* Rendiconti Circ. mat. Palermo **25** (1908), 337-345.

[Laun] R. Laun: *Über Verschlüsselungen mit öffentlich zugänglichen Schlüsseln und über Primzahltests.* Vortragsausarbeitung, Marburg, 1986.

[Len] H. W. Lenstra, Jr.: *Primality testing algorithms.* Séminaire Bourbaki, 33e année, 1980/81, 243–257.

[Lipp] Stanley B. Lippman: *C++ Einführung und Leitfaden.* Addison-Wesley, Bonn, 1991.

[Lo] G.G. Lorentz: *Bernstein Polynomials.* University of Toronto Press, Toronto, 1953.

[Ma] M. Marden: *The geometry of the zeros of a polynomial in a complex variable.* Amer. Math. Soc., New York, Mathematical Surveys III, 1949.

[Mbg] K. Meyberg: *Algebra, Teil 1.* Carl Hanser Verlag, München, Mathematische Grundlagen, 1980.

[Mschk] H. Meschkowski: *Mathematiker-Lexikon.* B.I. Wissenschaftsverlag, Zürich, 1980.

[Mey] S. Meyers: *Effektiv C++ programmieren.* Addison-Wesley, Bonn, 1992.

[Mi] M. Mignotte: *Mathematics for Computer Algebra.* Springer Verlag, New York, 1992.

[Mrd] G. Meinardus: *Approximation von Funktionen und ihre numerische Behandlung.* Springer-Verlag, Berlin, 1964.

[MV] K. Meyberg, P. Vachenauer: *Höhere Mathematik 2.* Springer Verlag, Berlin, 1991.

[NZ] I. Niven, H.S. Zuckerman: *Einführung in die Zahlentheorie I,II.* B.I. Hochschultaschenbücher, Mannheim, 1976.

[Pe] O. Perron: *Algebra I,II.* Walter de Gruyter & Co., Berlin, Göschens Lehrbücherei, 1927/1933.

[PSW] C. Pomerance, J. L. Selfridge, S. S. Wagstaff: *The pseudoprimes to* 25×10^9. Math. Comp. **35** (1980), 1003–1026.

[Qu] H. Queisser: *Kristallene Krisen.* Piper Verlag, München, 1985.

[Ri] G. Rigoli: *Maschinelle Spracherkennung zur Verbesserung der Mensch-Maschine-Schnittstelle.* Springer Verlag, Berlin, Forschung und Praxis **99**, 1986.

[Ru1] G. Ruske: *Skript zur Vorlesung: Digitale Verarbeitung von Sprachsignalen.* Technische Universität München, Wintersemester 1993/94.

[Ru2] G. Ruske: *Automatische Spracherkennung.* Oldenbourg Verlag, München, 1994.

[S] W. Schaal: *Übungen zur Elementaren Zahlentheorie.* Univ. Marburg, WS 1983/84.

[SchStr] A. Schönhage, V. Strassen: *Schnelle Multiplikation großer Zahlen.* Computing **7** (1971), 281-292.

[Sim] G.F. Simmons: *Introduction to topology and modern analysis.* McGraw-Hill Book Company, New York, 1963.

[Str] B. Stroustrup: *Die C++ Programmiersprache.* Addison-Wesley, Bonn, 1992.

[Ter] A. Terras: *Harmonic analysis on symmetric spaces and Applications 1.* Springer Verlag, New York, 1985.

[VL] Ch. Van Loan: *Computational Frameworks for the Fast Fourier Transform.* SIAM, Philadelphia, Frontiers in Applied Mathematics **10**, 1992.

[V] M. Voorhoeve: *Factorization algorithms of exponential order.* Computational Methods in Number Theory, H. W. Lenstra, Jr. und R. Tijdeman Eds., Mathematisch Centrum, Amsterdam 1982, 79–87.

[Zyg] A. Zygmund: *Trigonometric Series I,II.* Cambrigde University Press, Cambridge, 1959.

Stichwortverzeichnis